医学类高等学校校园安全教育创新教材

医学院校实验室安全准入教程

主编 袁俊斋 田廷科 马国杰

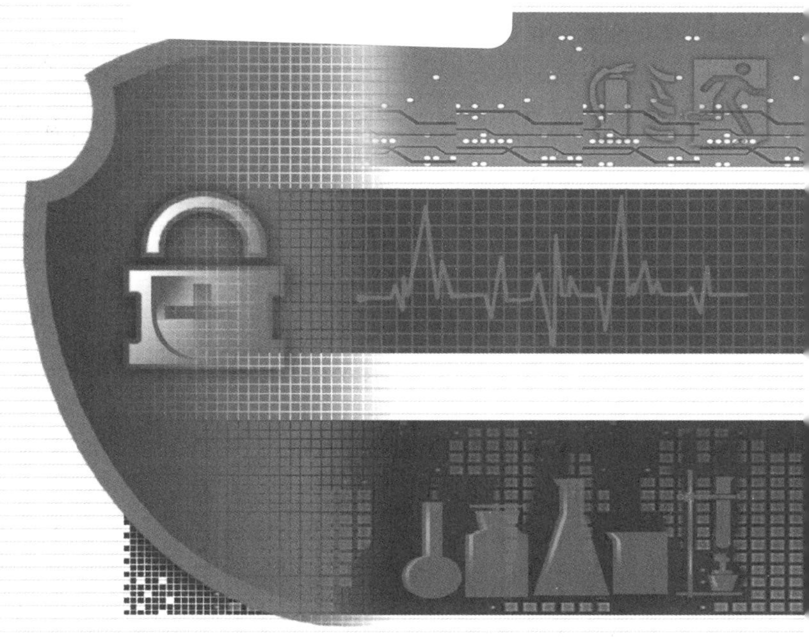

西安交通大学出版社
XI'AN JIAOTONG UNIVERSITY PRESS
国家一级出版社
全国百佳图书出版单位

图书在版编目(CIP)数据

医学院校实验室安全准入教程 / 袁俊斋，田廷科，马国杰主编. — 西安 ：西安交通大学出版社，2021.8(2022. 8 重印)
ISBN 978-7-5693-2222-4

Ⅰ. ①医… Ⅱ. ①袁… ②田… ③马… Ⅲ. ①实验室管理—安全管理—医学院校—教材 Ⅳ. ①N33

中国版本图书馆 CIP 数据核字(2021)第 138327 号

Yixue Yuanxiao Shiyanshi Anquan Zhunru Jiaocheng

书　　名 医学院校实验室安全准入教程
主　　编 袁俊斋　田廷科　马国杰
责任编辑 郭泉泉
责任校对 秦金霞
装帧设计 伍　胜

出版发行 西安交通大学出版社
(西安市兴庆南路 1 号　邮政编码 710048)
网　　址 http://www.xjtupress.com
电　　话 (029)82668357　82667874(市场营销中心)
(029)82668315(总编办)
传　　真 (029)82668280
印　　刷 陕西思维印务有限公司

开　　本 787 mm×1092 mm　1/16　**印张** 18.5　**字数** 456 千字
版次印次 2021 年 8 月第 1 版　　2022 年 8 月第 2 次印刷
书　　号 ISBN 978-7-5693-2222-4
定　　价 52.80 元

如发现印装质量问题，请与本社市场营销中心联系、调换。
订购热线：(029)82665248　(029)82667874
投稿热线：(029)82668502　(029)82668805
读者信箱：med_xjup@163.com

《医学院校实验室安全准入教程》

编 委 会

主　编　袁俊斋　田廷科　马国杰

副主编　谭攀攀　傅　岩　刘　娜

邓同兴　张万青　王龙生

编　者　（以姓氏笔画为序）

丁伟伟　马国杰　王龙生　邓同兴

田廷科　刘　娜　闫帅旗　张　琰

张万青　张希斌　武亚芳　赵　博

袁俊斋　顾　瑾　徐兴敏　傅　岩

谭攀攀

序

高校实验室安全是高等教育事业不断发展、学生成长成才的基本保障。高校实验室是开展科研和教学实验的固定场所，其内实验设施和用品体量大、种类多，安全隐患分布广，危险源和人员相对集中，安全风险具有累加效应。近年来，国内高校实验室安全事故频出，恶性安全事故屡有发生，造成的人员伤亡、财产损失触目惊心，直接影响高等教育事业发展和威胁师生健康甚至生命。高校实验室安全正面临着巨大的压力和挑战。因此，教育部及其他管理部门相继发布了多个加强高校实验室管理工作的重要文件，同时加大了高校实验室安全检查、事故追责的力度。然而，实验室安全工作客观性难点多，前期各方面建设欠账多，头绪繁杂，提高高校实验室安全工作水准是摆在高校师生面前迫在眉睫且艰巨的任务。

百年大计，教育为先。做好安全教育工作是实验室安全工作的长远之计、重中之重。通过安全教育，使全体师生提高安全意识，掌握安全知识，培养安全技能及自救能力，养成良好的安全习惯，才能最大限度地、长期地避免实验室安全事故的发生。本人作为郑州大学实验室技术安全专家督导组组长和实验室安全工作践行者，多次参与郑州大学及河南省其他高校的实验室安全检查，目睹了一些师生对实验室安全隐患熟视无睹的现象，可谓“无知者无畏”，也看到了某些实验室管理人员对实验室安全规范要求不能全面地理解和贯彻，实验室安全管理存在着漏洞。近年来，高校实验室安全事故频发，究其根本原因还是在于实验人员安全意识淡薄、安全知识和安全技能缺失，以及安全管理疏漏和防范不足。因此，开设实验室安全教育课程，已经成为高校提高实验室安全工作水准的一项重要共识和举措。

河南省高校实验室工作研究会秘书处张万青老师向我推荐《医学院校实验室安全准入教程》这本书稿，并让我审阅、作序，我欣然接受。一方面，我觉得实验室安全对高校教师来讲尤为重要，编者们已经先行一步，编撰了这本实验室安全教育教材，我责无旁贷应尽绵薄之力。另一方面，该书由濮阳医学高等专科学校袁俊斋副校长、实验实训管理中心田廷科副教授主编，他们既是高校实验室安全工作的管理者，也是实验室的一线教师，自然会在书稿中反映他们对实验室安全工作的实践经验、理念和思考，这无疑给我提供了一次学习机会。

《医学院校实验室安全准入教程》一书系统介绍了医学院校实验室安全管理的专业知识和技术，即可作为对高等医学院校相关专业教师、学生、实验技术人员等进行实验室安全教育的教材，也可供其他专业人员和实验室管理人员参考。医学院校实验室安全问题具有其专业特殊性和学科多样性，不仅涉及消防安全、用水用电安全、仪器设备使用安全等一般安全问题，还涉及种类繁多的危险化学品使用、储存、废弃处理及致病微生物的防护和医用废弃物的处置等特殊安全问题。全书由通识篇、专项篇和管理篇三部分组成。通识篇着重论述了实验室安全的基础知识、实验室存在的共性安全问题、实验室安全事故防范的措施和技能，属于通用的实验室安全知识和技术，可作为教材的必修部分；专项篇涉及较为专业的实验室安全知识和技能，采用模块化设置，不同专业的学生可根据自身的专业要求选择部分内容进行重点学习；管理篇则针对教育部的“高等学校实验室安全检查项目表(2021)”进行了梳理和解读，明确每一个检查条款的实验室安全工作要点和安全隐患，可指导师生落实教育部组织的实验室安全检查内容，规范实验室安全管理，把实验室安全工作落在实处，落在细处，减少实验室安全隐患。该书中还列举了一段时期以来在高校发生的实验室安全事故作为警示案例，有助于引发师生的思考和警醒，促使师生增强实验室安全防范意识，自觉学习实验室安全知识和技能，提高实验室安全素养。

作为实验室安全人，看到这本教材即将出版，我感到由衷的高兴。通过书稿我感受到了编者们对于高校安全发展的拳拳之心、严谨治学的殷殷之情。他们秉承不忘初心、立德树人的宗旨，认真研读国家有关实验室安全的法律法规，准确把握实验室安全的新政策、新问题，以及实验室安全防护的新进展和新方法，不烦推求，一丝不苟，数易其稿，完成了一部编排新颖、结构合理、内容充实、值得推广的实验室安全教育教材，为我国的实验室安全教育工作作出了贡献。鉴于此，我向这本书的全体编者致以谢意。

郑州大学化学学院教授

郑州大学实验室技术安全专家督导组组长

2021 年 7 月

前 言

实验室是高等学校进行教学实践、科学研究和社会服务的主要场所。高校实验室经常使用种类繁多的危险化学药品，它们往往具有易燃易爆、有毒有害、易腐蚀等特性。部分实验需要在高温、高压或者超低温、真空、强磁、微波、高电压和高转速等特殊条件下进行。部分实验还会产生有毒物质。高校实验室存放着大量的贵重仪器设备和重要研究资料。高校实验室的安全性与师生的人身安全、国家的财产安全密切相关。

近年来，高等教育事业发展迅速、办学规模迅速增大，对实验室开放的需求逐年增加，进入实验室的师生越来越多，这就使得实验室安全事故发生的概率不断增加。实验室安全问题已成为高等学校最严重的现实威胁，实验室安全管理面临着严峻的考验。特别是医学类高校实验室涉及医学、药学、生物、化学等学科领域，既有潜在的生物性安全问题，又可能有多种危险化学品带来的安全问题和电气安全、消防安全等问题。因此，加强医学院校师生和其他科研人员的安全教育，使其掌握有效的实验室安全风险防控技术和管理方法，就显得十分迫切和必要。为此，我们组织有关人员编写了《医学院校实验室安全准入教程》一书，旨在为高校实验室安全课程的开设提供配套教材，为实验室管理者做好实验室安全管理工作提供借鉴思路和具有可操作性的工作措施、管理方法。

本书的编写遵循“条理清楚、内容全面、通俗易懂、专项突出”的原则，紧扣医学院校实验室安全实际。在编写过程中，我们特别注意国内外高等学校实验室安全的新形势、新问题及安全防护措施的新改进和新方法，并参照实验室安全方面的现行法律法规，从中甄选出先进和实用的内容，努力做到实验室安全知识和技术与时俱进。全书分通识篇、专项篇和管理篇 3 部分，共 12 章。通识篇包括绪论、实验室安全防护装备、实验室消防安全、实验室水电安全、实验室废弃物安全、实验室仪器设备的安全使用和实验室事故的应急与急救，共 7 章，主要介绍高校实验室安全通识性知识；专项篇包括实验室危险化学品安全、医学生物类实验室安全、解剖类实验室安全和实验室辐射安全，共 4 章，主要针对事故隐患多的医学院校专业实验室安全问题做专门讲解；管理篇包括实验室安全管理工作要点，共 1 章，依据教育部“高等学校实验室安全检查项目表(2021)”归纳出高校实验室安全管理工作要点和安全隐患，旨在为高校实验室安全管理工作提供指导，促使提高安全管理的精细化程度。

本书在正文相关内容处插入了“警示案例”和“知识链接”。“警示案例”部分选取了近几年在高校或科研院所发生的与实验室安全有关的安全事故，介绍了事故发生的经过，分析引起事故的原因，以引发师生们思考与警醒，从中吸取教训，加强日常实验室安全管理，避免类似事故发生。“知识链接”部分主要用以拓展和补充实验室安全知识，增强本书的可读性，激发师生的阅读兴趣。

本书针对医学院校实验室管理与安全的特点，具有系统性，强调专业性，突出实用性，是一本兼具理论知识和实操技术的实验室安全教育教材。本书可作为医学类高等院校相关专业的实验室安全课程配套教材，或作为高校各专业学生学习实验室安全知识及安全技术的参考书，也可供科研工作者及实验室管理者参考使用。

本书是在河南省高校实验室工作研究会的指导下编写的，特邀郑州大学化学学院博士生导师、郑州大学实验室技术安全专家督导组组长杨贯羽教授审稿并作序。濮阳医学高等专科学校副教授田廷科对本书进行了统稿和审核。编委会成员主要来自郑州大学、河南工业大学、河南科技大学、濮阳医学高等专科学校、漯河医学高等专科学校、郑州铁路职业技术学院和无锡赛弗安全装备有限公司。参与本书的编写人员，既有长期从事实验室相关教学和科研工作的专家、教师，也有长期工作在实验室安全一线的管理与技术专家，编写团队不仅具有扎实的实验室安全管理理论和扎实的操作能力，而且有丰富的教学经验和管理经验。特别荣幸的是，河南省高校实验室工作研究会秘书处张万青老师参与了本书的策划，他依据教育部开展高等学校实验室安全检查工作的要求，提出了建设性的意见，并参与了部分内容的编写，增强了本书的实用性；无锡赛弗安全装备有限公司是国内实验室安全整体应用解决方案的服务商，该公司的安全工程师王龙生先生对高校实验室安全有深刻的理解，参与了本书的编写，并提出了许多有益的建议，为本书增色颇多。在此对为本书顺利出版作出贡献的专家、学者一并表示感谢。

在本书的编写过程中，参阅了许多实验室安全方面的书籍，借鉴和吸收了许多有益的内容，在此向参考文献的作者们致谢。由于编者学识水平有限，书中有疏漏、不妥之处在所难免，敬请同行专家和读者给予批评指正，请您不吝将意见和建议反馈到邮箱 tiantingke@163. com，以便再版时修订完善。

袁俊斋　田廷科　马国杰

2021 年 7 月

目 录

第一篇 通识篇

第二篇 专项篇

第三篇 管理篇

第一篇 通识篇

第一章 绪 论

安全是人类生存和发展的基本需求之一，是人类生命与健康的基本保障。高等学校实验室作为实践教学基地，既是培养学生实验能力及专业技能的重要场所，也是培养学生科研素质和创新能力的重要平台。近年来，随着高等学校办学规模的扩大，实验室安全问题日益严峻，实验室安全事故时有发生。实验室安全事故不仅会对仪器设备造成损害，而且会对师生的生命安全产生严重危害，使个人、家庭、学校、社会和国家蒙受重大损失，因此，加强高校实验室安全工作刻不容缓。

第一节 实验室安全概述

安全，是人类的本能欲望。实验室安全是实验室运行的基础，实验室安全问题不仅影响实验教学工作，而且关系到师生的生命、财产安全。

一、安全的概念

安全由“安”和“全”两个字组成。通常，“安”指不受威胁、没有危险、太平、安适、稳定等，即“无危则安”；“全”指圆满、完整、无残缺、没有伤害，即“无缺则全”。在这里，全是“因”，安是“果”，由全而安。

顾名思义，“无危则安，无缺则全”，安全即意味着没有危险，人员免受伤害、疾病或死亡，设备、财产没有被破坏或损失。这是与传统上对安全的认识相吻合的。

从系统工程的角度看，应给安全下如下的定义：安全是指在人类生产过程中，将系统的运行状态对人类的生命、财产、环境可能产生的损害控制在人类能接受的水平以下的状态。

二、实验室安全的概念

实验室安全是指实验室免除了不可接受的损害风险的状态，具体地说是指在实验过程中，实验室管理者安全意识强烈，并采用了有效的方法和措施，使实验室不发生事故，对实验室周围人群不造成损害，没有造成人身安全、财产损失的威胁，对环境没有造成污染。

三、实验室安全的内容

实验室安全的内容包括实验室人员安全、实验室环境安全、实验室仪器和设备安全、实验室操作过程安全、实验室药品和试剂安全、实验室废弃物安全、实验室信息安全等。对于医学院校实验室来说，尤其要注意人体解剖遗体捐献信息、卫生统计信息和遗传学信息等医学与伦理相关的信息安全。

四、实验室安全的重要意义

2019年，教育部发布的《教育部关于加强高校实验室安全工作的意见》(教技函〔2019〕36号)中，明确指出“要从牢固树立‘四个意识’和坚决做到‘两个维护’的政治高度，进一步增强紧迫感、责任感和使命感，深刻认识高校实验室安全工作的极端重要性，并作为一项重大政治任务坚决完成好”。实验室安全与教学科研工作的顺利开展和师生的身心健康息息相关，保证实验室安全，降低实验室工作的风险，保障实验人员和仪器设备的安全，也是贯彻习近平新时代中国特色社会主义思想的一项重要的政治任务。除此之外，高校实验室安全的重要意义还体现在以下几个方面。

(一)保障师生人身安全的基本需要

高等教育“以人为本”，高校的一切工作都要为师生的教学实践服务。高等学校实验室的主体是人，人的生命是最宝贵的社会财富，而人身安全是人的不同需求层次中的最基本、最重要的需求。人的生命安全得不到保障，何谈教学、科研？因此，保证实验室安全是尊重人、尊重生命、满足个体安全感的需要。每一个实验室工作者都要树立“以人为本、生命至上”的理念，把保障师生的生命安全与健康作为一切工作的出发点和落脚点，创建一个安全的教学、科研实验环境，避免实验室安全事故的发生，确保师生员工的生命安全与健康。

(二)保证教学、科研顺利开展的需要

高等学校担负着教学和科研两大任务。高等学校实验室既是完成实验教学任务的场所，又是开展科学研究的平台。医学院校实验室是一个复杂的场所，经常用到人体标本、实验动物、化学试剂、药品、仪器设备，以及水、电、燃气，还会用到高温、低温、高压、真空、高电压、高频和带有辐射源的实验室条件和仪器，在客观上存在诸多不安全因素。这就使得在安全管理、设备使用、个人防护等方面稍有疏忽就有可能发生实验室安全事故。一旦发生实验室安全事故就会造成：教学、科研工作的中断，甚至终止；仪器设备、资料、数据可能损毁，给国家财产造成重大损失；师生的生命安全就会受到威胁。只有确保实验室安全无事故，才能保证实验教学任务、科研创新顺利进行。也只有在安全、稳定的实验室环境中，师生才能全身心地投入实验教学与科研创新的工作中。

(三)构建平安、和谐校园的需要

构建平安、和谐校园是高等学校文明校园创建的一项重要内容。实验室一旦发生安全事故，就有可能使师生致伤、致残，给个人和家庭生活造成严重影响。如果事故责任人造成重大安全事故，根据情节轻重，事故责任人还会受到行政、经济甚至刑事处罚，其工作、事业发展也会受到影响。事故还会给校方造成不良影响，甚至会牵扯到官司和处罚。安全稳定第一，安全问题无小事！保证实验室安全是构建和谐、平安校园的重要条件。

(四)贯彻落实国家法律法规的需要

为确保人身、财产安全，保护环境，我国出台了一系列安全、环保相关的法律法

规，如《中华人民共和国安全生产法》《中华人民共和国消防法》《中华人民共和国禁毒法》《中华人民共和国环境保护法》《危化品管理条例》《易制毒品管理条例》《实验室生物安全通用要求》《病原微生物实验室安全管理条例》《实验动物管理条例》《高等学校实验室工作规程》《高等学校消防管理规定》等。做好实验室安全工作，防范安全事故的发生，也是履行国家相关法律法规的需要，同时这些法律法规既为高等学校实验室安全和环境治理工作提供了法律依据，又为高校制定实验室安全规章制度及实施细则提供了指南。

总之，实验室工作者要充分认识到实验室安全工作的极端重要性，始终保持对实验室安全工作的敬畏感，树立安全发展理念，弘扬“生命至上、安全第一”的思想，始终保持如履薄冰、如临深渊的危机感，未雨绸缪，防微杜渐，以防范实验室安全事故的发生。

警示案例

美国加州大学实验室发生学生死亡事故，教授面临指控

2008 年，美国加州大学洛杉矶分校(UCLA)学生 S. Sangji 在操作易燃化学品叔丁基锂时发生喷溅，点燃了她的衣服，造成严重烧伤，18 天后不治身亡！而 S. Sangji 在实验室未穿实验服。

随后，美国相关司法机构对 S. Sangji 的导师 P. Harran 教授和 UCLA 提起了数项指控。据 2012 年 1 月 5 日 *Nature* 报道，美国洛杉矶地方法院一审判决 P. Harran 教授 4 年零 6 个月的有期徒刑，并对 UCLA 处以高达 450 万美元的罚款。这是美国历史上首例因高校实验室安全问题引发的刑事诉讼案件。

第二节　实验室安全事故

事故是发生于预期之外的造成人身伤害或财产、经济损失的事件。实验室安全事故是指因种种不安定因素在实验室引发的与人们的愿望相违背，使实验操作发生阻碍、失控、暂时或永久停止，并造成人员伤害或财产损失的意外事故。

一、实验室安全事故的类型

按照事故发生的原因以及人身伤害优先考虑的原则，可将高校实验室安全事故分为以下 9 种类型。

(一) 火灾事故

火灾事故的发生具有普遍性，几乎所有的实验室都可能发生。酿成这类事故的直接原因有以下几点。

1. 电气火灾　电气火灾占实验室火灾的大多数。如忘记关电源，致使设备或用电器具通电时间过长，温度过高，引起着火；供电线路老化、超负荷运行，导致线路发热，引起着火。

2. 化学品火灾　化学品火灾主要是由于对化学品操作或储存不当引起着火。许多化学品具有易燃易爆的特性，一旦发生火灾，火势迅猛，难以控制，危害性大。

3. 其他火灾　如操作不慎或违规吸烟，使火源接触易燃物质，引起火灾。

警示案例

某大学化学系研究生中午未关电源引起火灾

2005年8月8日，某大学化学系实验楼二层的一个实验室失火，失火原因为该校硕士研究生魏某上午在实验室做实验，中午出去吃饭时未关电源，实验仪器的“转子”还在运转，因电线短路引发火灾。

某大学理学楼白磷遇水自燃引起火灾

2011年10月11日，湖南某大学化学化工学院理学楼四楼着火，据查，火灾过火面积约790 m^2，火灾造成直接财产损失42.97万元。火灾为存放在储柜内的化学药剂白磷遇水自燃所致。

（二）爆炸事故

爆炸事故多发生在具有易燃易爆物品或存有压力容器的实验室。其主要类型有可燃气体爆炸、化学品爆炸、活泼金属爆炸、高压容器爆炸等。酿成这类事故的直接原因有以下几点。

（1）违反操作规程使用设备、压力容器（如高压气瓶）而导致爆炸。

（2）设备老化，存在故障或缺陷，造成易燃易爆物品泄漏，遇火花而引起爆炸。

（3）对易燃易爆物品处理不当，导致燃烧爆炸；易爆物质受到高热摩擦、撞击、振动等外来因素的作用或与其他性能相抵触的物质接触，就会发生剧烈的化学反应，产生大量的气体和热能，引起爆炸。

（4）强氧化剂与性质有抵触的物质混存能发生分解，引起燃烧和爆炸。

（5）由火灾事故发生引起仪器设备、药品等的爆炸。

某大学炸伤眼睛事故

2016年9月21日上午10点30分左右，位于上海松江大学园区的某大学化学化工与生物工程学院4114合成实验室发生爆炸，造成两名学生眼部不同程度受伤。事故原因为实验室爆燃致化学试剂（高锰酸钾等）灼伤学生眼睛，另外还有多处玻璃碎片划伤。最终，校方因“严重过失”被判赔受伤学生162万元。

（三）辐射事故

实验人员违规使用放射性同位素或违规操作含有放射源的装置时，有可能引发辐射事故。这类事故对人体造成的伤害主要有以下几点。

(1)短时间大剂量的射线照射会导致人体肌肤的病变。

(2)长时间小剂量的射线照射有可能产生遗传效应。

(3)大量吸入放射性物质可能导致人体内脏发生病变。

(四)生物安全事故

生物安全事故多发生在生物或医药实验室，主要有细菌或病毒感染、传染事故，外源性生物或转基因生物违规释放对生物多样性、生态环境及人体健康产生潜在的危害等。这类事故一旦发生对人类的健康和环境都可能造成极大的危害。引发这类事故的主要原因有以下几点。

(1)实验人员疏忽，仪器老化、仪器发生故障。

(2)对实验室废弃物处置不当等。

(五)机电伤人事故

机电伤人事故多发生在有高速旋转或冲击运动的实验室，或要带电作业的实验室和一些有高温产生的实验室。引发这类事故的直接原因具体如下。

(1)操作不当或缺少防护，造成挤压、甩脱和碰撞伤人。

(2)操作规程不当或因设备、设施老化而存在故障和缺陷，造成漏电触电和电弧火花伤人。

(3)使用不当造成高温气体、液体对人的伤害。

(六)毒害性事故

毒害性事故多发生在生化实验室，即有毒药品和反应产生的有毒物质泄漏、外流引起中毒。酿成这类事故的主要原因具体如下。

(1)将食物带进有毒物的实验室，造成误食中毒。

(2)设备老化，存在故障或缺陷，造成有毒物质泄漏或有毒气体排放不出，酿成中毒。

(3)管理不善、操作不慎或违规操作，实验后对有毒物质处理不当，造成有毒物品散落流失，引起人员中毒、环境污染。

(4)废液排放管路受阻或失修改道，造成有毒废液未经处理而流出，引起环境污染。

(七)环境污染事故

有毒有害的化学、生物废弃物如果不能被有效回收和恰当处置，则可能会污染环境。这类事故的主要表现有以下几点。

(1)废弃物不能有效回收和恰当处置则可能污染大气、土壤、地下水等。

(2)随意倾倒或乱扔废弃物不仅会污染环境，而且会伤及无辜。

(八)设备损坏事故

此类事故是指在实验室内发生了设备的损坏。设备损坏的原因主要有客观原因和人为原因两大类。

(1)客观原因主要是突然停电(线路故障等)、自然灾害(雷击等)等造成设备损坏。

(2)人为原因主要是实验人员操作不当，违反操作规程，缺少防护措施或者保护装置造成设备的损坏，有时还伴有人员伤害。

(九)设备或技术被盗事故

此类事故是由于实验室管理不到位，实验人员安全意识淡薄，让犯罪分子有机可乘。特别是像计算机等体积小、有广泛使用功能的设备被盗的情况在高校时有发生。这类事故轻者会造成实验室的财产损失，影响实验室的正常运转，重者可能会造成核心技术和资料的外泄。

二、实验室安全事故的原因分析

弗兰克·博德(Frank E. Bird)在海因里希事故因果连锁理论的基础上，提出了现代事故因果连锁理论。该理论认为：事故的直接原因是人的不安全行为、物的不安全状态；事故的间接原因包括个人因素及与工作有关的因素；事故的根本原因是管理的缺陷，即管理上存在的问题或缺陷是导致间接原因存在的原因，间接原因的存在又导致直接原因的存在，最终导致事故的发生。这里将从人的不安全因素、物的不安全因素、管理的问题及缺陷等几个方面对实验室安全事故的原因进行分析。

(一)人的不安全因素

人的不安全因素主要包括实验室中从事教学、科研的师生和实验人员安全意识淡薄，安全知识或安全技能缺乏，不遵守安全操作规程，实验操作不规范、不正确，个人防护不当，实验习惯不良，行为动机不正确，生理或心理有缺陷等因素。据研究发现，90%的安全事故是由人为因素造成的。近年来，国内外高校大多数实验室发生安全事故的根本原因在于实验人员安全意识淡薄、思想麻痹大意、缺乏必要的实验室安全知识和技能，甚至违规操作。

(二)物的不安全因素

物的不安全因素主要包括实验室规划设计不合理，实验室面积紧张，设备密集，公用设施超负荷运转，人员操作、设备运转的安全距离无法保证等。部分实验室还存在设备陈旧、设备线路老化、实验室安全应急设施缺乏等安全隐患。化学实验室存在种类繁多的危险化学品及钢瓶、反应釜等压力容器。大量的实验要在高温、高压、超低温、强磁场、真空、微波辐射、高电压、高转速等特殊的环境和条件下进行，潜在的危险源数量极多。

(三)管理的问题及缺陷

管理上的问题主要体现在两个方面：一是安全制度不健全，奖罚不明；二是管理人员不足、不专业或管理人员对安全责任认识不够，对安全管理工作重视不够，工作敷衍了事。

近年来，各高校实验室建设步伐不断加快，但是相应的实验室管理制度及安全操作规程却没有及时跟上实验室的发展而调整完善，针对新情况的具体管理细则缺失，实验室安全管理出现盲区。高校的迅速扩招，实验室人员数量相对紧缺，有时聘用临时人员和学生等非专业人员管理实验室，这些人缺乏相应的安全知识和技能，为实验室安全留下隐患。此外，部分学校缺乏实验室安全事故责任追究制度，对安全事故奖罚不明，有时相关人员对实验室安全工作流于形式。

三、实验室安全事故的预防及对策

（一）加强实验室安全教育，杜绝人为隐患

参与实验工作的主体是人，人的不安全因素是导致实验室安全事故发生的最主要原因。因此，只有从“人”的方面着手，通过系统的实验室安全教育提高实验人员的安全意识和素养，才能最大程度地减少安全隐患。

1. 必须对师生进行安全教育　按照“全员、全面、全程”的要求，创新宣传教育形式，宣讲普及安全常识，强化师生的安全意识，提高师生的安全技能，做到安全教育“入脑入心”。安全教育的内容包括实验室的相关安全制度、实验操作规程、生物安全防护技术、危险化学品操作技术及应急处理和急救等。

2. 启动实验室安全教育准入制度　进入实验室的学生和实验人员必须先接受安全技能和操作规范培训，以掌握实验室设备设施、防护用品的安全使用方法。未通过考核的人员不得进入实验室进行实验操作。

3. 倡导实验室安全文化　通过开展实验室安全知识讲座、安全知识竞赛、安全评比活动等方式，营造实验室安全文化氛围，有效地防范安全事故的发生。

（二）加强实验室安全投入，构建安全环境

良好的安全环境是保证实验室安全的重要因素，构建安全环境，应该从硬件和软件两方面着手进行。

1. 硬件方面　硬件主要指实验室（楼）要配备完善的安全设施，例如，消防器材、报警装置、应急喷淋装置、洗眼器、急救箱、废弃物收集装置等。要经常对安全通道进行检查，保证安全通道的畅通，保证实验用电和用水安全合格。学校应当加强安全物资保障，配备必要的安全防护设施和器材，建立能够保障实验人员安全与健康的工作环境。

2. 软件方面　明确各实验室安全责任人，针对各个实验室的潜在危险张贴明显标志，对各种仪器设备的安全注意事项、使用规则进行明确告知，对药剂的危害、应急处理措施予以明确标注。要定期进行安全检查，制订严格的奖惩措施，营造安全氛围。

（三）健全实验室安全管理制度，强化安全管理

建立完善、明确的实验室管理制度体系并严格执行，是实验室安全工作可持续发展的重要保障，也是安全准入制度运行的必要条件。

1. 健全实验室安全管理制度　健全一套严格、可行的实验室安全管理制度，实验室的安全管理工作才能有法可依、有章可循。实验室管理者可以通过健全实验室安全岗位职责制度、实验室仪器设备操作规程、危险化学品管理制度、实验员工作制度、实验室学生守则等，把安全工作纳入规范化、制度化管理。

2. 建立有效的安全管理体制　根据“谁使用、谁负责，谁主管、谁负责”原则，把

安全责任落实到岗位、落实到人头。构建学校、院(系、部)、实验室三级联动的实验室安全管理责任体系，逐级签订实验室安全责任书，明确各级安全工作岗位的范围、内容、标准和责任。建立实验室安全管理机构，配备专职安全管理人员负责实验室的日常安全管理。

(马国杰，张万青，田廷科)

第二章　实验室安全防护装备

实验室安全防护是指通过防范的手段达到或实现实验室安全目的的方法。正确选择和使用实验室安全防护装备是预防实验室有害因素侵害的第一级预防，是保证实验室安全、应对突发事件、维护实验室操作安全和人员健康的重要物资保障。实验室安全防护装备是指用于防止实验人员受到物理、化学和生物等有害因子伤害的器材和用品。实验室安全防护装备分为实验室个人防护装备和实验室通用防护装备。本章主要阐述实验室个人防护装备与通用防护装备的种类、用途和使用方法，使实验人员在选择、使用防护装备的过程中更科学、更有针对性，确保实验人员在实验过程中免受物理、化学和生物等有害因子的伤害。

第一节　实验室个人防护装备

实验室个人防护装备是指在工作中从业人员为防御物理、化学、生物等外界因素伤害所穿戴、配备和使用的各种防护装备的总称，也称实验室个人防护用品。其功能是在一定程度上保护实验人员，减少实验过程中有害液体、气体或误操作对人体造成的伤害。实验室个人防护装备的种类很多，共分眼部防护装备、面部防护装备、头部防护装备、呼吸防护装备、手和足部防护装备、耳部器防护装备、躯体防护装备七大类。实验人员应根据不同级别安全水平和工作性质来选择个人防护设备，并掌握正确的使用方法。在使用个人防护装备时，实验人员应根据国家的有关标准、要求及产品说明书使用。

一、眼部防护装备

眼睛是实验室中最易受到伤害的部位，因此，对眼睛的保护非常重要。为避免眼部受伤或尽可能降低对眼部的危害，在化学实验或机械操作过程中实验人员必须佩戴防护眼镜。防护眼镜也称护目镜（图 2－1），其主要作用是防护眼睛及面部免受紫外线、红外线和微波等电磁波的辐射，以及粉尘、烟尘、金属或砂石碎屑、化学溶液溅射带来的损伤。

图 2－1　护目镜

（一）护目镜的主要种类和用途

1. 防固体碎屑的护目镜　其主要用于防御金属或砂石、碎屑等对眼睛的机械损伤。护目镜的镜片和镜架结构应坚固，抗打击。框架周围应装有遮边，其上应有通风孔。护目镜的镜片可选用钢化玻璃、胶质黏合玻璃或铜丝网等材料。

2. 防化学溶液的护目镜　其主要用于防御有刺激性或腐蚀性的溶液对眼睛的化学损伤。可选用普通平光镜片，镜框应有遮盖，以防溶液溅于人体。此类护目镜通常用于实验室、医院等场所。一般医用眼镜属于此类。

3. 防辐射的护目镜　其主要用于防御过强的紫外线等辐射线对眼睛的危害。镜片采用能反射或吸收辐射线，但能透过一定可见光的特殊玻璃制成。镜片镀有光亮的铬、镍、汞或银等金属薄膜，可以反射辐射线。蓝色镜片可吸收红外线，黄绿镜片可同时吸收紫外线和红外线，无色含铅镜片可吸收 X 射线和 γ 射线。常见的电焊眼镜，对镜片的透光率要求相对很低，所以镜片颜色多以墨色为主。激光防护镜就是能够防止或者减少激光对人眼伤害的一种特殊眼镜，适用于多种激光器、激光笔使用者。

（二）使用护目镜的注意事项

（1）要选用经产品检验机构检验合格的护目镜产品。

（2）护目镜的宽窄和大小要适合使用者的脸型。

（3）佩戴护目镜后有个适应过程，在完全习惯之前请勿进行实验操作。

（4）使用过程中出现镜片磨损或粗糙、镜架损坏，会影响操作人员的视力时，应及时更换。

（5）护目镜要专人使用，防止传染眼病。

（6）焊接护目镜的滤光片和保护片要按规定作业需要选用和更换。

（7）防止重摔重压，防止坚硬的物体摩擦镜片和面罩。

（8）普通的视力校正眼镜不能起到可靠的防护作用，实验过程中应在校正眼镜外另戴护目镜。

（9）使用结束后，要及时用净水冲洗镜片，使用清洁的专用擦镜布擦拭镜片。清洗完成后应将眼镜的凸面朝上放置在眼镜盒内。

二、面部防护装备

面部防护装备主要用于保护面部和喉部，如防冲击和液体喷溅的面罩。面罩能够将眼睛和面部全部覆盖，对冲积物和液体喷溅物起到较好的防御作用。在使用呼吸系统保护装备——口罩时，同时佩戴面罩，以组合使用的方法保护整个面部。面罩可使实验人员面部避免受到碰撞伤或切割伤，以及感染性材料（如血液、体液、分泌液、排泄物或其他感染性物质）飞溅或接触面部、眼睛、鼻及口部带来危害。图 2－2 为几种常见的防护面罩。

使用防护面罩的注意事项有以下几点。

（1）当进行高度危险性的操作（如清理溢出的感染性物质）时，若不能安全有效地将气溶胶限定在一定的范围内，应当使用呼吸防护装备。

（2）根据操作的危险程度及操作的类型选择正确的防护面罩。

a

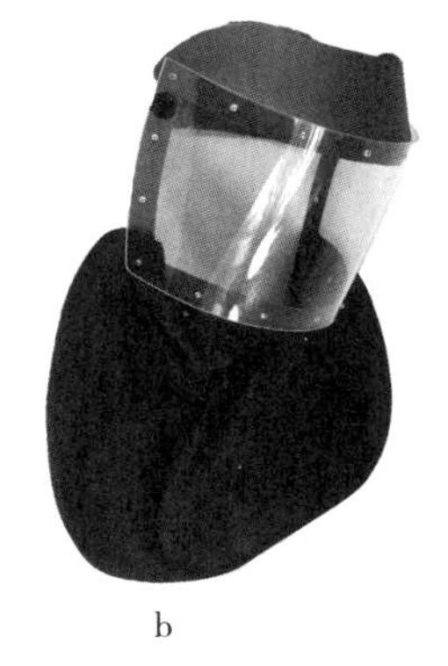

b

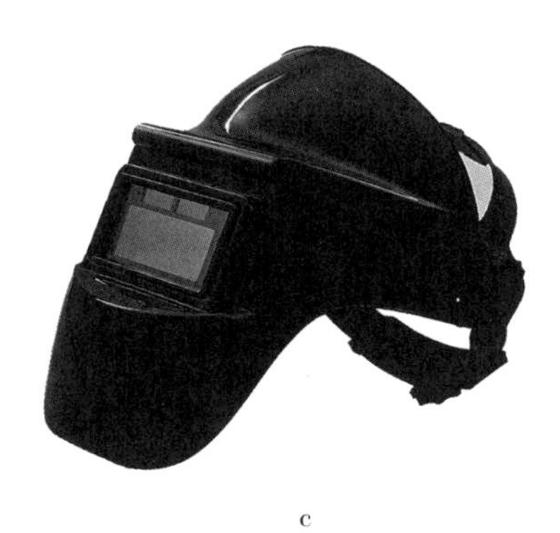

c

a. 防毒面罩；b. 隔热面罩；c. 电焊面罩

图 2－2 几种常见的防护面罩

(3)使用防护面罩前，应做个体适应性测试。在选择正确的防护面罩时，要听从专业人员的意见，并按说明书及培训的要求使用。

三、头部防护装备

头部防护装备是为防御头部免受外来物体打击和其他因素危害而采取的个人防护用品。根据防护功能要求的不同，可将目前常见的头部防护装备分为普通工作帽、防尘帽、防水帽、防寒帽、安全帽、防静电帽、防高温帽、防电磁辐射帽、防昆虫帽等九类。下面主要介绍防止头部伤害的安全帽。

安全帽主要用于保护施工人员免受或减轻飞来或落下的物体对头部的伤害。在实验室内为防止意外飞溅物体伤害、撞伤头部，或防止有害物质污染，操作者应佩戴安全帽。实验室化学操作人员使用的通用型安全帽由聚乙烯塑料制成，可耐酸、碱、油及其他化学溶剂腐蚀，可承受 3 kg 钢球在 3 m 高度自由坠落的冲击力。

使用安全帽的注意事项有以下几点。

(1)使用前要检查安全帽是否有国家指定的检验机构检验合格证，是否达到报废期限，是否存在影响其性能的明显缺陷，如裂纹、碰伤痕迹、严重磨损等。

(2)不能随意拆卸或添加安全帽上的附件，也不能随意调节帽衬的尺寸，以免影响原有的性能。

(3)不能私自在安全帽上打孔，不能随意碰撞安全帽，不能将安全帽当板凳坐，以免影响其强度。

(4)受过一次强冲击或做过试验的安全帽不能继续使用，应予以报废。

(5)安全帽应端正地戴在头上。帽衬要完好，除与帽壳固定点相连外，与帽壳不能接触。下颚带要有一定强度，并要系牢，不能脱落。

四、呼吸防护装备

实验人员在操作有刺激性、有毒性的化学药品时，进行呼吸系统防护非常重要。呼吸系统防护的主要目的是防止有毒、有害气体引起呼吸中毒和刺激呼吸道黏膜等有害影响。在化学实验室，取用挥发性有机气体、配置刺激性酸(碱)溶液、进行各种有机合成反应等时，通风设施是不可缺少的，但是，即使通风设施再完备，在实际操作过程中，有毒、有害气体仍可能溢出进入实验室环境中。如果是剧毒气体则会对实验人员带来生命危险，即使低毒气体也会损害身体健康。在实验过程中，只要涉及有毒、有害气体和其他有机、无机挥发物，实验人员必须时刻佩戴呼吸防护装备。另外，在涉及粉尘污染和细菌感染伤害的实验中，实验人员也需要佩戴呼吸防护装备。

（一）呼吸防护装备的分类

根据结构和作用原理的不同，可将呼吸防护装备分为过滤式（空气净化式）和隔绝式（供气式）两种类型。

1. 过滤式呼吸防护装备　其又称过滤式呼吸器，是依据过滤吸收的原理，利用过滤材料去除空气中的有毒、有害物质，将受污染空气转变为清洁空气，供使用者呼吸的一类呼吸防护装备。典型的呼吸过滤器有防尘口罩、防毒口罩和过滤式防毒面具等。过滤式呼吸器只能在不缺氧的环境和低浓度污染的环境中使用，一般不用于罐、槽等狭小容器中作业人员的防护。

按照过滤元件的作用方式的不同，可将过滤式呼吸器分为过滤式防尘呼吸器和过滤式防毒呼吸器（图 2－3）。过滤式防尘呼吸器主要用于隔绝各种直径的粒子，通常称为防尘口罩或防尘面罩；过滤式防毒呼吸器用以防止有毒气体、蒸汽、烟雾等经呼吸道吸入产生危害，通常称为防毒口罩或防毒面罩。

a　　　　b

a. 过滤式防尘呼吸器；b. 过滤式防毒呼吸器

图 2－3　过滤式呼吸器

过滤式呼吸器又可分全面型和半面型过滤式呼吸器。在正确的使用条件下，全面型过滤式呼吸器能将环境中的有害物质浓度降低至 1/10 以下；半面型过滤式呼吸器能将环境中有害物质的浓度降低至 1/50 以下。过滤式呼吸器中还有动力送风空气过滤式呼吸器，它能将环境中的有害物质浓度降低至 1/1000 以下。

2. 隔绝式呼吸防护装备　其是依据隔绝的原理，使实验人员呼吸器官、眼睛和面部与外界受污染空气隔绝，依靠自身携带的气源或靠导气管引入受污染环境以外的洁净空气为气源供气，保障实验人员正常呼吸的防护装备，也称为隔绝式防毒面具（图 2－4）。过滤式呼吸防护装备的使用受到环境条件的限制，当环境中存在着过滤材料不能滤除的有害物质、氧气含量低于 18%，或有害和有毒物质的浓度大于 1% 时，均不能使用，这几种情况下应使用隔绝式呼吸防护装备。

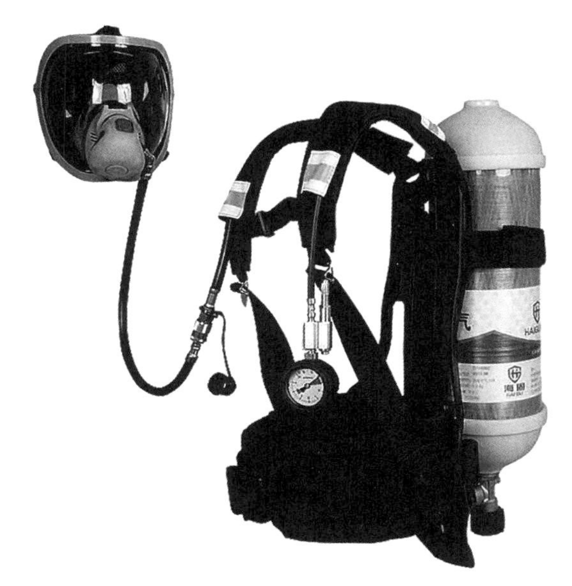

图 2－4 隔绝式防毒面具

（二）几种主要的呼吸防护装备

1. 防护口罩 实验室用的防护口罩主要有以下几种。

(1)防尘口罩：指以纱布、无纺布、超细纤维材料为核心过滤材料的过滤式呼吸防护装备(图 2－5a)。其主要用以滤除空气中颗粒状的有毒、有害物质，但对于有毒、有害气体和蒸汽无防护作用。

(2)医用防护口罩：指可过滤空气中的微粒，预防某些呼吸道传染性微生物传播，阻隔飞沫、血液、体液、分泌物等的自吸过滤式防尘医用防护装备(图 2－5b)。医用防护口罩能够有效地阻挡病原体和放射性尘埃，同时也有足够的防尘功效。

(3)防毒口罩：指以超细纤维材料和活性纤维等吸附材料为核心过滤材料的过滤式呼吸防护装备，如活性炭防毒口罩(图 2－5c)。面罩主体隔绝空气，可以起到密封作用；滤毒盒、滤毒罐可以起到过滤毒气和粉尘的作用。防毒口罩主要用于含有低浓度有害气体和粉尘的作业环境。

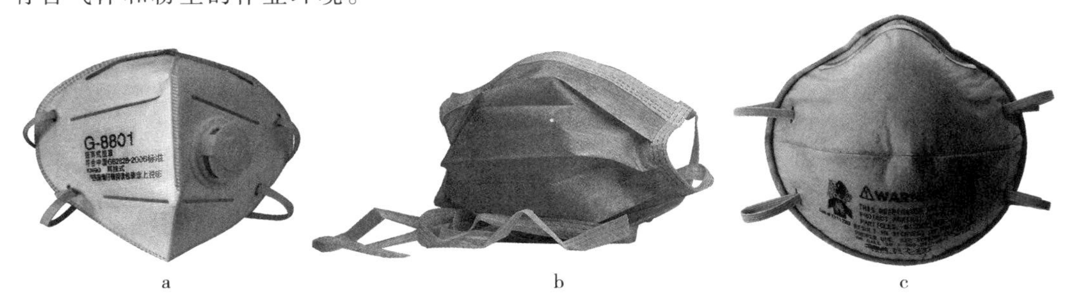

a b c

a. 防尘口罩；b. 医用防护口罩；c. 活性炭防毒口罩

图 2－5 实验室常用口罩

2. 过滤式防毒面具　其是一种能够有效滤除吸入的化学毒气或其他有害物质，并能保护眼睛和头部免受化学毒剂侵害的防护器材，是消防部队最常用的一种防毒面具(图2-6)。过滤式防毒面具主要由面罩主体和滤毒件两部分组成。面罩主体可以起到密封并隔绝外部空气和保护口、鼻、面部的作用；滤毒件内部填充着以活性炭为主要成分的防毒炭，由于活性炭里有许多形状不同、大小不一的孔隙，可以吸附粉尘，在活性炭的孔隙表面，浸渍了铜、银、铬金属氧化物等化学药剂，可以达到吸附毒气后与其反应并使毒气丧失毒性的作用。防毒面具的滤毒件对应特定的化学试剂，应根据现场情况的不同进行选用，如防氨气的防毒面具不能用于高浓度有机气体环境。

图2-6　过滤式防毒面具

防毒面具与防毒口罩具有相近的防护功能，它们的差别在于过滤式防毒面具除滤除有害气体、蒸汽浓度范围更宽，防护时间更长，所以更安全可靠。另外，过滤式防毒面具除可保护呼吸器官(口、鼻)外，还可以使得眼睛、面部皮肤免受有毒和有害物质的伤害，且密合的效果更好，具有更高和更安全的防护效果。

(三)呼吸防护用品的选用原则和注意事项

(1)根据有害环境的性质和危害程度，如是否缺氧、毒物的存在形式(如蒸汽、气体和溶胶)等，判定是否需要使用呼吸防护装备和应用选型。

(2)选配呼吸防护装备时大小要合适，使用中佩戴要正确，以使其与使用者的脸形相匹配和贴合，确保气密，保障防护的安全性，以达到理想的防护效果。

(3)佩戴口罩时，口罩要罩住鼻子、口和下巴，并注意将鼻梁上的金属条固定好，以防止空气未经过滤而直接从鼻梁两侧漏入口罩内。

(4)选用过滤式防毒面具和防毒口罩时要特别注意，配备某种滤盒的防毒面具、口罩通常只对某种或某类蒸汽或气体起防护作用。对防汞蒸汽滤盒及防氨气滤盒等滤盒，分别用不同的颜色进行标示，要根据工作或作业环境中有害蒸汽或气体的种类进行选配。

(5)佩戴呼吸防护装备后应进行相应的气密检查，确定气密良好后再进入含有毒和有害物质的工作、作业场所，以确保安全。

(6)在选用动力送风面具、氧气呼吸器、空气呼吸器、生氧呼吸器等结构较为复杂的面具时，为保证安全使用，佩戴前需要进行一定的专业训练。

(7)选择和使用呼吸防护装备时，一定要严格遵照相应的产品说明书。

五、手和足部防护装备

(一)手部防护装备

手是实验人员进行实验操作时与各种化学试剂、病原微生物最直接接触的部位。在实验过程中，手部(尤其是手指)是实验人员受伤率最高的部位，也是最容易被污染的部位。

警示案例

三乙基铝引起手部灼伤

2008 年，上海某有机化学研究所，某博士生在使用三乙基铝的时候，不小心弄到了手上，由于没有戴防护手套，出事后也没有立刻用大量清水冲洗，结果造成左手皮肤严重灼伤，需要植皮。该事故的发生是因为该博士生麻痹大意，未按照安全规则操作。如果戴了手套的话，后果就不会这么严重。

手部防护装备就是戴各类手套。手套可以防止多方面的伤害，如化学试剂伤害、切割伤、划伤、擦伤、烧伤和生物伤害等。正确地选择、使用手套是预防手部伤害的重要手段。按材料的不同可将手套分为乳胶手套、丁腈手套、皮革手套、布手套等；按功能的不同可将手套分为隔热手套、防冻手套、防化手套、防刺穿手套等(图 2 -7)。

a. 隔热手套；b. 防冻手套；c. 防化手套；d. 防刺穿手套

图 2 -7 实验室常用的手套样式

手套的选择、检查、使用及其注意事项具体如下。

1. **手套的选择** 手套选择的合适与否，使用得正确与否，都直接关系到手的健康。实验人员应按自己手的大小选择尺寸合适的手套。在生物安全实验室进行一般操作时，应选用医用级别的乳胶手套；在进行化学实验操作时，应根据实验项目涉及的化学品应选择合适的防化学品手套；在进行液氮等低温操作时，应更换防冻手套；在进行烘箱等具有高温的设备操作时，应更换隔热手套。

2. **手套的检查** 手套对手部有效地防护是基于手套的完整无损。在使用手套前应仔细检查手套的完整性，检查手套(尤其是指缝)是否有小孔或破损、磨蚀的地方。最常用的检查方法是通过吹气试验检查手套的质量。

3. **手套的使用** 在低等级生物安全实验室内使用单层手套；在高等级生物安全实验室内使用双层手套。应将手套的腕部覆盖于防护服的袖口部分。一次性手套不得重复使用。不得戴着手套离开实验室。

4. **注意事项** 戴着手套的手应避免触摸鼻部、面部、门把手、厨房门、开关、电话、键盘、鼠标、仪器和眼镜等物品；在手套破损更换新手套时，应先对手部进行清洗、去污染后再戴上新的手套。

(二)足部防护装备

足部防护装备是保护穿用者的小腿及脚部免受物理、化学和生物等外界因素伤害，尤其可防止血液和其他潜在感染性物质喷溅所造成的污染及化学品腐蚀危害的防护装备。

足部防护装备主要有各种鞋套、防护鞋、防护靴等。与防护手套相似，防护鞋、靴的防护功能也多种多样，包括防砸、防刺穿、防水、抗化学物、抗静电、抗高温、防寒、防滑等。根据防护需要选择相应的鞋、靴。例如，搬运重物时需要穿戴防撞击的鞋子，以免重物砸伤脚面；若地面、工作面存在钉子、尖锐金属、玻璃碎片，则需要穿戴防刺伤鞋；在化学实验室，防护鞋、靴对酸、碱和腐蚀性物质有一定的防护作用。图 2－8 为常用的足部防护装备。

使用足部防护装备的注意事项有以下几点。

(1)禁止在实验室，尤其是化学、生物和机电类实验室穿凉鞋、拖鞋、高跟鞋、露趾鞋和机织物鞋面的鞋。

(2)在生物安全实验室内应使用鞋套或靴套，有意外泼洒发生时应及时更换。在实验完毕时，脱去鞋套或靴套，将其置于消毒灭菌袋中，统一进行消毒、灭菌。

(3)鞋套应具备防水及防滑功能，并要合脚，以免影响做步行动作。

六、耳部防护装备

在实验室中对耳朵的防护是非常重要的。耳部防护装备除了保护耳朵免受外界伤害外，在听力的保护上也可以起到关键作用。若在实验过程中有可能出现高分贝噪声，则需要为实验人员佩戴听力防护装备，即听力护具。实验室听力防护装备主要有耳塞、耳罩和防噪声帽盔。

a. 防静电鞋套；b. 防砸伤鞋；c. 防刺穿靴；d. 防液氮靴

图 2－8 常用的足部防护装备

（一）耳塞

耳塞为插入外耳道或置于外耳道口的一种栓，其常用材料为塑料和橡胶。耳塞按性能可分为泡棉耳塞和预成型耳塞两类。

泡棉耳塞使用发泡型材料，形如子弹，压扁后回弹速度慢，允许有足够的时间将揉搓细小的耳塞插入耳道，耳塞慢慢膨胀，将外耳道封堵，起到隔音目的。预成型耳塞由合成材料制成，预先模压成某些形状，可直接插入外耳道。

在防噪声设备中，耳塞因其携带方便、价格经济、性价比高，是最常用的设备。采购员在耳塞的采购中，应选用质地柔软、佩戴舒适、耐用的耳塞。

（二）耳罩

耳罩的形状像普通耳机，呈杯状或碗状，常用塑料制成，内衬泡沫或海绵垫层，覆盖于双耳，两耳罩之间以有弹性的头架相连并固定在头上，头架可调节，无明显压痛，佩戴舒适（图 2－9）。耳罩也可以有插槽与安全帽配合使用。

（三）防噪声帽盔

防噪声帽盔能覆盖大部分头部，以防强烈噪声经骨传导而达内耳（图 2－10）。防噪声帽盔有软式和硬式两种。软式质轻，热导率小，声衰减量为 24 dB，缺点是不通风。硬式为塑料硬壳，声衰减量可达 30～50 dB。

七、躯体防护装备

躯体防护装备是保护穿用者躯干部位免受物理、化学和生物等有毒、有害因素伤

图 2－9　耳罩

图 2－10　防噪声帽盔

害的防护装备，主要有工作服和各种功能的防护服。防护服包括实验服、隔离衣、连体衣、围裙以及正压防护服。防护服的作用在于防止人身与污物、粉尘接触，并将有毒、有害物质的喷洒造成的危害最小化。即便在某些实验室中皮肤不会直接接触有毒、有害物质，仍需穿上实验服以尽量避免皮肤在实验室内与外界的接触。使用防护服的注意事项具体如下。

(1)在实验室内的实验人员应该一直或者持续穿着防护服，禁止在实验室中穿短袖衬衫、短裤或者裙装。

(2)选择适合个人体型的防护服尺码，若为穿戴式防护服应检测其线缝和侧翼的完整性，线缝开裂意味着防护性能降低。

(3)在进行化学实验的过程中，实验人员必须穿着防护服，以防止躯体皮肤受到各种伤害，同时保护日常着装不受污染。进行 X 射线相关操作时，实验人员应穿着铅质的 X 射线防护服。

(4)应该将清洁的防护服放置在专用存放处，将污染的防护服放置在有标志的防泄漏的容器中。每隔一定的时间应更换防护服以确保清洁。当知道防护服已被危险物质污染后应立即更换。

(5)离开实验室时必须脱去防护服，并将防护服留在实验室做消毒处理。不得穿着已被污染的防护服进入办公室、会议室、食堂等公共场所。对不能二次使用的防护服应在消毒处理后统一丢弃，并做好记录。

(6)防护服的清洗和消毒必须与其他衣物完全分开，以避免其他衣物受到污染。应经常清洗防护服，但不要将防护服送到普通洗衣店或家中洗涤。

第二节　实验室通用防护装备

实验室通用防护装备的配置可以有效地保证在有安全事故出现时，能及时补救和减少事故对实验人员和实验设备的损害。

一、洗眼器

在实验室等眼部可能受到腐蚀材料伤害的场所内需要提供紧急洗眼装置(即洗眼

器)。洗眼器应安装在室内明显且易取的位置，并保持洗眼水管的通畅，以便实验人员有紧急情况时使用。在实验过程中，遵循了所有的注意事项后，如发生腐蚀性液体或生物危害液体喷溅至实验人员眼睛时，实验人员应该在就近的洗眼器上用大量缓慢水流冲洗眼睛 15 ~ 30 min。图 2 - 11 为各种洗眼器。

图 2 - 11 各种洗眼器

洗眼器的使用方法：取下洗眼器盖，将眼睛靠近出水口，一手指撑开眼帘，另一手轻轻推开阀门，清洁的水源就从洗眼器喷头处自动喷出；将双眼靠近洗眼器喷头，用大量清水冲洗眼睛；冲洗时眼睛要睁开，眼珠要来回转动；冲洗眼睛的时间不得少于 15 min，然后再就医治疗。

一般应用洗眼器冲洗眼睛。在没有洗眼器的情况下，可用干净的橡皮管，或让伤者仰面躺下让水缓慢流入眼睛，持续 15 min 以上，也可直接在水龙头下冲洗，但注意不要让水流经未受伤害的眼睛。

二、应急喷淋装置

当化学物质喷溅到实验人员衣服或者皮肤上的时候，就应该立刻用大量的水清洗(如果是浓硫酸碰到皮肤，应立即用干布擦去后再用水冲洗)。如果皮肤受损面积较小，可直接用水龙头或手持软管冲洗；当身体受损面较大时，需使用应急喷淋装置(图2－12)。

图2－12　应急喷淋装置

应急喷淋装置可以提供大量的水冲洗全身，适用于身体较大面积被化学品侵害的情况。此外，应急喷淋装置都配有洗眼器，也就是专门针对眼睛的喷淋装置，可在第一时间快速冲洗眼部，减少眼睛所受的伤害。

应急喷淋装置的使用方法具体如下。

眼部伤害：用配置的洗眼器冲洗眼睛，使用方法见“洗眼器”部分所述。

躯体伤害：脱去被污染的衣物，用手向下拉阀门拉杆，水从喷淋头自动喷出；站到应急喷淋装置喷头的下方，用大量清水冲洗全身，注意不要隔着衣物冲洗受伤部位；连续冲洗时间不得少于15 min，然后再根据实际情况决定是否就医治疗。

三、急救箱

急救箱是实验室一旦发生事故后能够第一时间给受害人提供有效帮助的安全装备。急救箱具有轻便、易携带、配置全等优点，在紧急情况发生时能发挥重要的作用。急救箱内一般包括下列物品：酒精棉、手套、口罩、消毒纱布、绷带、三角巾、安全扣针、胶布、创可贴、医用剪刀、钳子、手电筒、棉花棒、冰袋、碘酒、3%双氧水、饱和硼酸溶液、1%醋酸溶液、5%碳酸氢钾溶液、75%酒精、凡士林等。对急救箱中的物品应经常更新，确保物品在有效期内。

（张　琰，徐兴敏，张希斌）

第三章 实验室消防安全

高校实验室是进行教学、科研工作的重要场所，由于教学内容多样、科研方向不同，将会使用到易燃易爆等危险化学品、具有火灾或爆炸危险性的实验或科研设备、具有火灾或爆炸危险因素的制备工艺等，这就使得实验室消防危险因素多，火灾或爆炸风险性高，极易发生火灾或爆炸等严重的消防安全事故，造成巨大的人员伤害和财产损失。因此，实验人员需要充分掌握实验室消防常识、熟练使用消防安全设施、全面掌握消防事故逃生方法。本章主要从实验室消防安全的角度出发，重点阐述消防的常识、高校实验室消防安全隐患、消防灭火设施及其使用方法、火灾的扑救及逃生方法等，旨在增强高校师生实验室消防安全意识，提升高校实验室人员消防安全素养，最终将落实实验室消防安全工作贯穿于教学和科研工作的全周期。

第一节 实验室消防常识

实验室是高校消防安全的重点防范单位。一般来讲，实验室火灾事故主要由实验人员消防安全意识淡薄、违规操作及缺乏消防安全常识所致。因此，实验人员应谨记“以防为主、防消结合”的消防安全工作方针，掌握基本的防火常识和技能，主动预防火灾事故的发生。

一、燃烧

（一）燃烧的概念

燃烧俗称“着火”，是可燃物与氧化剂作用产生的放热反应，通常伴生出火焰、发光和（或）冒烟的现象。燃烧包括无焰燃烧（暗火）和有焰燃烧（明火）两种。

广义的燃烧是指任何发光、发热的剧烈反应，不一定有氧气参加。例如，金属钠（Na）和氯气（Cl_2）发生反应形成氯化钠（NaCl）的过程，该反应没有氧气参加，但是具有剧烈的发光、发热现象，同样属于燃烧的范畴。

（二）燃烧的条件

根据燃烧的定义，燃烧的发生和发展必须同时具备可燃物、助燃物（氧化剂），但通过生活常识可知，在仅具备这两个条件的情况下不一定发生燃烧。例如，人穿的衣服、鞋子，以及学习用的课本、练习册等都是可燃物，空气中的氧气是助燃物，然而，它们并没有发生燃烧，其原因在于缺少引发燃烧的另一个重要条件，即点火源。可燃物、助燃物（氧化剂）和点火源（温度）构成了燃烧的三个必要条件，三者缺一不可。对于某些强还原性的金属可燃物而言，不仅能在空气中燃烧，还可以从氧化物中夺取氧而发生燃烧，例如，铝热剂的燃烧和镁在二氧化碳中的燃烧等。

1. 可燃物　凡是能与空气中的氧或其他氧化剂起燃烧化学反应的物质称为可燃物。可燃物按其物理状态可分为气体可燃物、液体可燃物和固体可燃物三类。可燃物大多是含碳和氢的化合物，一些金属(如镁、铝、钙等)在某些条件下也可以燃烧。

2. 助燃物　空气中的燃烧较为常见，助燃物为空气中的氧气。但在氧化还原反应产生的燃烧中氧气不是必需的，某些氧化物同样可以作为助燃物，如三氧化二铁、四氧化三铁等。能够作为助燃物的还有氯气、氟气、氯酸钾等。

3. 点火源　能引起可燃物质燃烧的能量统称为点火源，又称引火源。点火源包括自然产生的雷电、生活中的电火花、明火、摩擦和撞击等。

(三)燃烧的三个重要术语

1. 闪点　闪点是指在规定的试验条件下，可燃性液体或固体表面产生的蒸汽在试验火焰作用下发生闪燃的最低温度。闪点是评价易燃液体发生火灾或爆炸危险性大小的重要指标。闪点越高，危险性越小；闪点越低，危险性越大。

2. 燃点　可燃物质在试验条件下受外界火源作用或在高温的条件下开始起火并持续燃烧的现象称为着火。引起并维持可燃物质燃烧的最低温度即为燃点，也称为着火点。可燃物质的温度未达到燃点不会发生燃烧。通常用燃点衡量可燃物质火灾危险性的大小，燃点越低，火灾危险性越大。

3. 自燃点　可燃物质在外部没有明火、火花等条件下，由于受热或自身发热最终自行燃烧的现象称为自燃。引起可燃物质发生自燃的最低温度即为自燃点。自燃点越高，发生自燃的危险性越小；自燃点越低，发生自燃的危险性越大。例如，磷、磷化氢自燃点低，在常温空气中即可发生自燃，因此，在实验室内存放磷和磷化氢时务必注意安全。

(四)燃烧的过程和产物

1. 燃烧过程　按照燃烧物的形态可将燃烧分为气体物质燃烧、液体物质燃烧、固体物质燃烧 3 种。

(1)气体物质燃烧：气体物质的燃烧不需要经过蒸发，可以直接燃烧。根据燃烧前可燃气体与氧气的混合状况可将气体物质燃烧分为预混燃烧和扩散燃烧。

1)可燃气体、蒸汽预先同空气(或氧)混合，再遇点火源产生带有冲击力的燃烧即为预混燃烧。例如，天然气泄漏后与空气混合，当天然气泄漏量足够大，与空气形成爆炸混合物时，遇点火源会发生爆炸或爆燃。预混燃烧反应快、温度高、火焰传播速度快，在有些条件下会发生“回火”现象。

2)可燃气体、蒸汽与气体氧化剂相互扩散，边燃烧、边混合的燃烧即为扩散燃烧。扩散燃烧比较稳定，又称为稳定燃烧，其火焰温度相对较低，燃烧过程中不会发生“回火”现象。例如，生活中做饭时使用燃气灶的气体燃烧。

(2)液体物质燃烧：易燃、可燃液体在燃烧时并不是液体本身在燃烧，而是液体受热时蒸发的蒸汽达到燃点而燃烧，因此，也称为蒸发燃烧。可燃液体的燃烧类型包括闪燃、沸溢、喷溅。

1)闪燃指可燃性液体挥发的蒸汽与空气形成混合物达到一定浓度或可燃性固体加热到一定温度后，遇明火发生一闪即灭的燃烧，如石蜡的闪燃。

2）沸溢指在含有水分、黏度较大的石油产品等燃烧时，其中的水分受热汽化，又不易挥发，形成膨胀气体，使液面沸腾，沸腾的水蒸气带着燃烧的油在空中飞溅。

3）喷溅指在重质油品燃烧的过程中，随热波温度的逐渐升高和向下传播距离的不断增加，当热波达到水垫时引起水垫中水的大量蒸发，蒸发气体体积迅速膨胀，将液面层油品抛向空中并向外喷射，如原油、重油、沥青油的燃烧。

（3）固体物质燃烧：按照燃烧方式和燃烧特性可分为表面燃烧、分解燃烧、熏烟燃烧、蒸发燃烧。可燃固体在燃烧时可能同时存在多种燃烧方式。

1）表面燃烧指可燃固体的燃烧主要在其表面，由氧气和可燃物直接作用而发生，例如，木炭、焦炭等的燃烧。

2）分解燃烧指可燃固体被加热时发生分解反应，所形成的可燃挥发蒸汽与氧气发生燃烧反应的燃烧。例如，木材燃烧时首先被加热分解产生氢气、甲烷等可燃气体，然后再发生燃烧反应。

3）熏烟燃烧指只冒烟而无火焰的燃烧，又称阴燃。例如，堆积的杂草堆内部的发热冒烟现象。

4）蒸发燃烧指可燃固体受热后熔融蒸发，所形成的蒸汽与氧气发生燃烧反应的燃烧。例如，硫、沥青、石蜡、高分子材料、萘和樟脑等的受热燃烧。

2. 燃烧产物　指通过燃烧或热解作用所产生的全部物质，通常指燃烧产生的气体、烟尘和能量等。在火灾发生、发展的过程中能量以热量的形式表现出来，以热传播的形式始终存在，是影响火灾发展的决定因素。火灾热传播对人体有明显的物理伤害。火灾中可燃物燃烧产生的大量烟雾，是引起火灾现场人员伤亡的主要因素。火灾烟雾中含有各种有毒气体，如一氧化碳（CO）、硫化氢（H_2S）、氰化氢（HCN）等，当其含量超过人体生理活动所允许的最高浓度，常造成个体中毒死亡。

（五）灭火的基本方法

根据燃烧的原理可将灭火的方法分为以下 3 种。

1. 冷却灭火　冷却灭火指通过在燃烧物上直接喷射灭火剂，将燃烧物的温度降至燃点以下，从而终止燃烧过程的方法。例如，水喷雾灭火系统的水雾，其水滴直径细小，表面积大，和空气接触范围大，极易吸收热气流的热量，能很快地降低温度，效果较为明显。

2. 窒息灭火　窒息灭火指通过阻止空气进入燃烧区，从而降低燃烧区的氧气浓度，使燃烧因缺氧而终止的方法。例如，在水喷雾灭火系统工作时，喷出的水滴在吸收热气流的热量后转化成水蒸气，当空气中水蒸气的浓度达到 35% 时，燃烧即停止。这也是窒息灭火的应用原理。

3. 隔离灭火　隔离灭火指将可燃物与其周围的其他可燃物隔离开，使燃烧因缺少可燃物而终止的方法。例如，在扑灭可燃液体或可燃气体火灾时，迅速关闭输送可燃液体或可燃气体管道的阀门，切断流向着火区的可燃液体或可燃气体的输送管道，从而达到灭火目的。

水火无情，保证消防安全除了要做到控制、消除已发生的火灾外，实验人员更应牢牢树立“安全第一”的思想，通过控制可燃物、隔绝助燃物、消除或控制火源，做到有效防火，警钟长鸣，防患于未然。

二、火灾

在空间或时间上失去控制的燃烧形成的灾害即为火灾。在各种灾害中，火灾是最经常、最普遍地威胁公众安全和社会发展的主要灾害，是实验室消防安全预防的重点。中华人民共和国国家标准《火灾分类》(GB/T 4968—2008)中根据可燃物的类型和燃烧特性将火灾分成以下六类。

A类火灾：指固体物质火灾。这类固体物质通常具有有机物质的性质，一般在燃烧时能产生灼热的余烬。如木材、干草、煤炭、棉、毛、麻、纸张等燃烧引发的火灾。

B类火灾：指液体或可熔化的固体物质火灾。如煤油、柴油、原油、甲醇、乙醇、沥青、石蜡、塑料等燃烧引发的火灾。

C类火灾：指气体火灾。如煤气、天然气、甲烷、乙烷、丙烷、氢气等燃烧引发的火灾。

D类火灾：指金属火灾。如钾、钠、镁、钛、锆、锂、铝镁合金等燃烧引发的火灾。

E类火灾：指带电火灾。如物体带电燃烧引发的火灾。

F类火灾：指烹饪器具内的烹饪物(如动物、植物油脂)燃烧引发的火灾。

造成高校实验室火灾的因素众多，但大多数火灾与人为过失有关。只有牢固树立消防安全意识、提高消防安全素质，才能有效地预防和控制火灾的发生。

警示案例

某校化工学院学生实验时擅离职守引发大火

2009年11月11日上午，某校化工学院化工系学生周某在实验室做实验时，将实验样品装入烧瓶并放入油浴锅内加热，后因中午吃饭于11：40左右擅自离开实验室，下午14：50左右同学韦某经过实验室时，发现房间内出现焦煳味，随即联系同学周某和物业保安人员，等找来实验室钥匙打开房门时，发现房间内火势已经蔓延。所幸通过物业保安和在场同学的扑救，及时遏制了火情，未造成更大损失。

经消防部门现场查验，火灾起因系油浴锅通电加热后无人值守，油浴锅内油温过高引发其他可燃物质燃烧。火灾造成1台油浴锅、1台通风橱和部分电源损坏，室内其他设备均受到不同程度的影响并需要维修检验。本次事故造成的直接财产损失超过4000元。

三、爆炸

(一)爆炸的概念

爆炸是物质从一种状态急剧转变为另一种状态时，释放巨大能量和气体并伴有声响的现象。爆炸发生破坏作用的根本原因在于构成爆炸的体系内存在高压气体，或在爆炸瞬间生成的高温高压气体。急剧的压力变化是产生爆炸、发生破坏作用的直接原因。

(二)爆炸的分类

按照物质产生爆炸的原因和性质不同，可将爆炸分为物理爆炸和化学爆炸。

1. 物理爆炸　物理爆炸即物质因状态突变而形成的爆炸，其特点是爆炸前后物质的化学成分不改变。如蒸汽锅炉因水快速汽化，容器内压力急剧增加，压力超过设备所能承受的强度而发生的爆炸，以及压缩气体或液化气钢瓶、油桶而发生的爆炸等。

2. 化学爆炸　化学爆炸是指由于物质急剧氧化或分解引起温度升高、压力增加或两者同时发生而形成的爆炸现象。在化学爆炸前后，物质的化学成分和性质均发生了根本性的变化。化学爆炸速度快、能量巨大，具有很大的火灾危险性。其包括炸药爆炸、可燃气体爆炸、粉尘爆炸等。实验室消防安全中应重点关注可燃气体爆炸和粉尘爆炸。

(1)可燃气体爆炸：指可燃气体与空气(或氧气)混合达到一定浓度时，与点火源发生剧烈的氧化反应，并伴有发光、发热的爆炸现象。

(2)粉尘爆炸：指悬浮于空气中的可燃粉尘触及明火或电火花等火源时发生的爆炸现象。粉尘爆炸应具备3个条件，即：粉尘本身具有可燃性；粉尘必须悬浮在空气中并与空气混合到爆炸的浓度；有足以引起粉尘爆炸的点火源。

警示案例

北京某大学实验室粉尘爆炸造成现场3名学生死亡

2018年12月26日，北京某大学实验室发生爆炸，事故造成3人死亡。经查，该起事故的直接原因为实验人员在使用搅拌机对镁粉和磷酸进行搅拌的过程中，料斗内产生的氢气被搅拌机转轴处的金属摩擦、碰撞产生的火花点燃并引起爆炸，继而引发镁粉粉尘爆炸。爆炸引起周边镁粉和其他可燃物燃烧并发生二次爆炸，导致现场3名学生死亡。

经过事故调查认定，事故原因在于该实验室有关人员违规开展实验、冒险作业并违规购买、违法储存危险化学品，在实验过程中违规操作，引发镁粉粉尘爆炸，造成了重大人员伤亡和财产损失。事故发生后，上级部门对相关人员按照规定进行了处理。

四、火灾和爆炸的预防

随着我国高校招生规模的不断扩大，高校配套的消防基础设施显得难以适应，火灾和爆炸一旦发生，将造成重大财产损失和人员伤亡，也会产生非常严重的社会负面影响。同时，高校实验室越来越趋于专业化、大型化、复杂化，导致近年来高校实验室的火灾和爆炸事故频频发生。实验室火灾和爆炸的预防是消防安全工作的重点。

(一)高校实验室火灾和爆炸的特点

1. 实验仪器设备数目多、价值高　随着高校的不断发展，高校实验室仪器设备的种类越来越多，实验室仪器设备越来越高精尖化。许多高校实验室拥有上千万或上亿元的国家财产，一旦发生火灾，不仅会造成巨大的经济损失，也将给教学、科研、生产带来极大的影响。

2. 实验室种类多，各实验室火灾和爆炸的危险因素不同　高校根据其专业或研究方向不同而设置多种实验室，不同学科、不同专业又相互渗透、相互交叉，科学研究和科学实验更加复杂，各实验室拥有的实验设备不尽相同，因此，导致实验室火灾和爆炸的危险因素各不相同。

3. 实验室相关人员成分复杂、流动性大　高校实验室是教学、科研的基地，教师和学生需根据课程安排进入实验室，开展实验课程教学，或进行科研实验工作，并且，有些实验室会向其他高校或某些社会组织开放，这必将增加实验室人员的流动性和复杂性。

（二）高校实验室火灾和爆炸的成因

1. 人为因素　人为因素是高校实验室火灾和爆炸发生的主要原因，包括实验室相关人员对消防安全的认识不足、实验过程中的违规操作、对实验化学品的存储及使用不当、对实验仪器设备的违规使用等。

（1）麻痹大意，私自脱岗：对实验消防安全意识坚决不能松懈，一旦放松就有可能发生严重的安全事故。2006 年 3 月，某学院学生在实验室进行酒精灯加热时，临时去了趟位于楼道尽头的卫生间，该学生麻痹大意，认为 10 min 内肯定回来，因此，未让其他同学代为看管，谁知就在该学生走后酒精灯无故自然爆裂，酒精沿工作台流向四周引发火灾。

（2）违反实验操作规定、实验化学品存储规定：针对某些具有火灾或爆炸危险性的化学实验绝对不能擅自更改实验流程，同样，对于高压锅、烤箱等设备应严格按照说明书操作，一旦违反操作规定或将酿成事故。一些学者开展的 100 起实验室火灾事故调查结果表明：71% 的实验室火灾是由实验人员操作不慎、操作失误所致。

2. 实验本身具有危险性　高校实验过程中可能会使用到具有危险性的仪器设备、危险化学品，或者在实验流程中存在具有易引发火灾或爆炸的危险性工艺。

（1）危险化学品引起火灾和爆炸：高校实验室中因开展教学或科研工作的需要，各型各类危险化学品的使用极为普遍。这些物质性质活泼、稳定性差，有的易燃、有的易爆、有的相互接触就会发生化学反应而引发着火或爆炸。

（2）实验流程引发火灾或爆炸：如高校化学实验室经常进行的蒸馏、回流、萃取、重结晶、化学反应等操作过程，引发火灾和爆炸的危险性都非常大，稍有不慎就会发生严重的安全事故。

（3）危险性仪器设备引发火灾或爆炸：高校实验室中常见的高压锅、水浴加热槽、电炉、电烙铁、酒精灯等设备极易引发火灾或爆炸。例如，某高校实验室因用电炉加热时突然停电，实验人员未断电即离开实验室，来电后连续通电数小时而无人看管，高温引发电炉周围可燃物质自燃而导致重大火灾事故。

3. 实验室管理存在漏洞　对仪器设备缺乏定期维护，实验室消防基础设施老旧、失效等。

4. 电气火花　如短路、过载、接触不良等产生的电气火花。

5. 静电火花 实验室易发生静电积聚和高压放电的情况包括：实验人员身穿的化纤、羊毛等服装发生摩擦；电阻率较高的有机溶剂在流动中与容器壁发生摩擦，或溶剂各流动层之间的相互摩擦；有机溶剂与有机绝缘材质的管道、容器、设备之间的摩擦；对含有机溶剂的物料采用化纤材料进行过滤；离心机刹车制动过猛等。

（三）高校实验室火灾和爆炸的预防措施

“预防为主、防消结合”是实验室消防工作的方针之一，“预防为主”是消防安全的基础和保障，针对引发实验室火灾和爆炸的原因，必须落实以下几方面的预防措施。

1. 制定一系列防火安全制度 各个实验室应结合自身的实际情况制定适用于本实验室的实验室消防安全制度。其主要包括以下5个方面。

（1）建立防火工作管理制度：各实验室根据其自身特点和相关法律法规制定相应的管理制度，并严格执行。

（2）建立岗位责任制：建立自上而下的岗位责任体系，强化责任意识，做到事事有人管，层层有人抓。

（3）建立消防安全教育、培训及考核制度：通过开展各项消防安全教育以提升实验室相关人员的素质，通过考核强化学习效果。

（4）建立防火检查和整改制度：建立综合性检查、专业性检查、季节性检查、节假日检查和日常检查制度，落实检查出的安全隐患整改措施。

（5）严格用火审批流程：非必要情况下在实验室内杜绝使用明火，如需使用明火，必须建立申报制度并做好防火措施。

2. 保障实验室防火防爆资金投入 实验室仪器设备的维护和危险化学品的定期检测必然需要相关资金的投入，否则将导致大量安全隐患堆积。

3. 提高实验人员防火防爆的综合素质 人的不安全行为是消防工作中最难控制的“顽疾”，也是火灾事故不断发生的主要原因。通过定期安全教育、安全考核等手段提升实验人员防火防爆的综合素质是预防消防安全事故的有效途径。

4. 加强仪器设备管理和危险化学品管理 从事易燃易爆设备操作的人员需经公安、消防部门培训，考核合格后方能上岗。对实验室危险化学品要严格执行“五双”管理制度。

5. 优化实验设计 实验设计需符合国家的相关规定，实验工艺、原料、半成品和成品需经过严谨论证，力求将实验消防风险降至最小。

6. 做好防火档案记录，定期进行防火演练 定期组织实验人员进行防火演练、检查防火防爆基础设施，发现问题及时上报、及时解决，做好防火防爆档案记录。

第二节 实验室消防设施

火灾刚刚发生时火势弱、易扑灭，因此，掌握灭火器材的使用方法，将火灾在形成前或形成初期迅速扑灭，对于实验人员是非常必要的。目前，在实验室中主要使用手提式灭火器和消火栓实施灭火。

一、灭火器类器材

根据灭火器内所填充的灭火剂的种类，可将灭火器分为泡沫灭火器、酸碱灭火器、干粉灭火器、二氧化碳灭火器、卤代烷灭火器及七氟丙烷灭火器等类型。图 3－1 为灭火器箱和干粉灭火器。

图 3－1 灭火器

（一）泡沫灭火器

1. 灭火原理　通过桶内酸性溶液和碱性溶液混合后发生化学反应，喷射出泡沫，覆盖在燃烧物表面，从而隔绝空气以达到灭火目的。

2. 适用场景　泡沫灭火器适用于扑灭油脂类、石油产品以及一般固体物质（如木材、纤维等）的初起火灾，但不能扑救带电设备和醇、酮、酯、醚等有机溶剂引发的火灾。

3. 使用方法　右手握着压把，左手托着灭火器底部，轻轻地取下灭火器，将灭火器迅速提至火灾现场。在距火源 3～5 m 处，一手握住提环，另一手扶住桶底，将灭火器颠倒，再将喷嘴对准火源根部并用力摇晃灭火器，灭火剂即可喷出。使用时应逐渐靠近火源并将泡沫覆盖在所有燃烧物的表面。

4. 维护、保养和检查　泡沫灭火器存放处的温度应为 0～45 ℃，以防止气温过低导致冻结或气温过高导致药剂分解；应每月检查喷嘴、喷枪等有无阻塞；闲置 2 年后应换装药剂。

（二）酸碱灭火器

1. 灭火原理　利用 2 种药液混合后喷射出来的水溶液扑灭火焰。

2. 使用场景　适用于扑救竹、木、棉、毛、草、纸等一般可燃物质引发的初起火灾，但不宜用于油类、忌酸物质、忌碱物质及电气设备引发的火灾。

3. 使用方法　在运送灭火器的过程中，不能将灭火器扛在肩上或横拿，也不能让灭火器过分倾斜，以防 2 种药剂混合而提前喷射。到达火灾现场后，颠倒桶身，将水溶液喷射向燃烧最猛烈处，之后逐步向火源周围喷射。

4. 维护、保养和检查　除药液应于 1 年后换新外，其余与泡沫灭火器的检查、维护方式相同。

（三）干粉灭火器

1. 灭火原理　以高压二氧化碳气体或氮气作为动力，喷射干粉灭火剂灭火，对燃烧有化学抑制、窒息及冷却等作用。

2. 使用场景　干粉灭火器分普通干粉灭火器和多用干粉灭火器两大类。普通干粉又称“BC 干粉”，包括碳酸氢钠或改性钠盐、氨基干粉等，适用于由易燃的液体、气体和电气设备引发的初起火灾；多用干粉又称“ABC 干粉”，包括磷酸铵盐干粉、聚磷酸铵干粉等，除适用于上述几类火灾外，其还可用于扑救由固体类物质所引起的初起火灾。干粉灭火器不能扑救金属燃烧火灾。

3. 使用方法　可将干粉灭火器用手提或用肩扛至火灾现场，选择距火源 3 ~ 5 m 处的上风口位置，使用前先将灭火器上下颠倒几次使桶内干粉松动，拔下保险销，一手握住压把，另一手握住喷嘴，对准火源根部用力压下压把左右晃动扫射，使喷射出的干粉覆盖燃烧物表面，直至将火焰全部扑灭。

4. 维护、保养和检查　存放干粉灭火器的地点应选择在干燥通风处，温度应为 10 ~ 45 ℃；每半年检查 1 次钢瓶内的压力，若有降压现象应立即停用。

（四）二氧化碳灭火器

1. 灭火原理　二氧化碳本身不能燃烧也不支持燃烧，液态二氧化碳从灭火器中喷出时有降温和隔绝空气的作用，可达到灭火的目的。

2. 使用场景　适用于贵重设备、档案资料、仪器仪表、600 V 以下电气设备及油类的初起火灾。由于二氧化碳在高温下可与某些金属发生燃烧反应，故不能扑灭金属火灾，也不能用于扑救硝化棉、火药等本身含有氧化基团的化学物质火灾。

3. 使用方法　使用时拔出保险销，一手紧握启闭阀压把，另一手握住喇叭筒根部手柄，将喇叭筒近距离对准火源根部，用力压下压把即可喷出二氧化碳进行灭火。使用时，应防止发生低温冻伤。

4. 维护、保养和检查　每 3 个月检查 1 次重量，若减重超过 1/10，则需查明原因并补充气体；存放地点的温度不能超过 42 ℃，且不能靠近火源，以防止温度过高使桶内压力过大而发生危险。

（五）卤代烷灭火器

1. 灭火原理　卤代烷灭火器包括 1211 灭火器、1301 灭火器、1202 灭火器和 2402 灭火器，主要通过抑制燃烧的化学反应过程使燃烧中断，达到灭火的目的。但是，由于卤代烷灭火剂的蒸汽对人体具有毒性，且其化学成分对环境具有危害性，1211 灭火器和 1301 灭火器已经被列入“国家淘汰灭火器目录”。

2. 适用场景　卤代烷灭火器适用于扑救油类、精密的仪器仪表、图书、档案等贵重物品的初起火灾。其具有绝缘性好，灭火时不污损物品，灭火后不留痕迹且灭火效率高、速度快的优点。

3. 使用方法　使用卤代烷灭火器时应垂直操作，不可将其放平或颠倒使用，先拔掉保险销，一手紧握压把开关，另一手握住喷嘴，将其对准火源根部，并向火源边缘左右扫射。灭火时要防止回火复燃，针对零星小火可点射灭火。

4. 维护、保养和检查　应将卤代烷灭火器放在明显、便于取用的地方，不应将其放在暖气或加温加热设备旁，也不应将其放在阳光直射处。每半年检查 1 次卤代烷灭火器的总重量，减重 1/10 以上时应补充药剂和充气。

（六）七氟丙烷灭火器

1. 灭火原理　七氟丙烷灭火器被认为是替代卤代烷灭火器最理想的产品之一，具有灭火效率高、洁净、安全、环保等优点，主要通过抑制燃烧的化学反应过程使燃烧中断，以达到灭火的目的。

2. 适用场景　七氟丙烷灭火器的适用场景与卤代烷灭火器基本相同，主要用于电气火灾或贵重物品的初起火灾，不适用于金属火灾，如钠、钾、镁等金属的火灾。

3. 使用方法　可将七氟丙烷灭火器用手提或用肩扛至火场，在距燃烧物 2 m 左右处放下灭火器并拔出保险销，一手握住启闭阀压把，另一手握住喇叭筒根部手柄，对准火源根部由近及远左右扫射。如在室外使用七氟丙烷灭火器，应站至上风口；如在室内使用七氟丙烷灭火器，灭火完成后应尽快撤离室内，以防窒息。

4. 维护、保养和检查　将七氟丙烷灭火器存放于明显、便于取用的地方，不应将其放在暖气、加温加热设备旁或阳光直射处，以防止受热使气瓶内的压力升高。检查瓶体是否有开裂、凹凸，每半年检查 1 次灭火器的总重量和压力，当其减重超 5% 时应再装或更换。

二、消火栓的使用

消火栓多设在走廊、电梯间旁边以及楼道进出口处的墙壁凹槽内，适用于火势较大进行灭火时，弥补了灭火器药剂含量少、喷射距离短的劣势（图 3 – 2）。消火栓一头为喷淋水枪，中间为传水带，一般长度为 8 ~ 25 m，末端与高压水管道相连。由于喷出的是高压水，力量很强，因此，使用消火栓时一般需要 2 ~ 3 人同时操作。

a

b

a. 室内消火栓；b. 室外消火栓

图 3 – 2　消火栓

(一)使用方法

当火警发生时，应按压弹簧锁，拉开消火栓箱门，将水枪与传水带接口、传水带与消火栓接口相连。若消火栓有加压泵，则应击碎加压泵按钮玻璃以启动加压。一人持连接好的枪头去往火灾现场，另一人在前者到达火灾现场后逆时针旋转出水阀门，高压水即可喷出。

在室内安装消火栓时应注意出水口的方向，以方便接装传水带，保证出水畅通，灭火时能迅速出水。

(二)检查和注意事项

(1)日常应经常检查室内消火栓是否完好，有无生锈、漏水的现象，接口垫圈是否完好。

(2)出水前应将传水带完全展开，防止传水带打结造成高压水流不畅。

(3)灭火人员应紧握水枪，或两人同时握持，防止高压水导致枪头舞动而伤人。

(4)如距火灾现场较远，一盘传水带长度不够时，可将相邻消火栓的传水带取出并连接上。

(5)使用消火栓灭火前应先关闭房间内的总电源，以防止灭火时触电，灭火时应先扑灭房间门窗处的火焰，再扑救其他起火部位。

(6)不可使用消火栓扑救带电设备、比水轻的可燃液体或遇水发生化学反应的药品的火灾。

三、防火及安全疏散设施

为加强实验楼和实验室的消防工作，对消防突发事件及时做出应急响应，有效防范事态发展，将火灾事故造成的损失降低到最低限度。在实验楼和实验室内应按规定装置一些防火安全疏散系统与设施，如火灾报警及灭火控制系统、安全疏散设施和防火分隔物等。

(一)火灾报警及灭火控制系统

火灾报警及灭火控制系统负责火警的监控和消防工作的指挥，能迅速、有效地协助组织灭火及安全疏散。火灾报警及灭火控制系统按所完成的任务和功能的不同大致可以分为火灾探测部分、信号处理部分和报警灭火部分。

1. 火灾探测部分　该部分主要由传感器(如温度传感器、烟雾传感器、火焰传感器、红外传感器等)构成，用以监测与火灾相关的数据，并传送到信号处理部分，以判断是否发生了火灾。因此，实验人员应定期巡查火灾探测器的工作状态是否正常，若有异常应及时更换损坏的部件和探测器，确保实验室火灾探测器的表面清洁、无遮挡。

2. 信号处理部分　该部分主要由具有微处理功能的器件组成，对传感器采集来的数据进行判断、处理，当判断结果是有火灾发生时，随即发送报警指令和灭火指令。

3. 报警灭火部分　该部分包括报警系统和灭火系统。当有火灾发生时报警系统开始启动，报警灯亮起，同时发出火灾语音报警，灭火系统则驱动喷水结构的电动调节阀，开始喷水灭火。实验人员应定期检查灭火系统的供水网络是否正常、水泵是否正常工作、水管压力是否达标等。如果发现安全隐患，应立即上报相关部门并组织维修。

(二)安全疏散设施

为保证火灾发生时建筑物内的人员和物资能够尽快转移至安全区域，以减少损失，同时为消防人员灭火提供方便，建筑物内一般建有安全疏散设施。安全疏散设施主要有以下几种。

1. 安全出口　符合安全疏散要求的门、楼梯、走道等都称为安全出口。例如，建筑物的外门、防火墙上所设的防火门、经过走道或楼梯能通向室外的门等都是安全出口。直通室外的安全出口的上方，应设宽度不小于 1 m 的防护挑檐。

(1)安全出口的数量：一般来说，每个防火分区安全出口的数量不得少于两个。当防火分区内人员较少、面积较小或处于消防人员能从外部进行扑救的范围内时，可以适当放宽，不完全强调设两个安全出口。

(2)安全出口的布置原则：布置安全出口应遵照“双向疏散”的原则，即在建筑物内的任意地点，均宜保持有两个方向的疏散路线，使疏散的安全性得到充分的保障。

(3)安全出口的标志：标志应明显且容易被找到，对安全出口应务必保证畅通，不得上锁、封堵。

2. 疏散楼梯　疏散楼梯包括普通楼梯、封闭楼梯、防烟楼梯及室外疏散楼梯等 4 种。楼内疏散楼梯应以耐火材料做成楼梯间，包围楼梯结构。

3. 疏散走道　疏散走道是疏散时人员从房间内至房间门，或从房间门至疏散楼梯或外部出口等安全出口的室内走道。在疏散走道不准放置物品，不准设置台阶、管道等，以免影响疏散。疏散走道内应有指示标志和应急照明装置。

4. 消防电梯　消防电梯是在建筑物内发生火灾时，供消防人员进行灭火与救援使用且具有一定功能的电梯。与普通电梯不同的是，消防电梯具有备用电源且能防烟防火。消防电梯应设置在不同的防火分区内，且每个防火分区不应少于 1 台。

5. 火灾事故照明和疏散指示标志　火灾发生时，正常电源一般情况下被切断，火灾事故照明和疏散指示标志有助于人员在夜间或浓烟中按指示方向疏散，有助于减少疏散时的混乱。

(1)疏散指示标志的设置：安全出口的疏散指示标志灯宜设在出口的顶部；疏散走道的疏散指示标志灯宜设在疏散走道及其转角处距地面高度 1 m 以下的墙面上；疏散走道的两个疏散指示标志灯之间的间距不应大于 20 m，两个人防工程疏散指示标志灯之间的间距不应大于 15 m；疏散指示标志灯应安装牢固可靠。

(2)事故照明装置的设置：火灾应急照明灯应安装牢固、无遮挡，状态指示灯应正常；切断正常供电电源后，事故照明装置的应急工作时间不应小于 20 min；事故照明装置应急照明工作状态的持续时间不应小于 90 min，且不小于灯本身的标注的应急工作时间；疏散走道的地面最低水平照度不应低于 0.5 lx；人员密集场所内的地面最低水平照度不应低于 1.0 lx；楼梯间内的地面最低水平照度不应低于 5.0 lx；地下工程疏散照明的地面最低水平照度不应低于 5.0 lx；消防控制室、消防水泵房、自备发电机房、配电室、防烟与排烟机房以及发生火灾时仍需正常工作的其他房间的消防应急照明仍应保证正常照明的照度。

（三）其他防火设施

建筑物内的其他防火设施还包括防火分割物及其形成的防火、防烟分区。常用的防火分隔物有防火门、防火卷帘、防火墙、防火阀等。防火分隔物能够在火灾发生时有效地阻止火势蔓延或使火势蔓延迟滞，为火灾的扑救和人员、物品的转移赢得时间。

（四）消防安全标志

消防安全标志是由安全色、边框、图象为主要特征的图形符号或文字构成的标志，用以表达与消防有关的安全信息。消防安全标志的颜色应符合《安全色和安全标志》（GB 2893—2008）中的有关规定。常见的消防安全标志见附录 2。

第三节 火灾的扑救与逃生

造成实验室火灾的起火原因很多，多为突发性，但其发展一般可分为 3 个阶段：火灾初起阶段、猛烈燃烧阶段、衰减熄灭阶段。大部分实验室火灾在其初起阶段时，燃烧在局部地区进行，火势不够稳定，室内温度也不高，此时是将其扑灭的最佳时机，如果能够通过有效手段迅速扑灭，将极大地减少人员伤亡和财产损失。一旦初起火灾不受控制，人员应迅速撤离并有序逃生。

一、火灾的扑救

在实验室各类火灾的初起阶段，灭火人员应在确保自身人身安全的前提下采取科学、有效的灭火手段进行火灾的扑救，通过扑救可以有效控制或扑灭起火源。根据可燃物性质的不同可以将火灾的扑救分为一般火灾的扑救和特殊火灾的扑救。

（一）一般火灾的扑救

一般火灾的扑救主要包括固体物质火灾的扑救、液体或可熔化的固体物质火灾的扑救和气体火灾的扑救等。

1. 固体物质火灾的扑救　如棉、毛、麻、纸张、桌椅等突然起火的扑救。如果不含贵重物品或珍贵资料的可用水冷却法直接浇水灭火，也可以使用酸碱灭火器、泡沫灭火器、干粉灭火器等实施灭火；如果珍贵的图书或文献资料起火，应使用二氧化碳灭火器、卤代烷灭火器或七氟丙烷灭火器实施灭火。

2. 液体或可熔化的固体物质火灾的扑救　如汽油、润滑油、甲醇、乙醇、沥青、石蜡、塑料制品等突然起火的扑救。首先应切断可燃液体的来源，关闭可燃液体的阀门，或将未燃烧的可燃液体转移至安全区域。与此同时，根据可燃液体与水共处性质的不同，可分以下 3 种情况进行处理。

（1）可燃液体不溶于水且密度大于水：如实验室常用的溶剂二硫化碳。这类液体发生火灾后，可以使用沙土、泡沫灭火器、干粉灭火器实施灭火。视火灾情况可以酌情用水灭火，因为水可以有效地浮在液面将空气隔绝。

（2）可燃液体不溶于水且密度小于水：如石油烃类、苯等芳香族化合物。这类液体发生火灾后严禁用水灭火。一般使用沙土、干粉灭火器实施灭火，如果火灾范围较小、火势较小，也可以使用二氧化碳灭火器实施灭火。

(3)可燃液体溶于水或微溶于水：如甲醇、乙醇、乙醚、丙酮等。这类液体发生火灾后一般使用沙土、干粉灭火器实施扑救，根据火灾情况也可以使用雾状水、二氧化碳灭火器实施扑救。

综上所述，液体或可熔化的固体物质火灾的扑救首选沙土和干粉灭火器，如果火场恰好没有沙土和干粉灭火器，可以酌情选用其他灭火手段。在灭火过程中尤其需要注意蒸汽有毒的物质，如苯、硝基苯、石油烃类、二硫化碳等，扑救此类物质火灾时应穿戴防毒护具，以防止中毒。

玻璃容器内局部火灾的处理

实验过程中，通常会将各种实验试剂加入烧杯、烧瓶等玻璃容器中，如果容器内突发局部火灾，此时，实验人员应保持镇定，可以就地取材，使用石棉网、表面皿等覆盖瓶口，用窒息法使其熄灭。切忌手忙脚乱，严禁直接用水喷淋玻璃容器，防止容器遇冷炸裂，导致可燃液体流出，扩大火灾范围或引发其他可燃物燃烧。

3. 气体火灾的扑救　容易引发火灾的气体有氢气、天然气、甲烷、乙烷等。可燃气体发生火灾时应首先关闭气体阀门，切断可燃气体泄漏的途径，防止发生爆炸。然后，选用干粉灭火器或二氧化碳灭火器实施灭火。如果气体阀门损坏或泄漏口较大无法封堵，此时，不能盲目扑灭泄漏处的火势，防止堵漏失败后大量可燃气体与空气混合形成爆炸混合体。根据现场情况，可以采用隔离其他可燃物并冷却着火容器及周围容器的方法，防止容器爆炸，任其稳定燃烧，直到自行燃尽熄灭。

(二)特殊火灾的扑救

特殊火灾的扑救包括金属火灾的扑救和带电火灾的扑救等。

1. 金属火灾的扑救　如钾、钠、镁、锂、铝镁合金等突然起火的扑救。一般选用沙土、石粉或金属火灾专用灭火器实施扑救。覆盖沙土时须选用干沙土或石粉，且应轻轻倾倒，逐步推进，切不可猛烈倾倒或远距离抛洒，以防止燃烧物飞溅反将干沙等灭火剂淹埋，影响灭火效果。应特别注意的是：禁止使用水、二氧化碳、四氯化碳、卤代烷及泡沫等灭火剂扑救金属火灾，也不能用以二氧化碳为动力源的干粉灭火器或干粉车。镁、铝燃烧时温度非常高，水及其他灭火剂基本无效。钾、钠燃烧时严禁用水扑救，水与钠、钾可以发生化学反应，释放大量的热和氢气，将促使火灾更加猛烈地发展。

2. 带电火灾的扑救　如电线、配电箱、计算机、冰箱、电加热炉等突然起火的扑救。带电火灾发生后应第一时间关闭电源，严禁直接用水或灭火器实施扑救，防止触电。其具体扑救方法参照第四章第二节“电气火灾的应急处理”。

二、火灾的自救与逃生

火灾的发展和蔓延十分迅速，初起火灾的灭火行动不可能持续较长时间，一旦火势无法控制或扑灭，面对熊熊燃烧的大火，火场人员应立即展开自救与逃生。然而，此时火场人员的心理承受能力往往受到极大挑战，不良的心理状态将严重影响其判断能力和自救逃生能力并造成严重后果。因此，保持良好的心理状态是火场自救与逃生的关键，冷静、机智地运用自己学习和掌握的火场逃生知识，极有可能绝处逢生。

1. 未雨绸缪，有备无患　任何人都不希望发生火灾，然而，每个人都应为火灾的发生提前做好准备。这就要求了解和熟悉经常或临时所处的学习、生活的建筑环境，对于有逃生路线图的应现场勘察逃生路线，确认逃生出口、逃生方法和可使用的逃生工具；对于没有设置逃生路线图的可以自行勘察逃生通道，制订火灾自救计划，必要时自行进行火灾逃生训练和演练。

2. 保持冷静，积极逃生　面对大火，切勿慌乱，坚定信念，积极自救。在火灾现场，往往最强大的敌人不是烈火，而是受困者自己的慌乱，由于火情的瞬息万变，加上火场环境的混乱，非常容易使火场人员乱走乱转，贻误最佳逃生时机。因此，这就要求在火灾现场克服恐惧、慌乱心理，时刻保持冷静。另外，一旦意识到自己可能被烟火包围，千万不要迟疑，应按照逃生指示标志或逃生路线图立即撤离。逃生是第一要务。生命是无价的，逃生行动是争分夺秒的行动，往往时间就是生命。

3. 毛巾捂鼻，注意防烟　大量的火灾案例已经证明，烟雾是火灾的第一杀手，含有大量的有毒气体和微粒，严重威胁被困人员的生命安全。因此，在火灾现场需用各种防烟方法减少烟雾对人体的伤害。其中，最有效的方法是浸湿毛巾或手帕，将其拧至不滴水为宜，捂住口鼻，在穿过烟雾弥漫区域时应采取低姿态(如弯腰、蹲姿、爬姿等)行进，因视野不清，行进速度不宜过快。

4. 浸湿衣物，防止烧伤　火场一般具有较高的温度，有时可高达几百甚至上千摄氏度，在这样的环境下人的忍耐力十分有限。有研究表明，人在 120 ℃高温环境中最多忍受 15 min，超过 15 min 将造成不可康复的损伤。因此，在逃生时可将身体用水浇湿，并用浸湿的棉被、毯子包裹，以防止烧伤。

5. 善于观察，寻找出口　火场逃生时应观察“紧急出口”“安全通道”“安全出口”等标示牌、逃生方向的箭头、事故照明灯等，并结合火灾广播提醒，按照火灾逃生路线图有序撤离。在逃生时切勿盲目追随他人，否则不仅会造成通道拥堵，还有可能会造成踩踏或进入死胡同，造成群死群伤的严重事故。

当逃生通道拥堵时，也可采取以下措施实施自救。

(1)暂时避难：当被困室内无路逃生时，应积极寻找避难所，以保护自己，寻机逃生。一般可以选择走廊末端的房间或洗手间，关闭房间的迎火门窗，打开房间的背火门窗，并用湿毛巾、湿床单等阻塞门缝，不断向其洒水，防止烟雾侵入。与此同时，通过手机、对讲机等积极联系外界救援，白天也可以通过挥舞颜色醒目的衣物、旗子等来发出求救信号，夜间可以通过手电、荧光棒等发出求救信号，坚守待援，直到被救逃生。

(2)结绳自救：如室内浓烟弥漫，无法坚守待援，可以利用绳子，或将床单、窗帘等撕成条状，首尾连接成绳，用水打湿，绑在牢固位置，通过阳台或窗户顺绳滑下至地面或未着火楼层，从而完成逃生。

6. 互相帮助，有序逃生　被困人员在火场逃生时应相互帮助，按消防广播的要求有序逃生，边逃生边向其他人员高呼示警。在情况允许的前提下应自觉、主动地救助年老体弱者、妇女、儿童和受火灾威胁程度更大的人员，使其首先逃离火场。

7. 生命第一，逃生优先　每个人的生命是无价的且只有一次，身处险境时应尽快撤离，不要将宝贵的逃生时间浪费在寻找、携带贵重物品上。已经逃离火灾现场的，切勿为取出贵重物品而重返火灾现场。

8. 身上着火，切忌惊跑　一旦发现身上衣物着火，切忌用手拍打或四处乱跑，应立即寻找水源浇灭。如果附近没有可用水源，可以就地滚动压灭火焰，或者迅速撕脱衣服摆脱火情。禁止直接用灭火器喷射身体，以防止灭火剂污染、腐蚀伤口，导致伤情加重。

（赵　博，袁俊斋，刘　娜）

第四章　实验室水电安全

根据实验任务的不同，可将高校实验室分为多种不同功能的实验室。但是，随着各高校实验室的现代化程度越来越高、开展的实验项目越来越多，实验室用水、用电的规模呈现出逐年增大的现象。与此同时，由于对实验室水电疏于管理或设备老化而产生的实验室水电事故也呈逐年上升的趋势。这对实验室的消防安全带来了极大的威胁。本章将主要阐述实验室用水、用电涉及的安全隐患、注意事项、预防方法及触电后的急救措施等，旨在加强实验人员使用水电的安全意识，为实验室水电管理提供参考，以减少水电事故的发生，尽量避免因此而产生的人员伤亡、财产损失等。

第一节　实验室用水安全

根据实验目的不同，实验项目对水质的要求也各不相同。要了解实验室用水安全，首先应了解实验室用水的种类和分级，并在此基础上切实防范实验室用水的风险点，保障实验室安全用水。

一、实验室用水的种类和分级

实验室用水主要分为自来水、蒸馏水、去离子水、反渗水、超纯水。自来水可以作为实验冷却用水、器皿清洗用水等，一般直接在自来水管处接取；蒸馏水、去离子水、反渗水、超纯水是通过实验室制水设备，由自来水经蒸馏、反渗透、微孔过滤、离子交换等方法制备，根据其水质等级不同，可用于试剂配制、分析测试、细胞培养等实验项目。

根据《分析实验室用水规格和试验方法》(GB 6682—1992)，实验室用水的水质标准可分为3个级别。其中，一级水主要应用于对水质有严格要求、对颗粒物有所要求的实验，例如，液相色谱分析、原子吸收、离子色谱等，一级水可通过二级水的石英设备蒸馏或离子交换混合床处理后，再经过0.22 μm微孔滤膜过滤取得；二级水主要应用于无机痕量分析、原子吸收光谱分析等，可用多次蒸馏或离子交换等方法制取；三级水主要应用于化学分析，可用蒸馏或离子交换等方法制取。

二、实验室中水的危害

漏水事故是实验室中水的主要危害。其事故原因主要有水管的老化、水龙头的松动、实验用冷凝设备或制水设备软管固定不牢固、设备在实验结束后忘记关闭、废水管道阻塞等，从而造成实验室地面积水，甚至导致多个房间、多个楼层被淹。实验室受淹后可能造成精密的实验设备的短路损毁、计算机及打印机等办公设备的损毁、电线漏电引发的触电事故、电器短路引发的火灾或爆炸事故等。

警示案例

某高校化学楼循环冷却水彻夜开启引发跑水事故

2013年4月20日，某高校化学楼某实验室发生跑水事故，导致楼下新装修的房屋受损，室内大量贵重的精密仪器险被浸泡。经查，事故原因为某博士生做过夜反应，循环冷却水彻夜保持开启状态而无人看守。由于夜间实验少，水压增大，致使循环水的进水管从球形冷凝器上脱落，从而导致漏水事故的发生。学校根据实验室安全管理的相关规定给予该博士严肃处理，并让其承担部分仪器的检查、维修费用。

该事件提醒我们，跑水事故是实验室中容易被忽略，但是同样可能造成重大损失的事故类型。跑水事故通常都是在实验人员长时间脱岗或输水管道突然破裂时发生的。跑水事故发生的原因还有：水龙头或截门损坏及破裂；水管老化；冬季暖气管爆裂；遇突然停水后忘记关闭水龙头及阀门，来水后无人在现场导致跑水；下水管道因长期失修而发生堵塞；水压忽然增大，致使循环水进、出水管脱落而未被及时发现，导致跑水。

三、实验室用水安全须知

(1)对水龙头、水阀等要做到不滴、不漏、不放任自流，上、下水管道保持通畅。

(2)杜绝水龙头打开而无人监管的现象，定期检查管路，发现问题，立即维修。

(3)停水后，应将所有水龙头、水阀门拧紧。

(4)有水溢出水槽时，应立即采取措施，防止溢出的水向四周蔓延。

(5)应定期检查实验室冷凝装置和制水设备的水路、水管，防止因软管老化、滑脱等引起水患。

(6)注意冬季实验室用水设备的防冻保暖，防止水龙头、水管、冷凝装置和制水设备的水箱等因冰冻造成爆裂。

第二节　实验室用电安全

实验室用电主要包括照明电和动力电两大部分。动力电主要供各类仪器设备用电，同时还用于为实验室服务的电梯、空调、排风、水泵、送风等方面的电力供应。所谓的实验室用电安全，就是指运用科学的措施和正确的手段使用电力，以保证实验人员和实验设备的安全。

一、安全用电的常识

(一)实验室的配电设备

1. 开关柜　开关柜常见于配电室，主要用于全面控制各实验室的配电。开关柜外线先进入柜内主控开关，然后进入各个分控开关，各分路按需求设置。其主要作用是在电力系统进行发电、输电、配电和电能转换的过程中，进行开合、控制和保护用电设备。开关柜内的部件主要有断路器、隔离开关、负荷开关、操作机构、互感器及各种保护装置等。

2. 配电箱　配电箱在一般情况下可分为配电总箱和配电分箱，是按电气接线要求将开关设备、测量仪表、保护电器以及辅助设备组装在封闭或半封闭的金属柜中。在其正常运行时可借助手动或自动开关接通或分断电路。出现故障或不正常运行时，可借助保护电器切断电路或报警。借测量仪表可显示运行中的各种参数，还可对某些电气参数进行调整，对偏离正常的工作状态进行提示或发出信号。

3. 断路器　断路器具有过载、短路及欠压保护的功能，具有保护线路及设备的能力。一般常用的断路器为空气断路器，也称为空气开关，其灭弧介质为空气。空气开关上有一个蓝色的小方块，跳闸之后这个小方块会弹起。排除跳闸故障之后，先按下这个小方块，之后再合上闸刀开关即可接通电源。

（二）实验室的接线原则

1. 提前规划，防止过载　实验室内线路的施工应充分考虑配电容量，提前统筹规划，防止线路过载。例如，根据电流大小选择断路器及合适截面积的导线，防止满负荷运行时导线过热而引发漏电或火灾等事故。

2. 综合考虑，合理布线　实验室布线应综合考虑，合理布局，严禁乱接电线，乱拉电线，随意改线，所有暗线均应套 PVC 阻燃管。

3. 发现隐患，立即整改　在进行实验室线路施工和实验室设备接线时，如果发现安全隐患，应立即断电整改。严禁使用已破损的插头、接线板和插座，如发现插座松动或导线绝缘层破损应及时更换。更换时不能购买和使用劣质的导线、接线板及插座，应选购符合国家标准的 3C 认证（中国强制性产品认证）的合格产品，且接线板应选用三孔带地线的产品。在使用过程中，若发现插头破损、插座松动或导线绝缘层破损，应立即停止使用，通过维修换新、确保无安全隐患后，方可再次启用。

4. 大功率设备专线专用　对空调、水浴锅、干燥箱等大功率设备应专线专用。多种设备联合使用时，不得擅自拉接电源，总用电量及各分线的用电量均不能超过其最大用电容量，以防止电流超载导致线路过热而引发火灾或短路。

5. 配置可靠的接地系统　采用三相插头，按电气设备使用说明书的要求接地，电源插座和电气设备放置的位置应远离水源，以防止出现触电或电击等事故。

（三）实验室安全用电的注意事项

（1）禁止用潮湿的手或湿毛巾等接触带电设备，如有需要，可配备绝缘手套等护具，谨慎操作，防止触电。

（2）保持实验仪器设备及线路所处环境的干燥通风，避免浸湿受潮，否则将影响仪器设备的正常使用，降低仪器设备的使用寿命，严重时可能引发短路或火灾。针对某些精密实验仪器可使用空调，尽可能保持工作环境恒温恒湿，防止实验结果失真。

（3）进行设备维修或安装新设备时，应先关闭电源再进行维修或安装。维修或安装完成经检查无安全隐患后，才可接通电源，检查维修或安装的成果。

(4)使用设备前，应确认其额定电压。额定电压为220 V的设备应接至220 V电源，额定电压为380 V的设备应接至380 V电源。对设备不按照额定电压乱接电源可能引起设备工作状态的异常，严重时可因设备过热而引发火灾。

(5)在使用高压电时，应按照规定佩戴绝缘手套，穿绝缘鞋，做好防护措施，在保证实验人员安全的前提下开展实验项目。

(6)开始实验前，应首先检查用电设备及其线路是否存在安全隐患，如检查无隐患方可开启电源。实验结束后实验人员应先切断总电源，方可离开实验室。

(7)若在实验过程中发生停电，实验人员离开实验室之前应关闭所有的用电设备，尤其是电陶炉、水浴箱等加热设备。

(8)实验设备应在有人看管的状态下使用，严禁在无人监管的情况下长时间运行电气设备，以防止发生安全事故。

二、触电的防范

触电事故是指人体触及带电体并形成电流通路，电流的能量直接或间接作用于人体而造成的伤亡事故。

(一)触电的分类

常见的人体触电的方式主要有单相触电、两相触电、跨步电压触电、高压电弧触电等。

1. 单相触电　人体接触三相电网带电的某一相时，电流通过人体与大地形成回路，这种触电方式称为单相触电。其危险性与电网的运行方式有关。一般而言，电网接地的单相触电的危险性大于电网不接地的单相触电。

2. 两相触电　当人体不同部位同时接触电源的两相导线时，电流通过人体从一相导线进入另一相导线形成回路，这种触电方式称为两相触电。两相触电的危险性高于单相触电。当两相触电发生时，加在人体上的电压为线电压，如220 V或380 V。通过人体的电流较大时，将造成严重人员伤害甚至死亡。

3. 跨步电压触电　带电设备发生接地故障或导线触地时，在接地点周围存在电场，行走的人两脚之间形成电势差，从而使两脚间形成电压，电流流经两腿形成回路，由此引起的触电事故称为跨步电压触电事故。跨步电压触电事故的危险性与人所处电场的位置和跨步电压的大小有关。一般而言，越靠近接地中心点跨步电压越大，跨步电压触电的危险性越大。

4. 高压电弧触电　当人体靠近高压电气设备时，高压电能可将空气击穿，使电流通过人体与大地形成回路造成触电，同时高温电弧可造成人体严重烧伤。

(二)电流造成的人体伤害

电流造成的人体伤害主要有电击和电伤2种类型。

电击是指由于电流通过人体从而对人体内部器官、组织造成损伤，是电流造成人员死亡的主要因素，如强电流流经心脏时间过长，引发“心颤”致死，强电流损伤呼吸中枢引起呼吸骤停，造成窒息、死亡等。

电伤是指流经人体的电流产生的热效应、化学效应或机械效应引起人体外表(如皮肤、角膜等部位）的局部损伤。电伤一般有电灼伤、电烙伤、皮肤金属化等。

1. 电灼伤　电灼伤可分为接触灼伤和电弧灼伤。发生高压触电事故时，电流通过人体皮肤的入口、出口及体内通道，由于热效应引起的灼伤称为接触灼伤。因过分接近高压带电体，高压电流击穿空气产生高温电弧，强烈的高温电弧将引起电弧灼伤，使皮肤发红、起疱，严重时造成组织烧焦、坏死。

2. 电烙伤　电烙伤也称电烙印，当带电体与人体有接触时，在人体皮肤表面会留下与所接触带电体形状相似的肿块痕迹。有时触电后并不会马上出现电烙印，间隔一段时间后才会出现。电烙印的伤害较小，一般会造成局部麻木，不会形成局部发炎、化脓。

3. 皮肤金属化　电弧温度极高，其中心温度可达 6000～10000 ℃，足以融化、蒸发其周围的金属物质，金属物质飞溅至皮肤表面造成伤害，令皮肤表面粗糙、坚硬，呈灰黄色、绿色等，其色泽与金属的种类有关。发生金属化的皮肤一般在一段时间后可自行脱落，不会造成较大的损伤。

（三）触电的预防

为确保实验室安全用电，减少触电事故的发生，实验人员应提高思想认识，严格遵守用电规定，切实采取安全用电的技术措施。

1. 采用安全电压　按照我国相关国家标准的规定，安全电压的额定值可分为 42 V、36 V、24 V、12 V、6 V。可根据实验室的具体情况采用安全电压供电，防止触电事故的发生。

2. 对电气设备进行可靠接地　通过接地保护或接零保护，防止人身触电并保护电气设备的正常运行。

3. 采取屏护安全措施　采用遮栏、护罩、护盖、箱匣等设备，把带电体同外界隔绝开来，防止人体触及或接近带电体，以避免触电或电弧伤人等事故的发生。对屏护装置应接零或接地，并悬挂警示牌。

4. 选装可靠的漏电保护器　应选用符合我国相关国家标准的漏电保护器，在漏电发生时，能够及时切断电源，消除电气装置内的危险接触电压，防止由漏电引起的人员触电事故。

（四）触电的紧急救援

触电事故往往在极短的时间内造成严重人员伤亡，经验表明：触电后 1 min 内急救的生还率可达到 60%～90%，触电后 1～2 min 内急救的生还率为 45% 左右，触电 2～6 min才开始急救的生还率仅有 10%～20%，超过 6 min 急救则生还机会渺茫。因此，一旦发现触电事故，必须沉着冷静，并立即实施救援。

迅速让触电者脱离电源是首要的一步。人体触电后，很可能由于痉挛或昏迷而紧紧握住带电体，不能自拔。如果电闸在事故现场，应立即切断电源。如果电闸不在事故现场附近，立即用绝缘物体将带电导线从触电者身上移开，或者用电工钳子切断电源，使触电者迅速脱离电源。在实践过程中必须注意：未采取绝缘前，救助者不可徒手拉触电者，以防救助者自己被电流击倒；救助者不能用金属或潮湿的物品作为救护工具；在把触电者拉离电源时，应防止触电者脱离电源后可能的摔伤，尤其当触电者处于高处时。

触电者脱离电源后立即检查其受伤的情况。如情况不严重，可将其安排至通风处安静休息，令其平躺，不要走动，等待医生前来检查诊治；若神志不清，则应迅速判断其有无呼吸和心跳。若此时呼吸和心跳还存在，应迅速解开其上衣，以便于触电者呼吸，选择安静、舒适处让其平躺并迅速联系医院请求医生救治。若此时其已停止呼吸，除立即解开上衣外，还应迅速采用人工呼吸法和胸外挤压法同时或交替实施抢救，并迅速与医院联系。

警示案例

俄罗斯某高校学生被电击后“起死回生”

俄罗斯某高校大学生在实验室走廊里不慎碰触年久失修的电线，被电击倒，当场停止了呼吸。幸亏现场有两名医生发现后立即施救，坚持不懈地对其进行了人工呼吸和胸外按压，这些果断的措施起了决定性作用，避免了由临床死亡转为生理死亡。随后该学生被转入医院，经过坚持不懈地抢救，18天后触电者慢慢睁开了眼睛，创造了“起死回生”的人间奇迹。

该案例说明，在对触电者实施救援时，应坚持不懈、不间断地进行抢救，切不可轻易终止。即使在运送途中也不可终止抢救。

三、电气火灾的应急处理

电气设备一旦发生火灾，为避免发生触电事故，应首先切断电源，之后再进行火灾扑救。具体的操作流程如下。

1. 及时切断电源　若个别电气设备短路引发起火，应立即关闭电气设备的电源开关，切断电源。若整个电路发生起火燃烧，则必须拉断总开关，切断总电源。切断总电源后方可用常规的方法灭火，没有灭火器时可用水浇灭。

2. 不能直接用水冲浇电气设备　电气设备着火后，不能直接用水冲浇。由于水具有导电性，进入带电设备后易引发触电，还会降低设备的绝缘性能，甚至引起设备爆炸，危及人身安全。

3. 使用安全的灭火器具　当电气设备在运行中着火时，必须先切断电源，再行扑灭。如果不能迅速断电，可使用不导电的灭火剂（如二氧化碳）、干粉灭火器等。注意绝对不能用酸碱灭火器或泡沫灭火器，因其灭火药液有导电性，手持灭火器的人员会触电。

在电气火灾初起时，可按照上述方法扑救，情况严重时则应立即拨打“119”报警。报警的内容应包括事故单位、事故发生的时间和地点、火灾的类型、有无人员伤亡及报警人的姓名和联系电话。

（赵　博，闫帅旗）

第五章　实验室废弃物安全

高校实验室在教学、科研的过程中会广泛使用各种危险化学试剂和生物制品，这些物质及其废弃物对人体和周围环境都具有不同程度的危害。如果没有相应的处理办法和控制措施，这些有毒、有害物质则可能引发火灾，而其泄漏、排放则会造成更广泛的环境污染问题。因此，各实验室要根据废弃物的性质，尽可能对其进行无害化处理，避免排出有毒、有害物质而危害人体和环境。本章将对实验室废弃物存在的种类及特点进行简要的叙述和分析，提出高校应对实验室废弃物处理的基本原则，并对实验室化学、生物和放射性废弃物的3种状态进行分析，给出相应的处理方法，旨在促进高校实验室废弃物的规范处理和排放，提高实验人员和高校师生的法律、安全和环保意识，进而推动高校实验室的安全建设和规范管理。

第一节　实验室废弃物的基本知识

实验室废弃物是指实验过程中产生的"三废"(废气、废液、固体废弃物)物质、实验用剧毒物品、麻醉品、化学药品残留物、放射性废弃物、实验动物尸体及器官、病原微生物标本及对环境有污染的废弃物。

一、实验室废弃物的特性

实验室废弃物有以下几个特性：①种类繁多，包括各种不同理化性质的废弃物，如生物性、化学性和放射性废弃物等；②量少，相对于一般性垃圾，实验室废弃物的产量较少；③形态复杂，包括固体、液体和气体类；④某些废弃物具有危险性，如毒性、腐蚀性或者爆炸性，具有这类特性者多为化学性实验室废弃物；⑤某些废弃物具有感染性，如致病微生物实验研究产生的废弃物、临床研究的传染病患者的样品(如艾滋病患者的血液、分泌物等)，具有这类特性者多为生物性实验室废弃物；⑥有些废弃物具有尖端性及前瞻性，如基因工程研究产生的废弃物等。

警示案例

2013年南京某高校实验室爆炸事故

2013年4月30日，南京某高校内一平房实验室发生爆炸，导致房屋坍塌，附近居民多家玻璃被震碎，造成2人受伤，3人被埋。

此次事故的事发地为该校废弃的化学实验室。在爆炸发生之前，该实验室内有一定数量被丢弃的化学药品和储气罐。拆迁工人在对储气罐进行切割时发生火灾，在随后进行灭火时发生爆炸，导致事故发生。

二、实验室废弃物的分类

实验室废弃物的分类方法有很多种，最常见的分类方式有以下 2 种。

（一）按实验性质分类

按实验性质可将实验室废弃物分为化学性废弃物、生物性废弃物、放射性废弃物三类。

1. 化学性废弃物　其包括无机废弃物和有机废弃物。无机废弃物含有各种无机化学品，如强酸、强碱、各种盐类、重金属、氰化物等。其中汞、砷、铅、镉、铬等重金属不仅毒性强，且在人体中有蓄积性。有机废弃物含有各种有机化学品，如油脂类（油漆、松节油等）、有机溶剂（氯仿、二甲基亚砜等）、有毒化合物（农药和毒鼠强等）。

2. 生物性废弃物　其包括检验或实验的废弃标本和检验用品等。检验或实验的废弃标本包括各种动物（包括人类）的组织、血液、组织液、排泄物（大小便）、分泌物、腹泻物和呕吐物等；检验用品包括被生物样本污染的实验耗材、细胞培养基和细菌培养液等。开展生物性研究的实验室会产生大量含有有害微生物的实验室废弃物，如对其未经恰当的灭菌处理而直接外排，会造成环境污染甚至人体健康的损害等严重后果。生物实验室的通风设备设计不完善，或在实验过程中个人的安全防护不到位，也会使致病微生物或生物毒素通过空气扩散传播，带来污染，造成严重的不良后果。2003 年“非典”流行后，许多生物实验室加强了对生物安全的控制。

3. 放射性废弃物　其包括放射性标记物、放射性标准溶液、放射性实验的废液和被放射性物质沾染的实验材料等，如^{131}I、废弃的^{60}Co等。

（二）按形态分类

按形态可将实验室废弃物分为废气、废液和固体废弃物三类。

1. 废气　废气包括试剂和样品的挥发物、实验过程的中间产物、泄漏和排空的标准气和载气等。通常对在实验室中直接产生有毒、有害气体的实验都要求在通风橱内进行，这固然是保证实验室内空气质量、保护实验人员健康安全的有效措施，但是通风橱的排风口若无专业的过滤回收装置，则会对大气环境造成污染和破坏。实验室废气包括甲醛、苯系物、酸雾、有机溶剂等常见的污染物和汞蒸汽、光气等较少见的污染物。

依据其对人体危害的不同，可以将废气分为两类：第一类是刺激性的有毒气体，它们通常对人的眼睛和呼吸道黏膜有很强的刺激作用，例如，氯气、氨气、二氧化硫及氮氧化物等；第二类是可以直接造成人体缺氧性休克的窒息性气体，例如，一氧化碳、硫化氢、甲烷、乙烯等。每次实验所产生的废气量不大，因此，始终未能引起公众足够的重视。通常这些废气不经吸收和处理就被直接排入空气中，会造成较大的社会公害。

2. 废液　废液包括多余的样品、标准曲线制作及样品分析残液、失效的贮藏液和洗液、大量的洗涤水等。几乎所有的实验室常规分析项目都不同程度地存在着产生废液的问题。

这些废液的成分包罗万象，包括最常见的无机物、有机物、重金属离子、有害微生物和细胞培养基等及相对少见的氰化物、细菌毒素、各种残留药物等。

3. 固体废弃物　固体废弃物包括多余的固体样品、实验产物、消耗或破损的实验用品(如玻璃器皿、纱布和样品管)、残留或失效的化学试剂等。这些固体废弃物成分复杂，涵盖各类化学、生物废弃物，尤其是一些过期失效的化学试剂，若处理不慎，很容易导致严重的污染事故。

三、实验室废弃物的危害

实验室在运行过程中会产生大量的废弃物，包括很多含有剧毒的、致突变的、致畸形的、致癌的物质等。这些废弃物，如果不经处理或处理不善，将对相关人员的生命健康和环境安全造成严重危害。

1. 对人体的危害　实验人员暴露在有害的实验室废弃物中会对人体产生毒害作用。这种毒害作用主要有中毒、腐蚀、引起刺激、过敏、缺氧、昏迷、麻醉、致癌、致畸、致突变、尘肺等。在实验室环境中，有毒害作用的废弃物可通过直接接触以及空气、食物、饮水等方式对人体造成伤害。如操作不当或防护不当，在处理废弃物的过程中，皮肤直接碰触到有毒、有害的废弃物，可导致皮肤脱落，引起皮肤干燥、粗糙、疼痛、发炎等症状，有的化学物品、致病菌、病毒可能通过皮肤进入血管或其他组织，侵害人体健康。实验室废弃物中的有机物(如苯、甲苯等)会挥发到空气中，长时间吸入可引起头痛、头昏、乏力、苍白、视力减退、中毒等症状，长期在这种环境中会造成免疫力下降，增加患癌的风险。在一些管理不严格的实验室，实验人员将饮用水、食物等带到实验室，飘浮在空气中的有毒、有害物质会附着在食品上，同时残留在手上的试剂等有毒、有害物质也会通过饮食进入体内，危害人体健康。另外，排放到环境中的废弃物会将有毒、有害物质释放到空气、水以及土壤中，然后经过植物、动物的富集，最终通过饮食将有害物质富集到人体内，如日本的“水俣病事件”就是含有重金属汞的废液排放到水体后转化为甲基汞，鱼虾生活在被污染的水体中渐渐被甲基汞所污染，而居民长期食用这些鱼虾，最终汞在体内富集，造成严重伤害。

2. 对环境的危害　实验室产生的废弃物不仅会直接污染环境，而且有些化学废弃物在环境中经化学或生物转化形成二次污染，危害更大。固体废弃物对环境污染的危害具有长期潜在性，其危害可能在数十年后才能表现出来，而且一旦造成污染危害，由于其具有的反应滞后性和不可稀释性，一般难以清除。一些实验室的酸碱废液及有机废液不经处理便经下水道排放，日积月累地任意排放必定会成为污染源，如富含氮、磷的废水会使水体富营养化，水中的藻类和微生物会大量繁殖生长，消耗大量溶解在水中的氧气，造成水体缺氧，导致鱼类无法生存，破坏水中的生态系统。而且大量藻类死亡后会发生腐烂，释放出甲烷、硫化氢、氨等难闻气味，造成严重的环境污染。高校及科研单位的实验室一般都在城市的人口密集区，其众多的实验室同时长期地通过通风橱向外排放实验产生的有毒、有害气体，会对附近的空气质量造成影响。

警示案例

2010年安徽亳州跨界倾倒危险废弃物污染河流事件

2010年9月18日，在安徽省涡阳县、利辛县境内相继发现不明废弃物，共计1047桶，部分废弃物已经泄漏。经安徽省环境监测站取样分析，这两处被丢弃的废弃物含有二氯乙烷、甲醇、光气、硝基苯、甲烷等有毒物质，属于《国家危险废弃物名录》中的危险废弃物。泄漏的化学品流入了公路两侧干涸的沟渠内，利辛县阜涡河长达10 km的汝集段的水质已被污染，受污染水量达11×10^4 m^3。为了处置这两起事件，亳州市共花费250余万元，间接损失无法估算。

此次事件是危险废弃物企业违法转运和处置危险废弃物的恶性后果。农民非法将危险废弃物转运和丢弃是造成本次污染事件的直接原因。

四、实验室废弃物的处理及储存

实验室危险废弃物产生后一般要经过收集、储存才进行处理。收集实验室危险废弃物的容器应存放在符合安全与环保要求的专门房间内或室内的特定区域，要避免高温、日晒、雨淋，要远离火源及生活垃圾。存放危险废弃物的房间应张贴危险废弃物标志、实验室危险废弃物管理制度、实验室危险废弃物收集注意事项，以及危险废弃物意外事故防范措施和应急预案、危险废弃物储存库房管理规定等。

每个储存废弃物的容器上必须贴有危险废弃物标签，并标明以下信息："危险废弃物"字样、产生危险废弃物的地址(实验室)和人员姓名、危险废弃物的储存日期、危险废弃物的名称、危险废弃物的成分及其物理状态、危险废弃物的性质等。

实验室废弃物要用密闭式容器收集、储存。废弃物必须与容器是不反应的。废液必须放在拧紧盖子的容器里，这样即使容器被弄翻了液体也不会漏出来。储存容器应保持良好状况，如有严重生锈、损坏或泄漏之虞，应立即更换。报废及过期化学品应用原容器暂存。及时清理实验室的废弃物，不得在实验室大量积聚化学废弃物，原则上，废液在实验室的停留时间不应超过6个月。

实验室危险废弃物应严格投放在相应的收集容器中，严禁将危险废弃物与生活垃圾混装。实验室废弃物应依不同性质进行分类收集，不具相容性的废弃物应分别收集，不相容废弃物的收集容器不可混贮。各实验室要根据本实验室产生的废弃物的情况，列出废弃物相容表或不相容表，悬挂于实验室明显处，并公告周知。实验室危险废弃物的收集应特别注意以下几点。

(1)酸不能与活泼金属(如钠、钾、镁)、易燃有机物、氧化性物质、接触后即产生有毒气体的物质(如氰化物、硫化物及次卤酸盐)收集在一起。

(2)碱不能与酸、铵盐、挥发性胺等收集在一起。

(3)易燃物不能与有氧化作用的酸或易产生火花、火焰的物质收集在一起。

(4)过氧化物、氧化铜、氧化银、氧化汞、含氧酸及其盐类、高氧化价的金属离子等氧化剂不能与还原剂(如锌、碱金属、碱土金属、金属的氢化物、低氧化价的金属离子、醛、甲酸等)收集在一起。

(5)处理含有过氧化物、硝酸甘油之类爆炸性物质的废液时要谨慎操作，并尽快进行。能与水作用的废弃物应放在干冷处并远离水。

(6)不要把金属和流体废液放在一起。

(7)应将易与空气发生反应的废弃物(如黄磷遇空气即生火)放在水中并盖紧瓶盖。

(8)对硫醇、胺等会发出臭味的废液和会产生氢氰酸、磷化氢等有毒气体的废液，以及易燃的二硫化碳、乙醚之类的废液，应加以适当处理，防止泄漏，并应尽快进行。

(9)不要将锋利的废弃物或吸管装入塑料袋里，要使用存放锋利废弃物的容器。存放废液的容器在丢弃之前必须先清洗干净。绝不可将热玻璃或反应性化学品与可燃性垃圾混在一起。

(10)应将放射性废弃物和感染性废弃物收集密封，明显标示其名称、主要成分、性质和数量，并予以屏蔽和隔离，严防泄漏。

五、实验室废弃物的处理原则

(一)处理实验室废弃物的一般程序

处理实验室废弃物的一般程序可分为下述四步。

(1)鉴别实验室废弃物及其危害性。

(2)系统收集、储存实验室废弃物。

(3)采用适当的方法处理实验室废弃物，以减少废弃物的数量。

(4)正确处置实验室废弃物。

(二)实验室废弃物及其危害性的鉴别

实验室废弃物及其危害性的识别对实验室废弃物的收集、存放、处理、处置至关重要。了解实验室废弃物的组成及危害性为正确处置这些废弃物提供了必需的信息。可按下列方法对实验室废弃物进行鉴别。

1. 做好已知成分废弃物的标记　养成对实验室废弃物的成分进行标记的习惯，不论废弃物的量是多少，都应在盛放废弃物的容器上标明它的成分、可能具有的危害性及贮存时间，这将为安全处置废弃物提供便利。

2. 鉴别、评估未知成分的废弃物　对于不明成分的废弃物，可通过简单的实验测试其危害性。我国颁布的《危险废弃物鉴别标准》(GB 5085.1—1996 到 GB 5085.3—1996)，规定了腐蚀性鉴别，急性毒性初筛和浸出毒性，危险废弃物的反应性、易燃性、感染性等危险特性的鉴别标准。对于其他危害性，目前还没有制定相应的鉴定标准，鉴定时只能参考国外的有关标准。

3. 废弃物的收集和储存　在处理实验室废弃物的过程中，不可避免地涉及收集和储存的问题。在收集和储存废弃物时，需要注意下列问题。

(1)使用专门的储存装置，放置在指定地点。

(2)相容的废弃物可以收集在一起，不具相容性的实验室废弃物应分别收集、贮存。切忌将不相容的废弃物放在一起。

(3)做好废弃物标签，将标签牢固地贴在容器上。标签的内容应该包括组分及含量、危害性、开始储存的日期、储存的地点、存储人及电话。

（4）避免废弃物储存的时间过长，一般不要超过1年。若时间过长应及时做无害化处理或送专业部门处理。

（5）对感染性废弃物或有毒、有害的生物性废弃物，应根据其特性选择合适的容器和地点，由专人分类收集后进行消毒、烧毁处理，须日产日清。

（6）对无毒、无害的生物性废弃物，不得随意丢弃。实验完成后，将废弃物装入统一的塑料袋密封后贴上标签，存放在规定的容器和地点，定期进行集中深埋或焚烧处理。

（7）对高危类剧毒品、放射性废弃物必须按相关管理要求单独收集、储存及清运。

（8）对回收使用的废弃物容器一定要清洗后再用，对废弃不用的容器也需要作为废弃物处理。

4. 废弃物的再利用及减害处理　对实验室废弃物应先进行减害性预处理或回收利用，采取措施减少废弃物的体积、重量和危险程度，以降低后续处置的负荷。

（1）回收再利用废弃的试剂和实验材料：对用量大、组分不复杂、溶剂单一的有机废液可以利用蒸馏等手段回收溶剂；对玻璃、铝箔、锡箔、塑料等实验器材和容器也应尽量回收利用。

（2）废弃物的减容、减害处理：通过安全、适当的方法浓缩废液；利用化学反应，如酸碱中和、沉淀反应等，消除或降低其危害性；拆解固体废弃物，在实现废弃物的减容、减量的同时，实现资源的回收、利用等。

在对废弃物的再利用及减害处理过程中，需要注意做好个人防护。

5. 废弃物的正确处置　经过减害处理过的废气可以排放到空气中；经过灭菌处理的生物、医学研究废物可按一般生活垃圾处理；减害处理后重金属离子浓度和有机物含量的总有机碳（TOC）达到排放标准的、不含有机氯的废液可直接排放至城市下水管网中；对其他有害废弃物，如含氯的有机物、传染性物质、毒性物质、达不到排放标准的物质等，需要将这些废弃物交由合法的、有资质的专业废弃物处理机构进行处理。

焚烧是处理废弃物（尤其是有害废弃物）的一种办法，但对废弃物的焚烧必须取得公共卫生机构和环保部门的批准。焚烧废弃物时，应使用二级焚烧室，温度设置在1000 ℃以上，焚烧后的灰烬可作生活垃圾处理。

六、实验室废弃物处理的注意事项

（1）对不同的废弃物要分类收集、贮存，并制订相应的处理方法。对实验室废弃物，要根据废弃物的物理性质、组成、浓度、有害性、易燃易爆性、感染性、放射性等进行不同的处理。不同的废弃物应有不同的贮存方法，不能随意倒入下水道，也不能随意丢弃在垃圾桶。尤其对具有危害性、污染性、感染性、易燃易爆性废弃物的处理，应制订相应的处理措施，在实验室预处理的基础上进行统一收集处理，并有规范的记录。

（2）废弃物的物理性质、组成不同，在处理过程中，可能会有产生有毒气体、有害气体、大量放热、爆炸等危险发生。因而，处理前必须充分了解废弃物的性质，分析处理过程中可能出现的状况，避免发生危险或提前做好应对措施，然后再进行处理。

在处理过程中，必须边操作边注意观察，一定要有安全意识。

(3)在收集、贮存前要了解各废弃物之间的相容性，不同废弃物在混合放置之前要检测其相容性，禁止将不相容的废液混装在同一废液桶内，以防发生化学反应出现爆炸、有毒气体释放等危险情况。同时在盛装废弃物的容器上要有显著的标签，按标签指示分门别类倒入相应的废液收集桶中，且要及时密封，防止有害物质挥发出来。

(4)要选择没有破损及不会被废液腐蚀的容器进行收集。将所收集的废液的成分及含量标于明显的标签上，并置于安全的地点保存。特别是对量大的废液，尤其要十分注意。

(5)不能随意掩埋和丢弃有害、有毒的废渣及废弃化学品，须将其放入专门的收集桶中。对危险物品的空器皿、包装物等，必须完全消除危害后才能改为他用或弃用。

(6)对浓度较小或者量少的废物，经无害化处理后可以排放，或倒入废液缸中统一处理。对浓度较高或者量大的废物应及时回收处理，或定期统一处理。

(7)有些废液不能互相混合，例如，过氧化物与有机物，氰化物、硫化物、次氯酸盐与酸，盐酸、氢氟酸等挥发性酸与不挥发性酸，浓硫酸、磺酸、羟基酸、聚磷酸等酸类与其他的酸，铵盐、挥发性胺与碱。

(8)对有臭味的废弃物(如硫醇)、会释放出有毒和有害气体的废弃物及易燃的废弃物要进行适当的处理，防止其泄漏出来，并尽快处理掉。

(9)对含有过氧化物、硝化甘油之类爆炸性物质的废弃物，要谨慎地处理，远离热源，避免碰撞摩擦，并应尽快处理。

(10)在实验过程中，由于操作不慎、容器破损等原因造成危险物质撒泼或倾翻在地上时，要及时、快速地进行处理，减少人员在危害物中的暴露时间。首先要用药剂与危害物进行中和、氧化或还原等反应，破坏或减弱其危害性，再用大量的水喷射冲洗。如为固体污染物，可先扫除再用水冲洗；如为黏稠状污染物、油漆等不易冲洗的污染物，可用沙揉搓和铲除；如为渗透性污染物，如联苯胺、煤焦油等，应经洗刷后再用蒸气促其蒸发来清除污染。

第二节　化学性废弃物的处理

根据化学性废弃物形态的不同，对其的处理方式也有显著不同，处理的目标是在尽量减少实验室废弃物总量的情况下，进行无害化或资源化处理。

一、废气的处理

实验室的废气具有量少且多变的特点，对于废气的处理就应满足两点要求：一是要控制实验室环境里的有害气体不得超过现行规定的空气中的有害物质的最高容许的浓度；二是要控制排出的气体不得超过居民区大气中有害物质的最高容许浓度。当实验室排出的废气量较少时，一般可由通风装置直接排出室外，但排气口必须高于附近屋顶 3 m。少数实验室若排放毒性大且量较多的气体，可参考工业废气的处理办法，在排放废气之前采用吸收、吸附、回流燃烧等方法进行处理。

1. 吸收法　吸收法是指采用合适的液体作为吸收剂来处理废气，达到除去其中有毒、有害气体目的的方法。吸收法一般可分为物理吸收和化学吸收 2 种。比较常见的吸收溶液有水、酸性溶液、碱性溶液、有机溶液和氧化剂溶液。它们可以被用于净化含有二氧化硫、氯气、氮氧化物、硫化氢、氢氟酸、氨气、氯化氢、酸雾、汞蒸气、各种有机蒸气及沥青烟等废气。有些溶液在吸收完废气后，还可以被用于配制某些定性化学试剂的母液。

2. 固体吸附法　吸附是一种常见的废气净化方法，一般适合用于对废气中含有的低浓度的污染物的净化，是利用大比表面积、多孔的吸附剂的吸附作用，将废气中含有的污染物(吸附质)吸附在吸附剂表面，从而达到分离有害物质、净化气体的目的。根据吸附剂与吸附质之间的作用力不同，可将吸附分为物理吸附(通过分子间的范德华力作用)和化学吸附(化学键作用)。常见的吸附剂有活性炭、活性氧化铝、硅胶、硅藻土以及分子筛等。吸附常见的有机及无机气体，可以选择将适量活性炭或者新制取的木炭粉放入有残留废气的容器中；若要选择性吸收硫化氢、二氧化硫及汞蒸气，可以用硅藻土；分子筛可以选择性地吸附氮氧化物、二硫化碳、硫化氢、氨气、四氯化碳、烃类等气体。

3. 回流法　对于易液化的气体，通过特定的装置使易挥发的污染物在通过装置时可以在空气中液化为液体，再沿着长玻璃管的内壁回流到特定的反应装置中。例如，在制取溴苯时，可以在装置上连接一根足够长的玻璃管，使蒸发出来的苯或溴沿着长玻璃管内壁回流到反应装置中。

4. 燃烧法　通过燃烧的方法来去除有毒、有害气体。这是一种有效地处理有机气体的方法，尤其适合处理量大而浓度比较低的含有苯类、酮类、醛类、醇类等各种有机物的废气。例如，对于一氧化碳尾气的处理以及硫化氢等的处理，一般都会采用此法。

5. 颗粒物的捕集　在废气中去除或捕集那些以固态的或液态形式存在的颗粒污染物，这个过程一般称为除尘。除尘的工艺过程是先将含尘气体引入具有一种或是几种不同作用力的除尘器中，使颗粒物相对于运载气流可以产生一定的位移，从而达到从气流中分离出来的目的，然后颗粒物沉降到捕集器表面上被捕集。根据颗粒物的分离原理，除尘装置一般可以分为过滤式除尘器、机械式除尘器、湿式除尘器及静电除尘器。

6. 其他方法　还有其他的一些方法可以净化空气，例如：臭氧氧化法，可与很多无机及有机污染物发生氧化还原反应，达到降解污染物、净化气体的目的；光催化技术，可将气体中的有机物降解；等离子体技术，是利用高能电子射线激发、离解、电离废气中各组分，使其处于活化状态，再发生反应将有害物转化为无害物形式的一种方法，它可以用来处理成分复杂的废气。

二、废液的处理

废液的处理方法有物理法、化学法和生物法。

1. 物理法　主要是利用物理原理和机械作用对废液进行处理，方法简便易行，是废液处理的重要方法。物理法包括沉淀法、气浮法、过滤法、吸附法、离子交换法、膜处理等方法。

(1)沉淀法是利用污染物与水的密度的差异，使水中悬浮的污染物分离出来，从而达到废液处理的目的。沉淀法可以单独作为废液的处理方法，也可以作为生物法的预处理的方法。

(2)气浮法是通过将空气通入废液中，形成大量的微小气泡，这些气泡附着在悬浮颗粒上，共同快速上浮到水面，实现颗粒与水的快速分离。对形成的浮渣用刮渣机从气浮池中排出。气浮法特别适用于去除密度接近于水的颗粒，如水中的细小悬浮物、藻类、微絮体、悬浮油、乳化油等。

(3)过滤法是利用过滤介质将废液中的悬浮物截留的方法。

(4)吸附法是利用具有较大吸附能力的吸附剂，如活性炭，使水中的污染物被吸附在固体表面而去除的方法。

(5)离子交换法是利用离子交换剂的离子交换作用来置换废液中的离子态污染物的方法。常用的离子交换剂有沸石、离子交换树脂等。

(6)膜处理是新兴的废水处理技术，是利用半渗透膜进行分子过滤，使废液中的水通过特殊的膜材料，而水中的悬浮物和溶质被分离在膜的另一边，从而达到废水处理的目的。

2. 化学法　化学法是指向废液中加入化学物质，使之与污染物发生化学反应的方法。通过化学反应使污染物转变为无害的新物质，或者转变为易分离的物质，再设法将其分离出去。常见的化学法有中和法、化学沉淀法、氧化还原法、混凝法等。

(1)中和法常用于含酸废液和含碱废液的处理。实验室废液中有较多的含酸废液和含碱废液，可将含酸废液与含碱废液混合，或加入化学药剂，将溶液的 pH 值调至中性附近，消除其危害。

(2)化学沉淀法是通过向废液中投加化学物质，与污染物发生反应生成沉淀，再通过沉降、离心、过滤等方法进行固液分离，从而达到去除污染物的目的。该方法是处理含重金属离子的废液最有效的方法。

(3)氧化还原法是通过氧化还原反应将废液中的污染物转化为无毒或毒性较小的物质，达到净化废液的目的。电解法也属于氧化还原法。常用的氧化剂有空气中的氧、纯氧、臭氧、氯气、漂白粉、次氯酸钠、高锰酸钾等；常用的还原剂有硫酸亚铁、亚硫酸盐、氯化亚铁、铁屑、锌粉、硼氢化钠等。

(4)混凝法是通过向废液中加入混凝剂，使得其中的污染物颗粒以絮凝体沉降而达到去除目的的方法。常用的混凝剂有明矾、硫酸亚铁、聚丙烯酰胺等。

3. 生物法　生物法是利用微生物的新陈代谢作用将有机污染物降解的方法，适用于含有机物废液的处理。生物法可分为好氧生物处理法、厌氧生物处理法及生物酶法。

(1)好氧处理法是微生物在有氧的条件下，利用废液中的有机污染物质作为营养源进行新陈代谢活动，从而将有机污染物降解及转化的方法。

(2)厌氧处理法是利用厌氧微生物或兼氧微生物将有机物降解为甲烷、二氧化碳等物质的方法。

(3)生物酶处理法是在废液中加入酶制剂，有机污染物与酶反应形成游离基，游离基发生化学聚合反应生成高分子化合物后沉淀而被去除的方法。

三、固体废弃物的处理

实验室产生的有害固体废弃物通常量不多，但也不能将其与生活垃圾混在一起丢弃，必须按规定进行处理。处理的方法有化学稳定、土地填埋、焚烧处理、生物处理等。对可以燃烧的固体废弃物，应及时焚烧处理；对非可燃性固体废弃物，应加漂白粉进行氯化消毒后再进行填埋处理；对一次性使用制品，如手套、帽子、口罩、滴管等，使用后应收集入指定的容器内再进行焚烧；对可重复利用的玻璃器材，可先用1～3 L的有效氯溶液浸泡2～6 h，经清洗后重新使用或废弃；对盛标本的玻璃、塑料、搪瓷容器，可煮沸15 min，或用1 g/L的有效氯漂白粉澄清液浸泡2～6 h消毒后，再用洗涤剂及清水刷洗、沥干，若其曾被用于微生物培养，须用压力蒸汽灭菌后再使用。

常见的固体废弃物的处理方式有以下几种。

1. 对固体废弃物的预处理　固体废弃物复杂多样，其形状、大小、结构与性质各异，为了使其转变得更适合运输、贮存、资源化利用，以及方便利用某一特定的处理方式，往往需要进行一些前期准备加工程序，即预处理。预处理的目的是使废弃物减容以利于运输、贮存、焚烧或填埋等。

固体废弃物的预处理一般可分为2种情况：一种情况是分选作业之前的预处理，主要包括筛分、分级、压实、破碎和粉磨等操作，使得废弃物单体分离或分成适当的级别，更有利于下一步工序的进行；另一种情况是运输前或处理前的预处理，通过物理或化学的方法来完成，主要包括破碎、压缩和各种固化方法等操作。预处理的操作常常涉及其中某些目标物质的分离和集中，同时，往往又是有用成分从其中回收的过程。

2. 物理处理法　该方法是指通过利用固体废弃物的物理、化学性质，用合适的方法从其中分选或者分离出有用和有害的固体物质的方法。常用的分选方法有重力分选、电力分选、磁力分选、弹道分选、光电分选、浮选和摩擦分选等。

3. 化学处理法　该方法是指通过让固体废弃物发生一系列的化学变化，进而可以转换成能够回收的有用物质或能源的方法。常见的化学处理法有煅烧、焙烧、烧结、热分解、溶剂浸出、电力辐射、焚烧等。

4. 生物处理法　该方法是指利用微生物的作用来处理固体废弃物的方法。其主要是利用微生物本身的生物-化学作用，使复杂的有机物降解成为简单的小分子物质，使有毒的物质转化成为无毒的物质。常见的生物处理法有沼气发酵和堆肥。

5. 固体废弃物的最终处理　对于没有任何利用价值或暂时不能回收利用的有毒、有害固体废弃物，就需要进行最终处理。常见的最终处理的方法有焚烧法、掩埋法、海洋投弃法等。但是，在将固体废弃物掩埋和投弃入海洋之前都需要对其进行无害化的处理，而且应将其深埋在远离人类聚集区的指定的地点，并要对掩埋地点做好记录。

第三节　生物性废弃物的处理

实验室生物性废弃物产生于生物实验过程中，包括使用过不能再用的、过期的、淘汰的、变质的、被污染的生物样品(制品)、培养基、生化(诊断指示)试剂、标准溶液及试剂盒等。按类别可将实验室生物性废弃物分为生物实验危险废弃物、临床实验室废弃物和动物实验室废弃物。动物尸体、已感染的组织、血液和培养液等是生物性废弃物中的高危废弃物，对它们必须先经冷冻、灭菌、灭活、消毒等方式处理后，再转移到相关专业公司进行无害化处理。

一、生物实验危险废弃物

生物实验危险废弃物主要涉及病原微生物(尤其是高致病性病原微生物)的实验研究，为危险废弃物。对废弃物中病原体的培养基、标本、菌种保存液、毒种保存液等高危险废弃物，应当首先在产生地点进行高压蒸汽灭菌或者化学消毒处理，然后按废弃物的不同分类进行收集处理。

(一)生物实验危险废弃物处理的标准和原则

生物实验危险废弃物的处理参照中华人民共和国国家标准 GB 19489—2008《实验室生物安全通用要求》的第 7 章第 19 节中有关废弃物处置的条款，并遵循以下原则。

(1)实验人员完成实验后将废弃物进行分类处理。

(2)实验人员将感染性废弃物进行有效消毒、灭菌处理或焚烧处理等方法，但只可使用被承认的技术和方法处理和处置生物实验危险废弃物。

(3)实验人员将未清除污染的废弃物进行包裹后存放到指定位置，以便进行后续处理。

(4)将操作、收集、运输、处理及处置生物实验危险废弃物的危险降至最低。

(5)在处理感染性废弃物的过程中，应避免人员受到伤害或环境被破坏，排放应符合国家或地方的规定和标准的要求，将其对环境的危害降至最小。

(二)生物实验危险废弃物的处置办法

(1)对生物实验危险废弃物的处置有具体的规定和流程，包括对排放标准及监测的规定。

(2)根据生物实验危险废弃物的性质和危险性按相关标准分类处理和处置废弃物。

(3)评估和避免生物实验危险废弃物处理和处置方法本身的风险。

(4)应将生物实验危险废弃物弃置于专门设计的、专用的和有标识的用于处置生物实验危险废弃物的容器内。例如，对锐器应直接弃置于耐扎的容器内，且装量不能超过建议的装载容量。

(5)必须由经过培训的人员处理生物实验危险废弃物，处理人员应穿戴适当的个人防护装备。

(6)必须在实验室内对含活性高致病性生物因子的废弃物进行消毒、灭菌。

(7)在对生物实验危险废弃物进行消毒、灭菌或最终处置之前，应将其存放在指定的安全的地方，这些地方不积存一般垃圾和实验室废弃物。

(8)禁止从实验室取走或排放不符合相关运输或排放要求的实验室废弃物。

(9)在相关法律法规允许的条件下，且包装和运输方式符合危险废弃物的运输要求，可以运送未处理的危险废弃物到指定机构处理。

二、临床实验室废弃物

我国《实验室生物安全通用要求》(GB 19489—2008)及2005年发布的《临床实验室废弃物处理原则》(WS/T 249—2005)对临床实验室产生的废弃物提出了分类和处理原则，对临床实验室中产生的一些重要的有害废弃物提供了处理技术和丢弃方法，以保证临床实验室检测工作的安全性，避免对实验室人员及环境造成生物学污染。

临床实验室废弃物可以分为化学性废弃物、感染性废弃物、锐利物和无害废弃物。化学性废弃物的处理与一般实验室化学性废弃物的处理相同。

(一)感染性生物材料的处理

1. 感染性生物材料的处理原则　对感染性生物材料的处理应该遵循如下原则。

(1)对感染性生物材料应按规定程序进行有效的污染清除或消毒、灭菌。

(2)对没有经消毒、灭菌的生物材料在就地焚烧或运送到其他有焚烧设施的地方进行处理前，应按规定的方式包裹。

(3)丢弃已清除污染的生物材料时，应避免对直接参与丢弃的人员或可能接触到丢弃物的人员造成任何潜在的危害。

2. 感染性生物材料的处理方法　感染性生物材料都应该在防渗漏的容器里进行高压灭菌。在处理以前，应将感染性生物材料装入耐高压的黄色塑料袋内。进行高压灭菌后，可将这些材料放到运输容器内以备运输至焚烧炉。对可重复使用的运输容器应防渗漏，并且应配有密闭的盖子。对这些运输容器在送回实验室重新使用前要消毒并清洗干净。

对没有发现病虫害的植物检疫样品可以利用，对发现有病虫害的植物检疫样品要装于密闭容器内，在60～120 ℃下烘干1～2 h后，做焚烧或深埋处理。

对肉、蛋、奶、精液、胚胎、蚕茧等动物检疫样品，在没有异常的情况下可以加以利用；若有病变或异常，则应集中销毁，焚烧或深埋。对于利用效率不大或不能利用的检疫样品，应经高压灭菌后集中储存、妥善保管，最后统一做深埋或焚烧处理。如果检疫样品量大，可加工成一些有用的副产品，减少资源浪费，变废为宝、化害为利。

对微生物检验接种培养过的琼脂平板或不能回收的染色液应高压灭菌30 min，趁热将琼指倒弃。对尿液、唾液、血液、分泌物等生物样品，应加漂白粉搅拌后作用2～4 h,然后倒入化粪池或厕所，或者进行焚烧处理。

对盛标本的玻璃、塑料、搪瓷容器可煮沸15 min或者用1 g/L的有效氯漂白粉澄清液浸泡2～6 h，消毒后用洗涤剂及流水刷洗、沥干。对用于微生物培养的器皿，应经压力蒸汽灭菌后使用。对一次性使用的制品(如手套、口罩、帽子等)使用后应放入污物袋内集中烧毁或及时用消毒剂浸泡，彻底消毒后重新利用，减少资源浪费。

(二)锐器的处理

对皮下注射用针头、手术刀及破碎玻璃等锐器用过后不应再重复使用，应收集在带盖的不易刺破的容器内，并按感染性物质处理。盛放锐器的一次性容器必须是不易刺破的，而且不能将容器装得过满。当达到容量的3/4时，应将其放入标有“感染性废弃物”的容器中进行焚烧。绝对不能将盛放锐器的一次性容器丢弃于垃圾场。

(三)非感染性生物材料的处理

防止将感染性生物材料和非感染性生物材料混放在一起。应将单克隆抗体、质粒、细胞等非感染性生物材料集中放置在指定的位置，以备高压蒸汽灭菌后废弃。对过期的生物性试剂材料应废弃，禁止使用。

第四节　放射性废弃物的处理

在放射性实验室工作中，需要处置的放射性废弃物可分为气载放射性废弃物、放射性废液和固体放射性废弃物。为了减少不必要的电离辐射伤害，不造成环境污染，应根据废弃物的性状、体积、毒性及所含核素的种类、比活度和半衰期等选择相应的处置方法。

放射性废弃物的处置有3个基本途径：①稀释排放，使废弃物的放射性水平降低到安全容许水平以下，排入环境而得以消散；②放置衰变，在不造成环境公害的前提下，为放射性核衰变提供足够的时间(一般放置10个半衰期后择机排放)；③浓缩贮存(也称为永久处置)，可使废弃物与环境隔绝起来。

一、气载放射性废弃物的处理

实验室气载放射性废弃物包括放射性气体、放射性微尘和放射性气溶胶。为了去除或减少气载放射性废弃物的污染，处理气载放射性废弃物时必须在通风橱内操作。与固体、液体放射性废弃物相比，气载放射性废弃物的排放可能会造成更大的污染范围，对环境的影响更难预测和控制，因此，其净化处理和排放控制更应引起足够的重视。

二、放射性废液的处理

实验室放射性废液的处置一般可分为两类：一类是不能与水混匀的有机溶液，另一类是水溶液或能与水互相混匀的有机溶液。两者处置的方法不同，对两者必须分别收集并放置于周围加有屏蔽的容器内，不可与非放射性废弃物混在一起。容器应有外防护层和电离辐射标记，放置点应避开实验室人员作业和经常走动的地方。存放时在废液容器的显著位置标上放射性废液的类型、核素种类、比活度范围和存放日期等。对短半衰期核素废液以放置法为主；对长半衰期核素废液以焚烧法加埋存法为主。短半衰期核素废液排入水中的放射性浓度不得超过 1×10^4 Bq/L，对仅含有浓度不超过 1×10^5 Bq/L 的 ^3H 或 ^{14}C 的废闪烁液，目前可以不按放射性废液处置，但由于废闪烁液含有化学致癌物，须按特殊化学废液处置。废液处置的方法主要有稀释排放、放置衰变及浓缩贮存。

三、固体放射性废弃物的处理

实验室固体放射性废弃物包括带放射性核素的试纸、废器械、安瓿瓶、敷料、碎玻璃、实验动物尸体及其排泄物等。应将其放置于周围加有屏蔽的污物桶内，不可与实验室非放射性废弃物混在一起。固体放射性废弃物的处理方法与放射性废液的处理方法基本相同。对短半衰期核素固体放射性废弃物主要用放置衰变法处理，当其比活度降低到 7.4×10^{4} Bq/kg 以下后即可按非放射性废弃物处理。对长半衰期核素固体放射性废弃物的处理应以焚烧法加埋存法为主。

四、医用放射性废弃物的处理

实验室医用放射性废弃物多数为非密封放射性核素和它的污染物等，如污染的玻璃器皿和手术器械，仪器、仪表，污染的劳保用品或擦纸，有机闪烁液或废液，动物尸体及排泄物，洗涤废弃液或废过滤器，患者的放射性污染物品或废弃物等。医用放射性废弃物与核燃料循环过程中形成的废弃物有很大差别，这类废弃物的处理可以大致分为两类，一类是将废弃物浓缩收集，对浓缩物再做进一步处理；第二类是在控制条件下贮存起来，待衰变到容许水平后再按一般废弃物进行排放或掩埋处理。

（傅　岩，谭攀攀）

第六章　实验室仪器设备的安全使用

能正确使用实验室仪器设备是每个实验人员的必备技能。随着高校教学和科研事业的不断发展，实验室中仪器设备的种类和数量明显增加，如玻璃器皿、特种设备、精密仪器、旋转机械、低温类装置等。上述仪器的安全操作极为重要，甚至部分仪器还需要持证操作。在仪器种类多、人员流动大的实验室存在较大的安全隐患。本章将着重对玻璃器皿、特种设备、精密仪器、旋转机械、低温类装置的安全使用及管理进行阐述，旨在使师生掌握上述仪器设备的正确使用与管理方法，确保实验安全。

第一节　玻璃器皿的安全使用

在实验过程中可能会涉及多种玻璃仪器的使用，虽然玻璃仪器具有很高的化学稳定性和热稳定性，但并不是不受侵蚀，实验过程中的不当操作更易加剧玻璃器皿的磨损和消耗，经过磨损的玻璃器皿很容易破碎，这一方面会造成成本消耗，另一方面会造成人员伤亡。

一、概述

（一）玻璃器皿的概念

玻璃器皿就是用玻璃所造的器皿。其一般是用钠钙硅酸盐玻璃制成，为无色透明的器皿。实验室常用的玻璃器皿包括试管、刻度吸管、容量瓶、移液管、滴定管、培养皿、三角烧瓶、烧杯、量筒、量杯、漏斗、乳钵等。

（二）玻璃器皿的风险来源

玻璃是脆性材料，在受到撞击或温度急剧变化（收缩、膨胀差大）时容易出现破碎。玻璃器皿的风险主要包括手持玻璃器皿脱落摔碎、不当反应导致爆炸、放置不当导致破碎等原因形成的锐性碎片对实验操作者的损伤，以及玻璃器皿内容物泄漏引起对机体、环境的损害。

警示案例

放置不当致玻璃破碎引发的事故

2011 年 3 月 21 日中午 12 时 15 分左右，某化学实验室一试剂架由于铁质底座锈蚀，且由于安装公司未将试剂架固定于墙上，导致试剂架倾倒，试剂架上多瓶盐酸、氨水等无机酸碱试剂瓶被打碎，无机酸碱液漏出，氯化氢与氨气反应形成的氯化铵白烟一度弥漫实验室并扩散至室外。试剂架倾倒的瞬间，幸好无实验人员在场，否则后果会非常严重。

二、玻璃器皿的安全使用

（一）玻璃器皿的安全操作规程

（1）实验室应建立玻璃仪器购进、借出、破损登记制度。

（2）玻璃仪器应按种类、规格顺序存放，并尽可能倒置存放（这样即可自然控干，又能防尘）。对烧杯等可直接倒扣于实验柜内，对锥形瓶、烧瓶、量筒等可在柜子的隔板上钻孔，将其倒插于孔中，或插在木钉上。

（3）对实验用完的玻璃仪器要及时洗净、干燥，放回原处。

（4）对移液管应洗净后置于防尘的盒中或移液管架上。

（5）用毕滴定管后，倒去其内装溶液，用蒸馏水冲洗之后再注满蒸馏水，盖上玻璃短试管或塑料套管，也可将其倒置夹于滴定管架的夹子上。

（6）用毕比色器后将其洗净，倒放在铺有滤纸的小磁盘中，晾干后放在比色器盒中。

（7）对带磨口塞的仪器，如容量瓶、比色管等，最好在清洗前用小线或橡皮筋把瓶塞拴好，以免磨口混错而漏水。对需要长期保存的磨口玻璃仪器，应在塞间垫一片纸，以免日久粘住。

（8）对成套仪器，如索式提取器、蒸馏水装置、凯式定氮仪等，用完后应立即洗净，成套地放在专用的包装盒中保存。

（二）玻璃器皿使用的注意事项

使用玻璃器皿时，首先应选用合格产品，在实验操作时注意操作规范并做好个人防护。

（1）在容易引起玻璃器皿破裂的操作中，如减压处理、加热容器等，需佩戴安全眼镜。

（2）用“柔和”的本生（Bunsen）灯火焰加热玻璃器皿，可避免因局部过热而使玻璃破碎。移取热的玻璃器皿时应戴上隔热手套。

（3）不要使用有缺口或裂缝的玻璃器皿，这些器皿轻微用力就会破碎，应将其弃于破碎玻璃收集缸中。

（4）持取大的试剂瓶时，不要只取颈部，应用一只手托住底部，或放在托盘架中。

（5）连接玻璃管或将玻璃管插在橡胶塞中时，应戴厚手套。

（6）在皮塞或橡皮管上安装玻璃管时，应戴防护手套，先将玻璃管的两端用火烧光滑，并将水或油质涂在接口处作润滑剂。

（7）使用胶塞容量瓶在塞塞子时，宜将塞子轻轻旋紧，不宜直接塞，以防止直接塞的过程中容量瓶颈部破裂扎伤手。塞子不要塞得太紧，否则难以拔出。如果需要严格密封，可使用带有橡胶塞或塑料塞的螺口瓶。对黏结在一起的玻璃仪器，不要试图用力拉，以免伤手。

（8）在杜瓦瓶外面应该包上一层胶袋或其他保护层，以防其破碎时发生玻璃屑的飞溅。玻璃蒸馏柱也应有类似的保护层。使用玻璃仪器进行非常压（高于大气压或低于大气压）操作时，应该在保护挡板后进行。

(9)在进行减压蒸馏时，应当采用适当的保护措施(如有机玻璃挡板)，可以防止玻璃器皿发生爆炸或破裂而造成人员伤害。

(10)不要将加热的玻璃器皿放在过冷的台面上，以防止温度急剧变化而引起玻璃仪器破碎。

(11)在用完酸式滴定管后记得将活塞的内芯拔出来包上一片小纸片再塞进去，以避免塞子拔不出或被拔断。

(12)有些质量较差的比色皿的帽子里容易进溶液，却看不到有开口的痕迹，而且进去的溶液也不容易倒出来。一旦发现泡完酸的比色皿的帽子里有酸进去了，要及时将其丢弃不用，否则酸慢慢浸出会腐蚀其他物品和人体。

第二节 特种设备的安全使用

常见的特种设备包括气体钢瓶、高压蒸汽灭菌器、起重器械等。在使用这些仪器时若不注意规范操作，会形成重大的安全隐患，酿成事故。

一、气体钢瓶

实验室压力容器可为实验室提供一个能够承装介质且承受其压力的密闭空间，如气体钢瓶。气体钢瓶一般是指盛装永久气体、液化气体或混合气体的钢瓶。一般的气体钢瓶统称为气瓶。特殊的气体钢瓶可根据盛放的气体命名，如盛放乙炔的为乙炔瓶，盛放氧气的为氧气瓶等。

(一)气瓶的安全使用与搬运

1. 气瓶的安全使用规则　气瓶属于移动式的压力容器，具备一定的特性，如：气瓶在移动、搬运的过程中，易发生碰撞而增加瓶体爆炸的危险；气瓶经常处于罐装和使用交替的过程中，处于承受交变载荷状态；气瓶在使用时，一般与使用者之间无隔离或其他防护措施。因此，要保证气瓶的安全使用，除了要符合压力容器的一般要求外，还需要一些专门的规定。这些专门的规定有以下几点。

(1)一切易燃、易爆气瓶的放置地点严禁靠近热源，必须距明火 10 m 以外，存放气瓶的仓库必须符合环保、防火、防油、防爆的安全要求。

(2)严禁将气瓶与易燃物、易爆物混放在一起。

(3)严禁与所装气体混合后能引起燃烧、爆炸的气瓶一起存放。

(4)应将气瓶存放在通风良好的场所，严禁将其存放在日光曝晒的地方。

(5)接收气瓶时，应对所接收的气瓶进行逐只检查，不得接收具有以下特征的气瓶：①气瓶没有粘贴气体充装后检验合格证的；②气瓶的颜色标记与所需的气体不符，或者颜色标记模糊不清，或者表面漆色覆盖在另一种漆色之上的；③瓶体存在不能保证气瓶安全使用的缺陷，如严重的瓶体损伤、变形、腐蚀等；④瓶阀漏气、阀杆受损、侧接嘴螺纹旋向与所需要的气体性质不符或螺纹受损的；⑤在氧气或氧化性气体气瓶上或瓶阀上有油脂的；⑥气瓶不能直立、底座松动、倾斜的；⑦气瓶上未装瓶帽和防震圈，或瓶帽和防震圈的尺寸不符合要求或损坏的。

(6)入库的空瓶与实瓶应分别放置并有明显的标识，如有必要可仅对空瓶进行标识。

(7)盛装有毒气体的气瓶不得与其他气瓶混放。

(8)必须保持气瓶的漆色和字样符合规定，不得更改气瓶的钢印和颜色标记，确保瓶帽和防震圈的完好；气瓶必须保持干净，无任何油污、无裂纹凹陷现象，使用时应在瓶内留 0.05 MPa 的余气。

(9)氧气瓶、氧化性气体气瓶与减压器或汇流头连接处的密封垫不得采用可燃性材料；乙炔发生器及管道接头禁止使用紫铜或含铜量超高的铜合金、低合金钢或不锈钢管制造。

(10)严禁对已充气的气瓶进行修理。

(11)严禁用超过 40 ℃的热源对气瓶加热，瓶阀冻结时严禁用火烘烤。

(12)开启或关闭瓶阀时，只能用手或专用扳手，不准使用锤子、管钳等工具，以防损坏瓶阀。开启或关闭瓶阀的速度应缓慢(开启乙炔气瓶瓶阀时不要超过一圈半，一般情况下开启 3/4 圈)，以防止产生摩擦热或静电火花，对盛装可燃气体的气瓶尤应注意。操作人员应站立在气瓶侧面，严防瓶嘴崩出伤人。

2. **气瓶的搬运** 搬运气瓶时严禁抛、滚、滑、翻。近距离移动气瓶，应一手扶瓶颈，另一手转动瓶身；移动距离较远时，可用轻便小车运送。严禁撞击、碰撞气瓶，不准用气瓶做其他气瓶的支撑，不得用电磁起重机、叉车搬运气瓶。

(二)乙炔瓶的使用规则

乙炔瓶存储的乙炔属于高压乙炔，因为乙炔在高压下易发生分解且不稳定，可以引起爆炸，液化的乙炔危险性更大。起初，人们把气态乙炔像其他气体一样压缩到钢瓶中进行了一系列运输和使用的试验，发现高压的气态乙炔在给予很小能量时(例如，当乙炔被压缩到 15 个大气压时只需要 0.56×10^{-3}J 的能量)就会发生分解爆炸并导致试验失败。随后，人们又采取像液化气体那样，把乙炔液化成液体储存在容器中使用，但液化乙炔具有更强的爆炸性，稍有不慎就发生爆炸事故。因此，高压的气态乙炔和液化乙炔一段时期内在工业中都没有得到实际应用。直到 1896 年法国的研究人员发明了一种特殊的钢瓶，才将这种危险性大的气体稳定地储存在钢瓶中。研究人员在钢瓶中填满多孔物质(由活性炭、木屑、浮石以及硅藻土等组成)，并在多孔物质上浸润丙酮作为溶剂，当乙炔被压缩充入瓶中时，由于溶剂吸附在多孔物质的毛细孔中，而高压乙炔又被溶解在溶剂中，从而实现了安全储存、运输和使用的目的。这种被称为溶解乙炔气瓶的特殊钢瓶的诞生，使溶解乙炔在工业上得到了广泛的应用。

实验室对于乙炔气储存、使用及运输有特别具体的安全规程，具体如下。

(1)在乙炔瓶上应装设专用的回火防止器、减压器，对于工作地点不固定、移动较多的乙炔瓶应装在专用的安全架上。

(2)严禁击打、碰撞乙炔瓶和对乙炔瓶施加强烈的振动，以免瓶内多孔性填料下沉而形成空洞，影响乙炔的储存。

(3)乙炔瓶应直立放置，严禁卧放使用。因为卧放会使瓶内的丙酮随乙炔流出，甚至会通过减压器流入橡皮管，造成爆炸甚至引发火灾。

(4)要用专用扳手开启乙炔瓶。开启乙炔瓶时，操作者应站在阀口的侧后方，动作要轻缓。瓶内气体不得用尽，永久性气瓶内的剩余压力应大于0.05 MPa；液化气瓶应有大于1%的规定充装量的剩余气体，冬天瓶内的剩余压力应留0.1～0.2 MPa，夏天应留0.1～3.0 MPa。

(5)使用压力不得超过0.15 MPa，输气速度不应超过1.5～2立方米/(时·瓶)。

(6)乙炔瓶瓶体的温度不应超过40℃，夏天要防止曝晒，因瓶内温度过高会降低丙酮对乙炔的溶解度，而使瓶内乙炔的压力急剧增加。

(7)乙炔瓶不得靠近热源和电气设备，与明火的距离一般不小于10 m(高空作业时应按与垂直地面处的两点间的距离计算)。

(8)瓶阀冬天冻结时严禁用火烤，必要时可用不含油性物质的40 ℃以下的热水解冻。

(9)乙炔减压器与瓶阀之间的连接必须牢靠，严禁在漏气的情况下使用，否则会形成乙炔与空气的混合气体。这种混合气体一旦触及明火就会立刻爆炸。

(10)严禁将乙炔瓶放置在通风不良及有放射线的场所使用，且不得将其放在橡胶等绝缘物上，使用的乙炔瓶和氧气瓶应相距10 m以上。

(11)乙炔瓶必须立放使用，使用时要注意固定，防止倾倒。

(12)乙炔胶管的外径为16 mm，应能承受5 MPa的压力，各项性能应符合《气体焊接设备焊接、切割和类似作业用橡胶软管》(GB /T2550—2016)的规定。乙炔胶管的颜色为黑色。

(13)气瓶的阀、表均应齐全有效，紧固牢靠，不得松动、破损和漏气。乙炔瓶及其附件、胶管和开闭阀门的扳手上不得沾染油脂。

(14)变质老化、脆裂、漏气的胶管及沾上油脂的胶管均不得使用。

(15)如发现乙炔瓶有缺陷，操作人员不得擅自进行修理，应通知气体厂处理。工作完毕后应关闭乙炔瓶，拆下乙炔表，拧上乙炔瓶的安全帽，并将胶管盘起、捆好后挂在室内干燥的地方，减压阀和气压表应放在工具箱内；认真检查操作地点及周围环境，确定无起火危险后方可离开。

(三)氧气瓶的安全使用规则

与空气相比，燃爆性物质在氧气中的点火能量变小，燃烧速度变大，爆炸范围变宽，即更易着火、燃烧和爆炸。在一定条件下，一些金属在氧气中也能燃烧。压缩纯氧的压力越高，其助燃性能就越强。在潮湿或有水的条件下，氧气对钢材也有强烈的腐蚀性。所以，实验室对于氧气储存、使用及运输有特别具体的安全规程，具体如下。

(1)搬运氧气瓶时，必须使用专用的小车并固定牢固，不得将其放在地上滚动。

(2)氧气瓶一般应直立放置，且必须安放稳固，防止倾倒。

(3)取瓶帽时，只能用手或扳手旋转，禁止用铁器敲击。

(4)在瓶阀上安装减压器以前，应拧开瓶阀，吹尽出气口内的杂质，并轻轻地关闭阀门。装上减压器后，要缓慢开启阀门，防止减压器燃烧和爆炸。

(5)在瓶阀上安装减压器时，与阀口连接的螺母要拧紧，防止开气时脱落，人体要避开阀门喷出的方向。

(6)严禁将氧气瓶阀、氧气减压器、焊(割)炬、氧气胶管等沾上易燃物质和油脂等，以免引起火灾和爆炸。

(7)夏季在露天环境中使用氧气瓶时应有防晒措施，严禁阳光照射氧气瓶；冬季不要将氧气瓶放在火炉和距离热源太近的地方，以防发生爆炸。

(8)冬季要防止氧气瓶瓶阀冻结。如有结冻现象，只能用不超过 40 ℃的热水解冻，严禁用明火烘烤，也不准用金属物敲击，以免瓶阀断裂。

(9)氧气瓶的氧气不能全部用完，要留有 0.1 MPa 以上的压力，以便充氧时鉴别气体的性质和防止空气或者可燃气体倒流入氧气瓶内。

(10)氧气瓶要远离高温、明火、熔融金属飞溅物和可燃易爆物质等，一般应相距 10 m 以上。

(11)当氧气瓶瓶阀着火时，应迅速关闭阀门，停止供气，使火焰自行熄灭。如果邻近建筑物或者可燃物失火，应尽快将氧气瓶移到安全地点，防止受到火场高热烘烤而引起爆炸。

(四)气瓶的安全存储规则

对暂时用不到的气瓶或用剩下的气瓶一定要按照规定存储，切勿随意堆放。气瓶的安全存储规则具体如下。

(1)气瓶的存储应由专人负责管理，相关人员要了解气瓶、气体的安全知识。

(2)气瓶放置的地点不得靠近热源和可燃、助燃气体气源，应距离明火 10 m 以外。

(3)放气瓶的瓶库应有明显的“禁止烟火”的安全标志，并备有灭火器。

(4)空瓶与实瓶应分开存放，乙炔瓶与氧气瓶不能同储一室。

(5)储气的气瓶应戴好瓶帽，实瓶一般应立放存储。卧放时，应防止滚动，瓶阀应朝向一致。垛放时气瓶垛不得超过 5 层，且应妥善固定。气瓶排放应整齐，固定牢靠。

(6)在满足当天使用量和周转量的情况下，应尽量减少实瓶的存储量。

二、高压蒸汽灭菌器

高压蒸汽灭菌是医疗器械和物品的主要灭菌方式。高压蒸汽灭菌器的灭菌设备属于压力容器，在操作中必须严格执行相关的安全管理规定。下面将从高压蒸汽灭菌器的适用范围、分类、使用注意事项及安全管理措施等方面进行阐述。

(一)高压蒸汽灭菌器的适用范围、分类

1. 适用范围　高压蒸汽灭菌器可用于耐高温、耐高湿的医疗器械和物品的灭菌，不能用于油、膏、粉剂的灭菌。

2. 分类　根据排放冷空气的方式和程度不同，可将高压蒸汽灭菌器分为外排气式蒸汽灭菌器和预真空高压灭菌器两大类(图 6-1)。

(二)高压蒸汽灭菌器的使用注意事项

(1)严格执行安全操作：操作人员必须经过上岗培训，持证上岗。

(2)为排除冷空气创造良好条件：每天开始灭菌工作前进行预热，正确装载灭菌物品。

a

b

a. 外排气式蒸汽灭菌器；b. 预真空高压灭菌器

图6－1　高压蒸汽灭菌器

(3)预防超热现象：超过临界温度2 ℃时蒸汽不易凝结，穿透力降低会影响灭菌质量。灭菌时注意观察饱和蒸汽压力下的温度。

(4)禁止超压运行：正确认识压力与温度的关系，重视灭菌器运行中压力和温度的恒定情况。需要将灭菌器内的冷空气排尽，影响灭菌的主要因素是温度而不是压力，只有完全排出冷空气，灭菌器内全部是水蒸气，灭菌才能彻底。如灭菌器内有冷空气，则压力表指示的压强不是饱和蒸汽产生的压强，其温度低于饱和蒸汽所产生的温度。

(5)柜内压力：开门操作时柜内必须无压，即压力为零。

(6)及时处理问题：使用前应认真检查灭菌器的状况，若存在“跑、冒、滴、漏”等问题，应及时处理，此外，对运行中的异常问题应及时采取紧急措施并上报。

(7)物品装载量：使用外排气式蒸汽灭菌器时物品的装载量不超过80%，使用预真空高压灭菌器时物品的装载量不超过90%。同时，预真空高压灭菌器的物品装载量应小于柜式高压灭菌器容积的10%，以防止发生小装量效应。

(8)消毒物品的包装及摆放：消毒物品的包装和容器要合适，包装的容器和材料要允许物品内部空气的排出以及水蒸气的良好渗透。消毒物品不能摆放得太挤，以免影响物品间水蒸气的流通而降低灭菌的效果。

(9)消毒物品的处理：对消毒物品需要进行初步处理，对接触过病原微生物的医疗器械、被单、衣物等均应先用化学消毒剂进行消毒，然后再按常规进行清洗。特别是对在传染病病房使用后的各类物品要严格把关，先严密消毒后再清洗、消毒。进行常规清洗时，先用洗涤剂溶液浸泡擦洗，去除物品上的油污、血垢等污物，然后用流水冲净。对清除污染前、后物品的容器和运送工具应严格区分，以防发生交叉感染。对于生物安全实验室，为防止污染物扩散，灭菌前一般不对物品进行清洗。

(10)腐蚀性物品：不能对任何有破坏性材料和含碱金属成分的物质进行高压蒸汽灭菌，否则会导致爆炸、腐蚀内胆、破坏垫圈等。

(11)自然降压：灭菌完毕后不可放气减压，须待自然降压至内、外大气压相等后方可打开，操作者还应当穿戴合适的手套和面罩以进行防护。

(12)使用完成后处理：每天工作结束后，要关闭蒸汽、电源、水源阀门。

(三)高压蒸汽灭菌器的安全管理措施

(1)每日灭菌前应检查灭菌器的柜门、锁扣、蒸汽调节阀、安全阀等是否处于完好状态。

(2)清理柜门排气口，去除毛絮等杂物，保持灭菌柜内清洁。

(3)每年对灭菌设备进行检查、维修。

(4)对压力容器设备至少应每月进行1次自行检查，并进行测漏试验。

(5)在新增的压力容器(含进口设备)投入使用前或投入使用后30 d内，实验室人员应到当地技术监督部门办理注册登记手续，核定压力容器的安全状况等级，办理压力容积使用登记证。

(6)要建立特种设备安全技术档案。

(7)对压力容器设备应定期检查，每年检查1次。

第三节　精密仪器的安全使用

近年来，随着现代科学技术的不断发展，越来越多的精密贵重仪器进入实验室。为提高精密仪器的使用率，增强精密仪器的完好性和安全性，保障人员的安全和实验的顺利进行，必须加强对精密仪器的管理。

一、精密仪器的概念

精密仪器是指用以产生、测量精密量的仪器和装置。精密仪器的作用包括对精密量的观察、监视、测定、验证、记录、传输、变换、显示、分析、处理与控制。原国家科学技术委员会制定的《大型精密仪器管理暂行办法》中的“大型精密仪器目录”明确规定，由国家科学技术委员会和地方统一管理的大型精密仪器共23种，详见表6－1。

表6－1　大型精密仪器目录

序号	仪器名称	英文缩写	序号	仪器名称	英文缩写
1	电子显微镜	EM	13	荧光分光光度计	FS
2	电子探针	EPA	14	核磁共振波谱仪	NMR
3	离子探针	LPA	15	顺磁共振波谱仪	ESR
4	质谱仪	MS	16	气相色谱仪	GC
5	各种联用仪	CA	17	液相色谱仪	LC
6	X线荧光光谱仪	XF	18	氨基酸分析仪	AAA
7	X线衍射仪	XD	19	电子能谱仪	EE

续表

序号	仪器名称	英文缩写	序号	仪器名称	英文缩写
8	红外分光光度计	IR	20	热天平	TB
9	紫外分光光度计	UV	21	差热分析仪	DTA
10	原子吸收分光光度计	AA	22	超速离心机($\geqslant 4\times10^4$ r/ min)	UC
11	光电直读光谱仪	PEDA	23	图像分析仪	IA
12	激光拉曼分光光度计	LR			

二、精密仪器的安全要求

精密仪器的安全要求包括对环境的一般要求和对特定仪器的具体要求。

(一)对环境的一般要求

精密仪器对环境的一般要求主要包括温度、湿度、洁净度和防震等4个方面。

1. 温度　温度是实验室环境的一个重要参数，绝大多数精密仪器有由特定材料组成的部件，这些部件会因温度的变化而发生扭曲、变形，使基准产生偏差，影响测试数据的精确度，如离子光谱仪要求每小时温度的变化不能大于±1 ℃。

2. 湿度　很多仪器设备出现故障最主要的原因就是锈蚀。仪器设备除有各种金属部件外，还有许多复杂、精密的集成电路。金属部件和集成电路在氧气和水的影响下，常发生氧化锈蚀，集成电路还可能会出现短路。而大多数的仪器故障都是电路锈蚀导致接触不良或短路所造成的。长期出现严重的故障会使精密仪器不可修复而报废。因此，保持实验室的相对湿度尤为重要。

3. 洁净度　大型精密仪器对实验环境的要求较高，一般应将其放于封闭的房间内。由于实验室中的样品和试剂总会有少许逸出，加上实验人员带入的灰尘，都会附着在仪器电路上并在水的作用下形成导体，使密集的电路出现短路而损坏仪器。空气中的灰尘也会污染样品和试剂，影响测试数据的精确度。所以，一般进行微量测定的实验室需要有空气过滤器等除尘装置。

4. 防振　振动会严重影响精密仪器的正常工作，特别是大型精密仪器，如电子显微镜，它的像差是用光阑控制孔径角加以限制，这些光阑直径为几十至几百微米，定位精度要求为几微米，任何微小的振动经放大几万、几十万倍后都会导致图像的波动，所以固定样品的结构和整个镜筒的振动都必须控制在显微镜的分辨能力之内。因此，必须做好精密仪器的防振工作。精密仪器实验室应尽量放在楼层的底层，并远离振动源，如电梯、泵类仪器等。

(二)对特定仪器的具体要求

1. 精密分析天平　精密分析天平是用于精确测量质量(重量)的一种衡器，是实验室中用于称量的最基本和最重要的仪器设备之一(图6-2)。

精密分析天平的安全使用需要注意以下几个方面。

(1)正确放置天平：精密分析天平应放置在牢固平稳的水泥台或木台上，调整地脚

图 6-2　精密分析天平

螺栓的高度，使水平仪内的空气气泡正好位于圆环中央。

(2)在天平箱内放置吸潮剂(如硅胶)，以保持天平箱内环境干燥。

(3)使用天平之前要开机预热 0.5 ~ 1 h。

(4)挥发性、腐蚀性、强酸强碱类物质应盛于带盖称量瓶内称量，以防止腐蚀天平。

(5)称量时应从侧门取放物质，读数时应关闭箱门，以免空气流动引起天平摆动。

(6)精密天平若长时间不使用，应定时对其通电预热，每周 1 次，每次预热 2 h，以确保仪器始终处于良好的使用状态。

(7)应定期对天平进行校准。

2. 紫外可见分光光度计　紫外可见分光光度计是基于紫外可见分光光度法原理，利用物质分子对紫外可见光谱区的辐射吸收来进行分析的一种分析仪器。其主要由光源、单色器、吸收池、检测器和信号处理器等部件组成(图 6-3)。

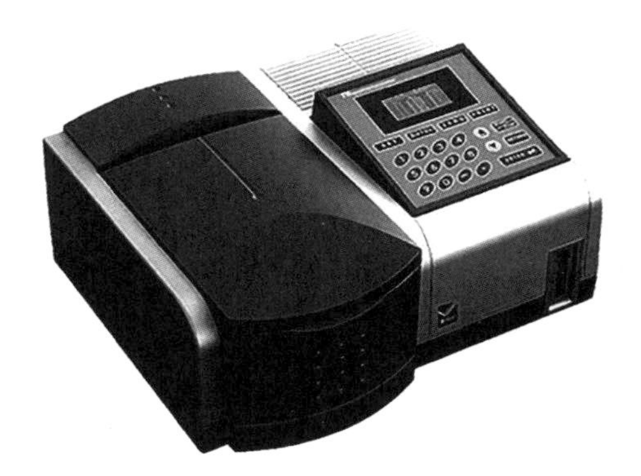

图 6-3　紫外可见分光光度计

紫外可见分光光度计的安全使用需要注意以下几个方面。

(1)紫外可见分光光度计所在的房间需远离电磁场。

(2)环境温度应保持在 15 ~ 30 ℃，湿度应保持在 60 % 以下，保持洁净。

(3)不要随便插拔仪器连接线，如需插拔，请先关闭仪器和计算机的电源，以免烧坏电路板。

(4)不要在仪器室倒溶液，若洒在仪器上，需及时擦干或关闭仪器电源。

(5)仪器外壳上不可放置重物，以免光路偏移。

(6)定期开机，保持仪器正常运行。

(7)比色皿使用完毕后，用蒸馏水或者乙醚等有机溶剂洗涤干净，并用干净、柔软的纱布将水迹擦去，以防止表面光洁度被破坏，影响比色皿的透光率。

3. 红外光谱仪　红外光谱仪是利用物质对不同波长的红外辐射的吸收特性，进行分子结构和化学组成分析的仪器。其通常由光源、单色器、探测器和计算机处理信息系统组成(图 6－4)。

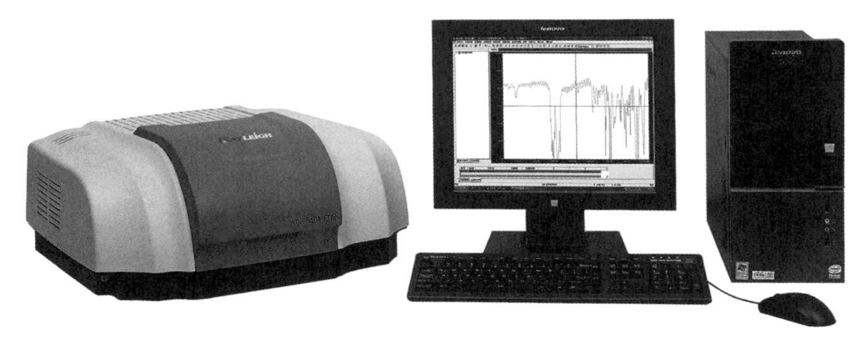

图 6－4　红外光谱仪

红外光谱仪的安全使用需要注意以下几个方面。

(1)环境温度应保持在 15～30 ℃，湿度应保持在 65 % 以下，保持洁净，室内应配备除湿装置。

(2)电源需配备有稳压装置和接地线。

(3)定期开机，保持仪器正常运行。

(4)对样品室的门窗应轻开轻关，避免仪器振动受损。

(5)压片用模具在用完后需用水清洗并擦干，以免锈蚀。

4. 荧光分光光度计　荧光分光光度计是用于扫描液相荧光标记物所发出的荧光光谱的一种仪器(图 6－5)。

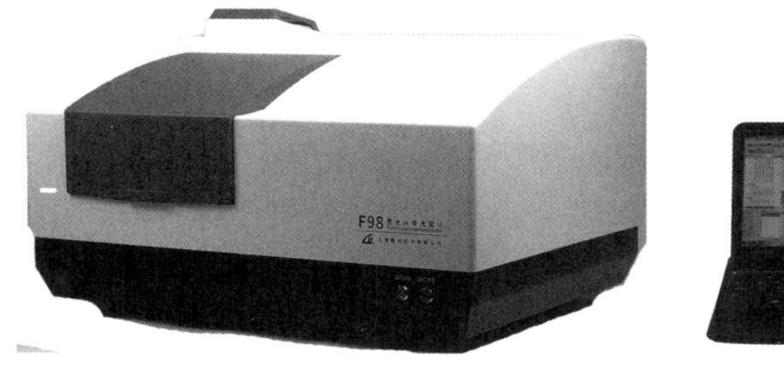

图 6－5　荧光分光光度计

荧光分光光度计的安全使用需要注意以下几个方面。

(1)开机时，应先开氙灯电源，再开主机电源。

(2)开机后，应确认排热风扇是否正常工作。

(3)打开氙灯 10～30 min，待其稳定后再进行样品检测。

(4)当氙灯未能触发，并连续发出“吱吱”的高频声或“叭叭”的打火声时，应立即关掉氙灯电源，稍后再重新触发。

(5)关闭氙灯电源后，若要重新使用，应等待 60 s 以后重新触发。

(6)当操作者操作错误或其他原因引起微机错误时，应该立即关闭主机电源，重新启动，但无须关断氙灯电源。

(7)用完比色皿后须立即清洁，若有需要，可用乙醇、乙醚清洗。

5. 原子吸收光谱仪　原子吸收光谱仪的工作原理为从光源辐射出具有待测元素特征谱线的光，此光通过试样蒸气时，被蒸气中的待测元素基态原子吸收，由辐射特征谱线光被减弱的程度来测定试样中待测元素的含量(图 6－6)。

图 6－6　原子吸收光谱仪

原子吸收光谱仪的安全使用需要注意以下几个方面。

(1)在原子吸收光谱仪开机前，应检查各插头是否接触良好，并将仪器面板的所有旋钮回零后再通电。

(2)开机时应先开低压、后开高压，关机时则相反。

(3)空心阴极灯需要预热 10 min 后再进行检测。

(4)所处理的样品需是无颗粒物质，否则容易堵塞毛细管。

(5)喷雾器不要喷雾高浓度的含氟样液。

(6)对单色器中的光学元件严禁用手触摸和擅自调节。

(7)使用石墨炉时，冷却水的压力与惰性气流的流速应稳定。一定要在通有惰性气体的条件下接通电源，否则会烧毁石墨管。

(8)乙炔与铜、银、汞等金属可通过反应产生乙炔化物，乙炔化物在受振动时易发生分解爆炸，因此，使用乙炔燃气时，需用乙炔专用减压阀。

(9)检查点火口的电极上是否有积炭，若有，需定期清除，否则可能造成电极短路。

警示案例

原子吸收光谱仪爆炸

某化验室新进的一台 3200 型原子吸收光谱仪在分析人员调试过程中发生爆炸，爆炸产生的冲击波将窗户内层玻璃全部震碎，仪器上的盖崩起 2 m 多高后，崩离 3 m 多远，当场炸倒 3 人，其中 2 人受轻伤，另外 1 人被一块长约 0.5 cm 的碎玻璃片射入眼内。

事故原因：仪器内部用聚乙烯管连接易燃气乙炔，接头处漏气。

事故分析：分析人员在仪器使用过程中安全检查不到位。

6. 气相色谱仪　气相色谱仪是利用色谱分离技术和检测技术，对多组分的复杂混合物进行定性和定量分析的仪器(图 6－7)。

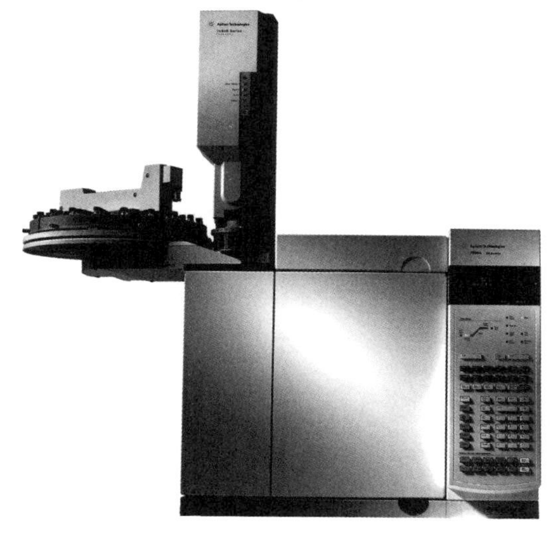

图 6－7　气相色谱仪

气相色谱仪的安全使用需要注意以下几个方面。

(1)气体钢瓶的供气压力在 9.8～14.7 MPa。

(2)不同的气体钢瓶应分开放。

(3)气体钢瓶需直立，氢气瓶与气相色谱仪必须分开放于不同的房间。

(4)减压阀与气体钢瓶应配套使用。

(5)氢气减压阀接头为反向螺纹，安装时需小心。使用时需缓慢调节手轮，使用完必须旋松调节手轮和关闭气体钢瓶阀门。

(6)实验结束时，把桥电流调到最小值，再关闭热导电源，最后关闭载气。关闭气源时，先关闭减压阀，后关闭气体钢瓶阀门，再开启减压阀，排出减压阀内气体，最后松开调节螺杆。

警示案例

气相色谱仪爆炸

某化验室正准备开启的一台 102G 型气相色谱仪的柱箱忽然爆炸。柱箱的前门飞出 2 m 多远，已变形，柱箱内的加热丝、热电偶、风机等都损坏。

事故原因：2个月前维修人员把气相色谱仪的色谱柱自行卸下，而化验员在不知情的情况下开启氢气，通电后发生了这起事故。

事故分析：化验员在每次开机前都应该检查气路，仪器维修人员对仪器进行改动后，应通知相关使用人员，并挂牌，而两人未按规程操作。

7. 高效液相色谱仪　高效液相色谱仪是应用高效液相色谱原理，主要用于分析高沸点的、不易挥发的、受热不稳定的和分子量大的有机化合物的仪器(图6－8)。

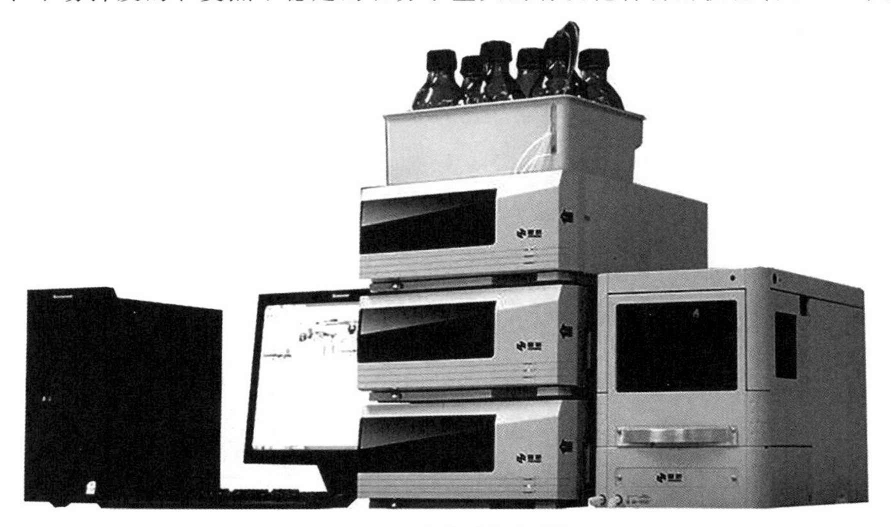

图6－8　高效液相色谱仪

高效液相色谱仪的安全使用需要注意以下几个方面。

(1)高效液相色谱仪所用的水应为超纯水，并通过0.22 μm的滤膜除去热源、离子及空气等。

(2)运行中自动停泵，可能为压力超过上限或流动相用完所致。

(3)若压力非常高，可能管路已堵，应先卸下色谱柱，用分段排除法检查堵塞位点。

(4)进样前30 min，打开氘灯或钨灯。

(5)所使用的高效液相色谱仪的色谱柱为硅胶键合相色谱柱时，不宜在高温条件下进行。

(6)实验结束后，对高效液相色谱仪一般用水或低浓度甲醇水溶液冲洗30 min以上，再换甲醇冲洗。

(7)关机时，先关闭泵、检测器等，再关闭工作站，然后关机，最后自下而上关闭色谱仪各组件、洗泵溶液的开关。

8. 液－质联用仪　液－质联用仪由高效液相色谱配合质谱及化学工作站(数据系统)组成(图6－9)。

液－质联用仪的安全使用需要注意以下几个方面。

(1)需由经过培训的人员对仪器进行管理或使用。

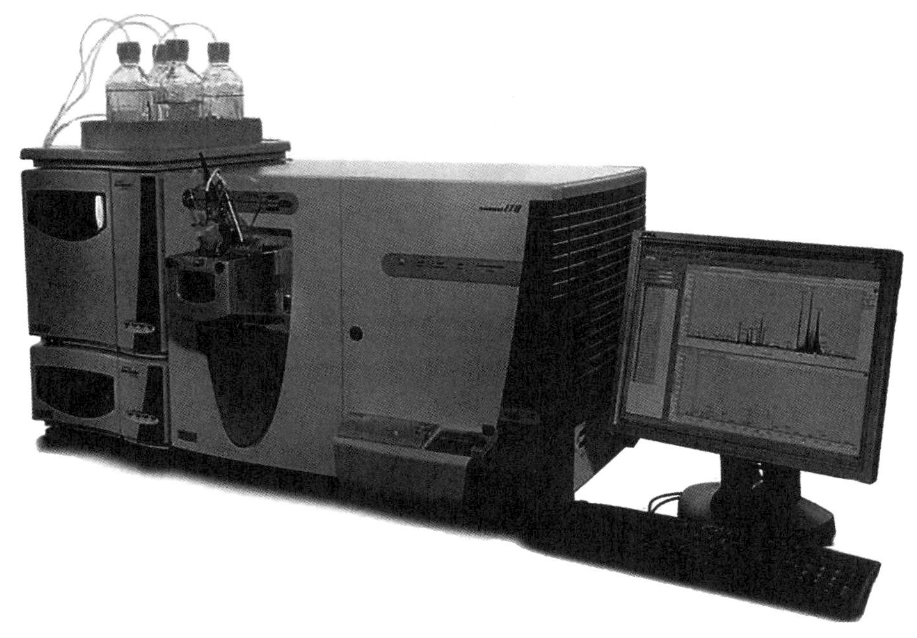

图 6－9 液－质联用仪

(2)样品需经过严格纯化后才能使用。

(3)样品中不能含有金属离子、表面活性剂、磷酸盐、硼酸盐等。

(4)上样的溶剂需是色谱纯级别。

(5)液－质联用仪为反相体系，不能用正己烷等极性弱的溶剂上样。

(6)需定期清洗离子源。

9. 气－质联用仪 气－质联用仪由气相色谱配合质谱及化学工作站(数据系统)组成(图 6－10)。

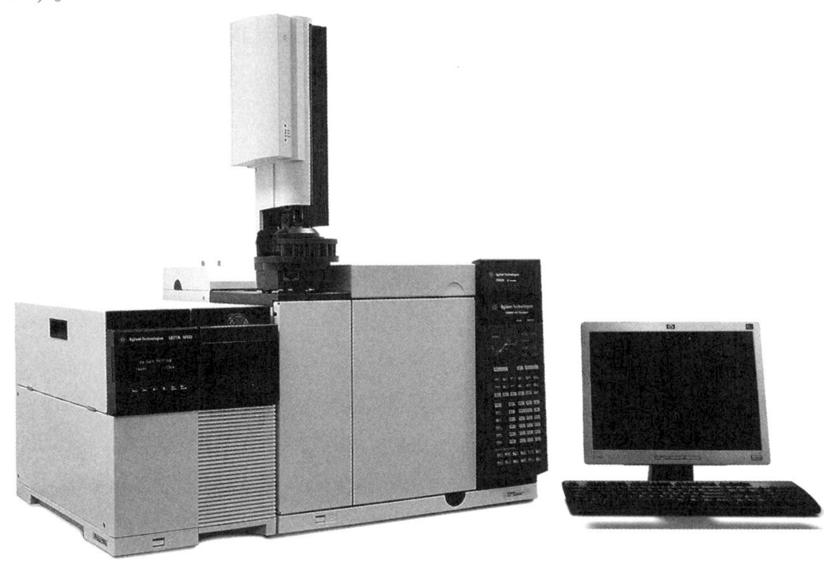

图 6－10 气－质联用仪

气-质联用仪的安全使用需要注意以下几个方面。

(1)载气钢瓶内的压力应高于5 MPa。

(2)每次重新开机前必须做调谐。

(3)设置合理的溶剂延迟时间，以免对灯丝造成损害。

(4)关机时，工作站应先将柱温设为30 ℃，关闭接口温度，停止分子涡轮泵或关闭扩散泵加热，然后退出工作站，最后关闭计算机。

(5)关闭气相、质谱电源后再关闭载气。

(6)定期清洗离子源，并注意其密封性。

第四节　旋转机械的安全使用

旋转机械主要是指依靠旋转动作来完成的机械。实验室中常见的旋转机械有离心机、细菌摇床、真空泵、超声波细胞破碎仪、制粒机、通风橱、搅拌器、组织研磨仪、真空压缩机、排风扇等。

一、旋转机械存在的安全隐患

(一)机械性危害

机械性危害主要包括机械挤压、剪切、碾压、切割、缠绕或卷入、戳扎、飞出物打击、高压液体喷射等。其原因主要是操作者的失误或旋转机械发生故障。

(二)非机械性危害

非机械性危害包括噪声危害、振动危害、电气危害、辐射危害、温度危害、材料或物质产生的危害等。其原因主要是操作者未按照安全规定操作。

二、旋转机械对人的危害

(1)机械设备的零部件(如冲床、压片机)做直线运动时造成的压伤、挤伤等。

(2)机械设备的零部件(如齿轮、卡盘)做旋转运动时造成的绞绕和物体打击伤、甩出砸伤等。

(3)刀具(如钻头)造成的刺伤、割伤等。

(4)电气系统(如电动机)造成的电击伤害。

(5)其他危害，如辐射危害、尘毒危害等。

三、旋转机械的安全使用

(一)实验人员的行为规范

(1)穿戴工作服、工作帽。

(2)长发要盘在工作帽内，不准露出帽外。

(3)不穿拖鞋等露脚趾的鞋子。

(二)实验操作的安全要求

(1)在转动机械运行时，除正在进行操作的人员以外，其他人员应远离，以防转动部分飞出伤人。

(2)在进行机械检修的过程中，应做好防止机械转动的措施。

(3)转动机械设备如需更换垫片时，若无可靠的支撑措施，手指不得伸进底脚板内。

(4)在对转动机械转子校动平衡时必须在一个负责人的指挥下进行校验工作。工作场所周围应用安全围栏围好，无关人员不得入内。试加重量时应确保装置牢固，以防止转子脱落伤人。

(5)转动机械检修需拆装轴套、对轮和叶轮时，如使用气焊加热，应做好防止烫伤的措施。

(6)定期检修，发现异常应及时上报，切勿自行拆卸。

第五节 低温类设备的安全使用

实验室中某些样品需保存在低温或冷冻环境中，部分实验需在低温环境下进行，常需用到冷冻机或低温液体容器等设备。上述操作中常出现的事故类型有冻伤等，因此需注意低温类设备的安全使用。

一、冷冻机

冷冻机是指用压缩机改变冷媒气体的压力变化来达到低温制冷的机械设备。

冷冻机的安全使用需要注意以下几个方面。

(1)冷冻机内不能放入易燃易爆的危险化学品。

(2)冷冻系统所用的阀门、仪表、安全装置必须完备，并定期对其进行校正，管道必须畅通，不得有漏液现象。

(3)机器运转时，须观察压力表、温度表等，时刻关注仪器是否正常。

(4)机器运转时，不得将手伸入擦拭运转部件。

(5)机器出现故障时，应按下停止按钮，关闭高压阀、吸气阀、节流阀，15 min后停止供应冷却水，并寻求专业人员的帮助。

二、低温液体容器

低温液体容器是指能够储存沸点在 -150 ℃以下液体的容器。根据中华人民共和国《机械行业标准》(JB/T 3356—1992)的内容，可知低温液体容器主要包括杜瓦容器、立式容器、卧式容器、平底圆筒式大型容器等。

(一)低温液体的特点

(1)低温液体的温度都极低，它们能够迅速冷冻细胞及人体组织。

(2)低温液体蒸发时会产生大量气体。

(3)封闭区域内的低温液体蒸发会取代空气，导致人员窒息。

(二)低温液体容器的安全要求

(1)操作者需经培训后才能进行低温液体容器的操作。

(2)操作前应穿戴必要的防护用具，如防护衣、防护面具、防护手套等。

(3)使用液态气体的实验室，需保持通风。

(4)液化气体容器需放置在阴凉、通风处。

(5)液态气体经减压阀时，应先进入耐压的大橡皮袋和气体缓冲瓶，再进入仪器，防止液态气体因减压而突然沸腾或爆炸。

(6)操作低温液体容器时应轻快稳重，不能把脸放在容器正上方。

(7)液化气体接触皮肤时，应立刻用水清洗皮肤。如发生严重冻伤，需请专科医生进行治疗。

(8)若有实验人员因液化气体窒息，需将其移动到通风处并进行人工呼吸，同时拨打急救电话。

(三)低温液化气体与其他物质的相互作用

(1)不允许将液态氧与有机化合物相接触，以防燃烧。

(2)对液态氢挥发出的氢气需谨慎处理，以防发生爆炸。

(3)干冰与有机溶剂混合时应注意防火。应防止手触摸到干冰，因干冰可使皮肤粘连于容器上而发生冻伤。

(4)当冷冻机房有氨瓶时，应配备防毒面具，以备氨泄漏时使用。

(四)液氮罐的安全使用

在医学实验室中，许多实验材料(如细胞、细菌、病毒等)的保存都需要极端的低温环境。液氮是常用的制冷剂，属于不燃液体，对人体基本无毒。液氮罐是医学实验室常用的低温设备之一(图6－11)。

图6－11　液氮罐

液氮罐的安全使用需要注意以下几个方面。

(1)液氮罐只能盛装液氮，不允许盛装其他液体。

(2)使用前应检查真空排气口是否完好，罐体内部是否清洁、干燥，罐体外壳有无凹陷等。

(3)填充液氮时需小心谨慎，缓慢填充。

(4)定期补充液氮，液氮剩余量不宜低于容器总量的1/3。

(5)使用液氮时应注意做好防护，避免将液氮滴撒到裸露的皮肤上，特别是注意对脚部和眼睛的防护，否则可能造成严重冻伤。

(6)若液氮罐的外表挂霜应停止使用。此时可将液氮取出，让冰霜自然融化。

(7)放进或取出冷冻物品时不宜操作太长时间，以减少液氮消耗。

(8)严禁在液氮罐盖上放置物品或密封颈口，以免液氮持续蒸发导致压力升高而使容器损坏。

(9)保持罐体所在房间通风，以防出现缺氧。

(10)按照规定定期对液氮罐及其配件进行检查和校验。

（刘　娜，谭攀攀，袁俊斋）

第七章　实验室事故的应急与急救

加强实验室安全管理，采取有效的防护措施，可以有效地防止安全事故的发生，但是由于具有仪器设备或设施出现故障，以及操作人员出现疏忽和错误的可能性，有时候意外事故的发生是不可避免的。为积极应对可能突发的安全事件，实验人员需要掌握事故的应急处理方法及受伤后的急救技术。其中急救技术尤为重要，当人员出现创伤、中毒、休克时，熟练的急救技术对于实施应急抢救、减少人员伤亡、控制事故扩大能起到非常关键的作用。本章主要阐述化学性中毒，机械性损伤，烧、烫伤，冻伤及腐蚀物灼伤等伤害的应急处理方法，以及休克、昏迷、止血及包扎处理和心肺复苏术等急救知识和技术。这些应急处理知识和急救技术人人都可以掌握，在事故发生后、救护车未到时，先对伤者进行基本的应急处理，再送医抢救，可以为伤者赢得宝贵的时间。

第一节　实验室事故的应急处理

实验室事故主要是指实验操作时发生并严重危及师生生命和财产安全，需要学校及有关部门立即采取应对措施，并加以处理的事件。例如，化学性中毒，机械性损伤，烧、烫伤，冻伤及腐蚀物灼伤等事故。

一、化学性中毒的应急处理

在实验室工作的人员会接触各种化学品，其中一些有毒的化学品在生产、使用、储存和运输过程中，如果发生跑、冒、滴、漏等，会造成人身伤害以及环境污染，因此，实验人员应该掌握化学性中毒的应急处理方法。

（一）一般的应急处理方法

当发现实验室有人员发生化学品急性中毒时，必须根据化学物质品种、中毒方式与当时伤者的病情进行有针对性的急救，同时立刻拨打急救电话，找医生救治。尽快抢救伤者脱离事故现场，做到先分类后转送、先救命后治伤、先重伤后轻伤。

化学性中毒的一般应急处理措施具体如下。

(1)立即切断或控制危险化学品事故源，尽快使中毒者脱离事故现场，将其转移至空气新鲜处，阻断毒物继续入侵。

(2)若化学品污染衣服、皮肤时，应小心脱掉污染衣物，用流动的清水反复冲洗被污染的皮肤，特别是皮肤皱褶、毛发处，至少冲洗 10 min。要特别注意眼及其他特殊部位(如头面、手、会阴)的冲洗。冲洗后可适当、合理地应用中和剂。

(3)若为吸入性中毒，则需立刻清除中毒者鼻腔、口腔内的分泌物，取下义齿，解开衣领，放松身体，使其保持呼吸道通畅。

(4)若吞食中毒且中毒者神志清醒，则需根据中毒的化学品的性质来采取催吐，服用大量稀释液、吸附剂、解毒剂等措施，降低有毒物质在体内的浓度。

(5)对昏迷、抽搐的中毒者，应立即送医院，由医务人员为其做洗胃、灌肠、吸氧等处理。

(6)当昏迷的中毒者出现频繁呕吐时，应使其取去枕平卧位，头部偏向一侧，以防止呕吐物阻塞呼吸道，引起窒息。

(7)当中毒者的呼吸能力减弱时，需立刻对其实施人工呼吸。实施时，需先用清洁的棉布包裹住手指，将中毒者口腔、鼻腔中的呕吐物或药品残余清除后，再进行人工呼吸；如果中毒者的口腔污染严重，则需采用口对鼻的方式进行人工呼吸。

(8)当中毒者无生命体征时，应立即实施心肺复苏术进行抢救，待其生命体征稳定后，再送医院治疗。

(9)救治过程中应注意对中毒者进行保暖。

(二)常用的应急排毒方法

1. 催吐　催吐是指使用各种方法，引导促进呕吐的行为。

(1)适用范围：对神志清醒且有知觉者和服入有毒药品不久而无明显呕吐者，可通过催吐的方法来排除体内大量的有毒物质，减少人体对毒素的吸收，其效果往往强于洗胃。对服入有毒药品且已发生呕吐者应让其多饮清水或盐水以促成反复呕吐，催吐进行得越早，毒物就清理得越完全。

(2)物理催吐法：用手指或勺子刺激中毒者的喉头或舌根使其呕吐。

(3)饮服催吐法：服用吐根糖浆等催吐剂，或在 80 mL 热水中溶解一匙食盐作为催吐剂服用。

(4)禁忌：吞食酸类、碱类腐蚀性药品或石油、烃类液体时，因有胃穿孔或胃中的食物吐出呛入气管的危险，不可催吐。对意识不清者也不可催吐，催吐易造成窒息。

2. 洗胃　洗胃是指将一定成分的液体灌入胃腔内，混合胃内容物后再抽出，如此反复多次，清除胃内毒物。

(1)适用范围：当催吐失败或因中毒者昏迷无法催吐时，应立即进行洗胃。对于急性中毒(如短时间内吞服有机磷、无机磷、生物碱、巴比妥类药物等)者，洗胃是一项重要的抢救措施。一般在食入有毒物质 6 h 以内均可洗胃。对在食入毒物前胃内容物过多、毒物量大，或有毒物质在被胃吸收后又可再排至胃内者，超过 6 h 也不应该放弃洗胃。

(2)洗胃方式：最简便的方式是注射器抽吸法。未昏迷的患者可取坐位，昏迷患者应取平卧头侧位。操作时需将患者的义齿取下，将胃管前端涂石蜡油润滑，经口腔或鼻腔插入胃内，成人一般插入的深度为 45 ~ 50 cm，用 50 mL 注射器抽出胃内容物，然后注入洗胃液(一般以 200 ~ 300 mL 为宜，过多时容易将毒物驱入肠内)，再抽吸出来弃去，反复抽吸，直到洗出液清澈为止。拔管前可向胃内注入导泻剂(一般用甘露醇 250 mL，硫酸镁溶液也可，禁用油类导泻剂)，以通过腹泻清除已进入肠道内的毒物。需要注意的是，插入胃管时，如患者出现咳嗽、发绀，可能是胃管误入气管，须迅速拔出重插。

(3)洗胃液的选择：最常用的洗胃液为35～38 ℃的温开水，也可用清水或生理盐水。洗胃液的温度切不可过高，否则会扩张血管，加速毒物吸收。

(4)禁忌：当发生强腐蚀性毒物中毒时，禁止洗胃，以免出现穿孔；应服用保护剂及物理性对抗剂，如牛奶、蛋清、米汤、豆浆等，以保护胃黏膜。对肝硬化伴食管底静脉曲张、食管阻塞、胃癌、消化道溃疡、出血患者应慎行胃管插入。对胸主动脉瘤、重度心功能不全、呼吸困难者也不能洗胃。

3. 导泻　对经口进入的毒物可能经胃而进入小肠和大肠，特别是服毒时间超过8 h，或者服毒时间虽短但催吐和洗胃不彻底的患者要进行导泻，以促使进入肠道的毒物迅速排出，避免和减少其在肠内被吸收。

洗胃后，在拔胃管前可向胃内注入导泻剂，通过腹泻清除已进入肠道内的毒物。如果服入有毒物质时间较长，例如，超过2～3 h，而且患者精神较好，则可让患者口服一些泻药，促使中毒食物尽快排出体外。

常用的导泻剂有甘露醇、硫酸镁或硫酸钠溶液。一般硫酸钠较硫酸镁安全，用时可一次口服15～30 g硫酸钠的温水溶液。

禁忌：体质极度衰弱者、已有严重脱水者、强腐蚀性毒物中毒者及孕妇禁用导泻。

(三)常用的应急解毒方法

1. 服用吸附保护剂　为降低胃中毒物的浓度，延缓毒物被人体吸收的速度，保护胃黏膜，可服用牛奶、打溶的蛋、面粉或淀粉悬浮液及水等。如果不能及时找到上述食物，可在500 mL的蒸馏水中加入约50 g的活性炭，用前再添加400 mL的蒸馏水，并将活性炭充分摇动润湿，然后给患者分次少量吞服。一般10～15 g活性炭大约可吸收1 g毒物。

2. 万能解毒剂　2份活性炭、1份氧化镁和1份丹宁酸混合均匀而成的药剂被称为万能解毒剂。如果备有万能解毒剂，可将2～3茶匙的此药剂加入一杯水，做成糊状，让中毒者服用。

3. 沉淀剂　发生重金属中毒时，可立刻喝杯含有几克硫酸镁的水溶液，以沉淀重金属离子。

4. 重金属螯合剂　当发生重金属中毒时，可用螯合剂除去体内的重金属离子。重金属的毒性主要由它与人体内酶的巯基(—SH)结合而产生。加入配位能力强于巯基的螯合剂后，螯合剂会与重金属结合而释放出巯基，故能有效地消除由重金属引起的中毒。重金属与螯合剂形成的配合物易溶于水，可从肾脏排出。服用螯合剂的同时，可以向患者体内同时输入利尿剂(10%的右旋醣酐溶液，或20%的甘露醇溶液)，以达到利尿排毒的作用。

二、机械性损伤事故的应急处理

实验室常发生的机械性损伤事故包括割伤、刺伤、挫伤、撕裂伤、撞伤、砸伤、扭伤等。对于轻伤，处理的关键是清创、止血、防感染。当伤势较重，出现呼吸骤停、窒息、大出血、开放性或张力性气胸、休克等危及生命的紧急情况时，应临时实施心肺复苏、控制出血、包扎伤口、固定骨折和转运患者等处理措施。

(一)轻伤的应急处理

1. 开放性损伤　对较轻的开放性损伤，处理的关键是清创、防感染。切勿用手指、用过的手帕或其他不洁物触及伤口，勿让口对着伤口呼气，以防感染伤口。对伤口较深者，进行应急处理后，应立即送到医院，使用抗生素和注射破伤风抗毒血清以防感染。具体的清创步骤如下。

(1)伤口浅时，先小心取出伤口中的异物；伤口深时，如发生较深的刺伤，先不要动异物，进行紧急止血后应及时送医院处理。

(2)用冷开水或生理盐水冲洗伤口，擦干。

(3)用碘酊或酒精消毒伤口周围的皮肤。

(4)伤口不大，可直接贴“创可贴”。若没有“创可贴”，或伤口较大时，应用消毒敷料紧敷伤处，直至停止出血。

(5)用绷带轻轻包扎伤处，或用胶布将伤处固定住。伤口深时，应按加压包扎法止血。

2. 闭合性损伤的应急处理　闭合性损伤的急救关键是止血。在损伤初期(24～48 h内)，应及早冷敷，以使伤处血管收缩，减轻局部充血与疼痛，但不宜立即进行热敷或按摩，以免加剧伤处小血管出血，导致伤势加重。具体方法如下。

(1)冷敷：用自来水淋洗伤处，或将伤处浸入冷水中5～10 min。另一种方法是将毛巾用冷水浸透，放在伤处，每隔2～3 min换1次，冷敷30 min。若在夏天，可用冰袋冷敷。

(2)取适当厚度的海绵或棉花一块，放在伤处，用绷带稍加压力进行包扎。

(3)应将伤处抬高，高于心脏水平，以减少伤处充血。

(4)若伤处停止出血，急性炎症逐渐消退，但仍有瘀血及肿胀(通常在受伤一两天后)，为促使活血化瘀，宜进行热敷(如热水袋敷、热毛巾敷等)、按摩或理疗。

(二)严重流血者的急救处理

大量失血可使伤者在3～5 min内死亡，因此，对严重流血者急救的关键是第一时间对伤处直接施压止血。手的压力和扎绷带的松紧度以能取得止血效果，但又不致过于压迫伤处为宜。急救操作的步骤具体如下。

(1)搀扶伤者取平卧位，避免伤者因脑缺血而晕厥。同时，尽可能地抬高其受伤部位，减少出血。

(2)快速将伤口中明显的污垢和残片清除掉，切勿取出较大或嵌入较深的物体。

(3)用干净的敷料、布、卫生纸按压伤口，若没有这些材料时，可用手直接按压。

(4)保持按压直到停止流血。保持按压20 min，期间在不松手的情况下窥察伤口是否已停止流血。

(5)在按压期间，可用胶布或绷带(或一块干净的布)将伤口围扎起来，以起到施压的作用。

(6)如果按压伤口仍然无法起到止血的作用，可用一只手捏住向伤口部位输送血液的动脉。胳膊上的动脉应在腋窝和肘关节之间的手臂内侧，腿部的动脉应在膝盖后部和腹股沟处。另一手应继续保持按压伤口的动作。

(7)血止以后，不要再移动伤者的受伤部位。此时不要拆除绷带，即使包扎以后血液还不停地通过纱布渗透出来，也不要把纱布拿去，应该用更多的吸水性更强的布料缠裹住伤口。

(三)骨折固定

对骨折部位及时进行固定，以制动、止痛或减轻伤者的痛苦，防止伤情加重和发生休克，保护伤口，防止感染，便于运送。骨折固定的要领是先止血、后包扎、再固定。固定用的夹板材料可就地取材，如木板、硬塑料、硬纸板、木棍、树枝等；夹板的长短应与肢体的长短相称；对骨折突出部位要加垫；应首先扎骨折上下两端；四肢需露指(趾)；伤者胸前需挂标志。骨折固定好后应迅速将伤者送往医院。

(四)头部机械性伤害的应急处理

头皮裂伤是由尖锐物体直接作用于头皮所致。实验室中可能发生的头部机械性伤害有头发卷入机床造成的头皮撕裂、高空坠物造成的头皮伤害等。对较小的头皮裂伤可剪去伤口周围的毛发，再用碘酒或酒精等消毒伤口及周围组织，然后用无菌纱布或干净手帕包扎即可。较大的头皮裂伤，由于头皮血液循环丰富，因此出血比较多，对其的处理原则是先止血、包扎，然后迅速将伤者送往医院。由于头皮血供的方向是从周围向顶部，故用绷带围绕前额、枕后做环形加压包扎即可止血。对出血伤口局部，可用干净的纱布、手帕等加压包扎，也可直接用手指压迫伤口两侧止血。

若发生头皮撕脱，要迅速包扎止血。由于头皮撕脱时疼痛剧烈，伤者若高度紧张则易发生休克，因此必须安慰伤者，让其放松、坚持。对撕脱的头皮则需用无菌或干净的布巾包好，放入密封的塑料袋内，再放入盛有冰块的保温瓶内，同伤者一起迅速送往医院。

(五)碎屑进入眼内的应急处理

若木屑、尘粒等异物进入眼内，可由他人翻开眼睑，用消毒棉签轻轻取出异物，或任由眼睛流泪带出异物，再滴入几滴鱼肝油。

玻璃屑进入眼内的情况比较危险。这时要尽量保持平静，绝不可用手揉擦，也不要试图让别人取出碎屑，尽量不要转动眼球，可任其流泪，有时碎屑会随泪水流出。用纱布轻轻包住眼睛后，应立刻将伤者送去医院处理。

(六)伤者搬运

在医务人员来到之前，切勿任意搬动伤者。但若继续留在事故区会有进一步遭受伤害危险时，则应将伤者转移。转移前，应尽量设法止血，维持呼吸与心跳，并将一切可能有骨折的部位用夹板固定。搬运时，应根据伤情恰当处理，谨防因方法不当而加重伤势，先了解伤者的伤处，三个搬运者并排单腿跪在伤者身体一侧，同时分别把手臂伸入伤者的肩背部、腹臀部、双下肢的下面，然后同时起立，始终使伤者的身体保持在水平位置，不得使身体扭曲。三人同时迈步，并同时将伤者放在硬板担架上。对颈椎损伤者应再有一人专门负责牵引、固定头颈部，不得使伤者的头颈部前屈后伸、左右摇摆或旋转。四人动作必须一致，同时平托起伤者，再同时将伤者放在硬板担架上。

三、烧、烫伤，冻伤及腐蚀物灼伤的应急处理

(一)烧、烫伤的应急处理

发生烧、烫后应立即对伤口用大量水进行冲洗，然后在凉水中浸泡半小时左右，至离开凉水后疼痛会明显减轻，从而起到迅速散热的作用。对轻度的烧、烫伤，可在伤处涂抹鱼肝油、烫伤油膏或京万红软膏后包扎 3～5 d 即可痊愈。若起水疱，则表明已经伤及真皮层，属中度烧、烫伤，此时不宜挑破水疱，应该用纱布包扎后送医院治疗。对重度烧、烫伤，应立即用清洁的被单或衣服简单包扎，避免污染和再次损伤，不要在创伤面涂擦药物，应保持创伤面清洁，并迅速送伤者到医院治疗。大面积烧伤可引起体液丢失，威胁生命，必须通过静脉或口服补液，如口服 2%～3% 生理盐水。若发现呼吸、心跳停止，应立即对伤者进行心肺复苏。

(二)冻伤的应急处理

实验室中的冻伤事故往往是操作液氮、干冰等制冷剂时不慎造成的。治疗冻伤的根本措施是使受伤的机体部位迅速复温。首先应迅速脱离冷源，用衣物或用温热的手覆盖受冻的部位，使之保持适当温度，以维持足够的供血。若受伤部位是手，可将手放在腋下进行复温。接着需要用水浴复温，水浴的温度应为 37～43 ℃。水浴复温适用于各种冻伤。当皮肤红润柔滑时，表明受伤组织完全解冻。禁止对受伤部位进行任何摩擦，禁止用冰块摩擦冻僵的肢体，或对冻僵的肢体进行烘烤、缓慢复温，以免进一步损伤组织。若冻伤处发生破溃感染，应在局部用 65%～75% 酒精消毒，吸出水疱内的液体，外涂冻疮膏、樟脑软膏等，保暖包扎。必要时可使用抗生素及破伤风抗毒素以预防感染。

(三)腐蚀物灼伤的应急处理

腐蚀物灼伤是常温或高温的化学物质直接对皮肤的刺激腐蚀作用及化学反应产热引起的急性皮肤损害，可伴有眼灼伤和呼吸道损伤。腐蚀物灼伤常由强酸、强碱、黄磷、液溴、酚类等腐蚀性物质引起。伤处剧烈灼痛，轻者发红或起疱，重者溃烂。创面不易愈合，某些化学品可被皮肤、黏膜吸收，出现合并中毒现象。腐蚀物灼伤的紧急处理方法具体如下。

(1)将伤者迅速移离现场，脱去受污染的衣物，立即用大量的流动清水冲洗 20～30 min。碱性物质污染后冲洗时间应延长，特别应注意眼及其他特殊部位(如头面、手、会阴)的冲洗。对三氯化铝、四氯化钛等物质应先用干布或纸擦除，再用水洗。少量浓硫酸、氧化钙沾到皮肤上时应用大量水冲洗；腐蚀物的量多时，则需先用干布或纸擦除，再用水洗。

(2)对有些化学物(如氰化物、酚类、氯化钡、氢氟酸等)灼伤，在冲洗时应进行适当的解毒急救处理。

(3)对化学灼伤创面应剪去水疱、清除坏死组织，进行彻底清创。对深度创面应立即或早期进行削(切)痂植皮及延迟植皮。例如，黄磷灼伤后应及早切痂，防止黄磷被吸收而导致中毒。

(4)灼伤创面经水冲洗后，必要时进行合理的中和治疗，例如，氢氟酸灼伤处经水

冲洗后，需及时用钙、镁的制剂进行局部中和治疗，必要时用葡萄糖酸钙进行动、静脉注射。

(5)烧伤面积较大时，应令伤者躺下，等待医生到来。头部、胸部应略低于身体的其他部位，腿部若无骨折，应将其抬起。

(6)化学灼伤合并休克时，冲洗应从速、从简，并积极进行抗休克治疗。

(7)如果患者神志清醒，并能进食，应让其大量饮水。

(8)及时就医，先解毒、抗感染，然后再进行进一步治疗。

眼部灼伤后，必须尽快就近取得清水或生理盐水，分开眼睑，充分冲洗结膜囊，冲洗应至少持续 10 min。冲洗要及时、有效。冲洗时不要用热水，以免增加机体对有毒物质的吸收。冲洗时水压不要过大，以免伤到眼球。如不合并颜面严重污染或灼伤，亦可采用浸洗法，即将眼浸入水盆中，频频眨目。如果化学物质(如生石灰等)能与水发生作用，则需先用蘸有植物油的棉签或干毛巾擦去化学物质，再用水冲洗。冲洗处理后，需立刻就医。

第二节　实验室事故的急救技术

实验室事故的急救技术是指实验室突发事故后，旁观者能够使用的、不需要或很少需要医疗设备的、对急危重症患者采取的急救措施，包括创伤的急救、非创伤的急救、心肺复苏等。下面介绍的急救技术中，一部分为医学专业知识，如休克的处理，需要专业医生处理，实验人员应了解；另一部分为医学常识，需要每一个实验人员掌握。在实验室出现突发意外事故的情况下，实验人员对受到伤害的人员进行急救和自救，可将突发情况下的危险损伤降到最低。

一、休克的处理

休克是由于机体受到各种强烈致病因素的损害，引起有效循环血量锐减，全身血流灌注不足，导致广泛的细胞缺氧和生命器官代谢功能障碍所引起的临床综合征。

导致休克发生的重要环节是机体有效循环血量减少。有效循环血量主要受三个因素调节，即血容量、心排血量和血管张力。影响以上三个因素中的任何一个，均可导致休克的发生。目前倾向于依据对以上因素的初始影响将休克分为低血容量性休克、心源性休克、血液分布性休克和阻塞性休克。

(一)治疗原则

对休克的纠正有赖于早期诊断和治疗，早期发现和消除休克的病因至关重要。对休克患者的理想化处理是在休克的临床症状明显化之前，早期发现并及时给予恰当的治疗；至少在其尚未发展到难治性休克前给予有效治疗，可阻止病程进一步恶化，避免发生多器官功能衰竭。实际上，在患者出现明显的临床症状之前能够早期发现或预测可能发生休克的客观指标不多，而医生在接诊患者时，多数患者已经出现明显的临床症状，如心率加快、血压降低、皮肤湿冷、尿量减少等。这些征象表明休克已经发展到失代偿阶段。

（二）紧急处理

休克患者的病情多较危重，医生接诊后，应立即处理危及生命的紧急情况。对昏迷患者应保持气道通畅和正常通气，对无自主呼吸的患者立即行气管插管，或通过紧闭面罩通气，同时清除口腔和气道内的分泌物，备好吸引器，防止患者呕吐误吸。对头面或颈部损伤开放气道困难者可行气管切开。对存在活动性出血的患者在采取加压包扎等简单的止血措施的同时，应积极准备手术。尤其对体腔内大出血的患者应尽早安排手术治疗，否则术前即使积极输血、输液，有时也难以纠正休克状态，反而会增加失血量。围术期容易出现低氧血症，应鼓励患者吸氧，增加吸入氧分数有助于减少氧债，改善组织氧合。建立通畅的外周静脉通路，用于输血、输液和输注抢救用药。

提供能让患者感觉舒适的体位，抬高下肢10～15 cm有利于静脉血液回流心脏，但不要取头低足高位，以避免腹腔内脏器压迫膈肌而影响呼吸。对四肢和脊柱骨折的患者应注意制动，以减轻疼痛并防止意外伤害。对休克患者还应注意保暖，避免体温下降。围术期由于伤口暴露、组织低灌注、大量输血和输液及麻醉对体温调节中枢的抑制作用，患者的体温一般呈下降趋势。低温会降低乳酸和枸橼酸代谢，加重酸碱平衡紊乱、凝血功能障碍，也会影响心脏功能，同时使氧离曲线左移，影响麻醉药物代谢。也有些患者由于炎症反应和抗胆碱药物的作用术中体温可以升高，对此应予以物理降温。无论寒战还是发热，皆可增加耗氧量，对患者不利。

（三）休克的液体复苏

休克发病的中心环节是有效循环血量减少，治疗休克的第一个目的是尽可能快速地恢复有效循环血量。即使对心源性休克，如急性心梗，过分控制液体只会使病情复杂化。此时首先应输液，使肺动脉楔压（PAWP）增至15～18 mmHg，改善低血容量状态，然后集中精力处理心泵功能不全。

低血容量性休克（尤其是失血性休克）早期，组织间液进入血管代偿有效循环血量不足，因此，患者同时存在功能性细胞外液丢失的情况。液体补充可先由晶体液开始，大量输入生理盐水可引起高氯性酸中毒，输入含糖液体可加重脑损害。一般首选乳酸钠林格氏液。液体的输注量取决于患者的体重和缺失量，开始先快速输注20 mL/kg。反应良好应表现为心率减慢、血压升高、尿量增加、氧输送增加等。等渗晶体液快速输入后大部分转移至组织间隙，每输入1000 mL晶体液约增加血浆容量200 mL。补液初期可改善休克患者细胞外液体缺乏的情况，但过分增加细胞外液对患者不利。

实验资料表明，输注4倍失血量的乳酸钠林格氏液可暂时维持失血性休克动物的动脉血压，同时表现为中心静脉压（CVP）升高而微循环灌注严重不足，组织氧分压下降超过50%。而且过量输注晶体液有可能在血容量不足尚未完全纠正时即出现周围组织水肿。高渗盐水（7.5%）通过吸引组织间液进入血管可迅速扩容，可在失血性休克紧急复苏时选择性应用，尤其适用于不能耐受组织水肿的患者，如闭合性脑损伤的患者。但高渗盐水扩容和改善循环作用持续时间较短，不能反复应用，用药后会产生一过性的高钠血症。近年来，联合应用高渗盐水和胶体液于失血性休克液体复苏收到了良好的效果，其具有液体用量少、血流动力学改善快而持久（2 h以上），组织氧供和氧耗显著提高、氧供需平衡改善等优点，同时对机体的凝血功能也有一定的影响。

适时补充胶体液(如羟乙基淀粉、动物明胶等)可弥补单纯晶体液的不足之处，具有扩容迅速、输液量小、作用持续时间长等优点。其缺点是有可能影响凝血功能。休克晚期毛细血管的通透性增加，输入的白蛋白类胶体可渗漏至组织间隙，增加组织间隙的胶体渗透压，加重组织水肿。有资料表明，将6%羟乙基淀粉用于创伤性休克患者能降低毛细血管对白蛋白的通透性，增加血容量的同时减轻组织水肿，作用原理与其分子量的大小有关。

失血和输注大量液体势必会降低患者的红细胞压积，而红细胞压积过低会影响血液的携氧能力。对失血性休克患者说来，及时输血、尽快恢复血容量和红细胞压积是最根本的治疗措施。对红细胞压积低于20%的患者必须输血或输浓缩红细胞。理想的复苏效果是使患者的红细胞压积不低于30%。

输血、输液后患者的循环得到改善，同时伴随着重要器官灌注的改善和内环境紊乱的纠正，这表明治疗有效。但严重休克患者除有效循环血量不足外常常还有其他问题合并存在。输血、输液使PAWP增加至18～20 mmHg时患者循环功能的改善仍不明显，或心脏指数不再随输液增加(starling曲线达到平台期)而平均动脉压(MAP)低于70 mmHg，应及时开始其他的综合治疗措施。

(四)改善组织灌注

组织灌注不足是休克发生、发展及导致患者死亡的重要因素，因此，尽快改善组织灌注是治疗休克的主要目的之一。保证重要脏器组织灌注的基础是提供满意的心脏排血量和足够的有效灌注压。休克患者为偿还氧债需要保持相对高的心排血量，充分进行液体复苏后心脏指数(CI)仍低于4.5 L/(min·m^2)或MAP低于70 mmHg时，应考虑使用正性肌力药。一般首选多巴胺，由小剂量[2～4 μg/(kg·min)]开始，剂量过大[>10 μg/(kg·min)]时多巴胺有兴奋α受体的作用，提高血压要以牺牲组织灌注为代价，因此，建议应用能维持最低可接受血压水平的最小剂量。当用药后血压升高而心排量低于目标水平时，可酌情应用血管扩张药，如血压和心排量均不能达标，建议联合应用多巴酚丁胺和去甲肾上腺素。若患者对儿茶酚胺不敏感，则应纠正其酸中毒和低钙血症的状况。重要器官灌注充分的标志应是血流动力学稳定、尿量满意、血乳酸浓度下降、血气检查未发现明显的酸中毒、混合静脉氧饱和度大于75%。

(五)保证组织氧合

保证组织灌注的目的之一就是向组织供氧以满足细胞水平的氧消耗。如果组织的需氧量大于氧输送量，细胞就转入无氧代谢，结果会造成乳酸酸中毒，最终导致细胞死亡。因此，对休克患者应加大氧输送量，以提供足够的氧供组织消耗。

二、昏迷的处理

昏迷是完全意识丧失的一种类型，是临床上的危重症。昏迷的发生提示患者的脑皮质功能发生了严重障碍。其主要表现为完全意识丧失，随意运动消失，对外界刺激的反应迟钝或丧失，但患者还有呼吸、心跳。

(一)昏迷的分级

昏迷是严重的意识障碍，按其程度可分为浅昏迷、中度昏迷、深昏迷3个阶段。

1. 浅昏迷　对强烈痛刺激有反应，基本生理反应存在，生命体征正常。

2. 中度昏迷　对痛刺激的反应消失，生理反应存在，生命体征正常。

3. 深昏迷　除生命体征存在外，其他均消失。

（二）昏迷的处理原则

昏迷的处理原则有以下几点。

（1）尽可能就地治疗，减少对患者不必要的搬动，防止继续出血。

（2）迅速降低颅内压，控制脑水肿，防止脑疝的发生。

（3）一般不使用降压药物，若血压达 200 mmHg 以上时，可适当给予降压药物。

（4）对合并消化道出血的病例可应用止血药。

（5）对蛛网膜下腔出血的患者除进行上述治疗外，要防止血凝块溶解引发再出血。

（6）采取手术治疗。

三、心肺复苏术

心肺复苏术简称 CPR，是指当呼吸中止及心脏骤停时，使用人工呼吸及胸外心脏按压来进行急救，使患者恢复呼吸、心跳的一种技术。

当人体因呼吸、心跳终止后，心脏、脑及其他器官的组织均将因缺乏氧气的供应而渐趋坏死。大部分患者将在 4～6 min 内出现不可逆的脑损害，随后经数分钟过渡到生物学死亡，因此，心脏骤停后的心肺复苏必须在现场立即进行，尤其是在骤停后的“黄金 4 分钟”内，这将为进一步抢救直至挽回患者的生命赢得最宝贵的时间。凡由窒息、中毒、电击、心脏病、高血压、溺水、异物堵塞呼吸道等导致呼吸终止、心脏骤停时，均应对其立即实施心肺复苏术。

（一）徒手心肺复苏术的操作流程

一般情况下徒手心肺复苏术的操作流程可分为以下 5 步。

1. 判断意识　迅速判定现场无危险因素影响后，随即轻拍患者的肩膀并大声呼叫（禁止摇动患者头部，防止损伤颈椎），以判断意识是否存在；以食指和中指触摸脉搏或颈动脉感觉有无搏动（对专业急救人员要求在 10 s 内完成），检查患者是否有呼吸，如果没有呼吸或者没有正常呼吸（即只有喘息），就可做出心脏骤停的诊断，并应该立即实施初步的急救和复苏措施。

2. 摆正体位　患者平卧于硬板床或地面上，头不可高于胸部，以保证脑血流量，注意保护患者颈部。如有可能应抬高下肢，以增加回心血量。头颈部应与躯干始终保持在同一轴面上，将双上肢置于身体两侧，解开患者的衣领和腰带。

3. 胸外心脏按压　抢救者根据患者平卧位置的高度采用立或跪的方式位于患者一侧，快速确定按压位置，即胸骨中下 1/3 处，以掌根部按压，手指尽量翘起，肘关节伸直，双肩在患者胸骨正上方，按压以髋关节为支点，借助上身的重量和肩、臂的力量，均匀而有节奏地垂直向脊柱方向按压，每次按压后迅速地将手松开，使胸廓完全回弹至原来的位置，按压应使胸骨下陷至少 5 cm（5～13 岁 3 cm，婴幼儿 2 cm），如此反复进行。按压与放松的时间大致相等，放松时掌根部不得离开按压部位，以防位置移动，但放松应充分，以利于血液回流。按压频率一般至少为 100 次/分。在操作过程中，救护人员之间进行接替时，可在完成一组30∶2的按压与通气的间隙中进行，不得使复苏抢救中断超过10 s。有效按压的指征是可以触及患者颈动脉的搏动。

4. 打开气道，保持呼吸道通畅　首先，清理患者的呼吸道，轻柔地将患者的头偏向一侧，用右手的食指缠绕纱布进行口腔内清理，去除黏液和阻塞物。对有义齿的患者应将义齿一并取出，以防止义齿在抢救过程中掉落而阻塞呼吸道。其次，采用仰头抬颌法开放呼吸道，抢救者一手置于患者额部，手掌向后、向下用力，使其头后仰，另一手手指放在下颌骨下方，同时用力将颏部向前、向上举起。注意勿压迫颏下软组织，以免造成呼吸道梗阻；头部后仰的程度为下颌角和耳廓下缘的连线与地面垂直。

5. 进行人工呼吸　一般可采用口对口呼吸或口对鼻呼吸的方法。具体方法如下：在给患者打开气道后，抢救者用置于前额处的拇指和食指捏紧患者的鼻孔(防止吹气时气体从鼻孔逸出)，深吸一口气后，用自己的双唇把患者的口完全包绕，缓慢向患者的呼吸道内吹入500～600 mL的气量，每次吹气应持续1 s以上，然后迅速松开捏鼻孔的手，让患者的胸廓及肺依靠其弹性自主回缩呼气，同时做深吸气，以上步骤再重复1次，每次应确保呼吸时有胸廓起伏。如患者有口部外伤或张口困难，妨碍进行口对口人工呼吸，则可进行口对鼻通气。其做法是深吸一口气后，将嘴封住患者的鼻子，抬高患者的下巴并封住口唇，对患者的鼻子深吹一口气，吹气毕，用手将患者的嘴敞开，这样气体可以出来。人工呼吸的频率一般为10～20次/分，注意不可过度通气。

(二)徒手心肺复苏术操作过程中的注意事项

(1)施行心肺复苏术时，应将患者的衣扣及裤带解松，以免引起内脏损伤。

(2)有足够的救援者分别进行胸外按压和人工呼吸时，则两者可同时各自进行；如果没有足够的救援者，只能交替执行胸外按压和人工呼吸，此时按压和呼吸的比例应按照30∶2进行。

(3)在施救的同时大声求救，让附近的人拨打“120”或“110”。

(4)进行人工呼吸时，无论采用的是口对口的方式，还是口对鼻的方式，如果有纱布，则宜放一块叠二层厚的纱布，或放一块一层的薄手帕，将患者的口、鼻隔开。

(5)没有经过心肺复苏术培训的人员，可以提供只有胸外按压的CPR，即“用力按，快速按”，在胸部中心按压，直至患者被专业抢救者接管。

(三)心肺复苏的有效指标

复苏后恢复自主循环、呼吸和意识者，皮肤黏膜的颜色由苍白、发绀转为红润；按压后能扪及颈动脉、股动脉搏动，上肢收缩压高于60 mmHg；自主呼吸恢复；肌张力恢复；瞳孔对光反射缩小，睫毛反射出现。

(四)终止心肺复苏的指标

若经标准复苏30 min后，患者仍表现为顽固性心电静止、无自主呼吸，则确定为脑死亡。

四、止血及包扎处理

(一)止血

开放性损伤后常见出血，严重创伤往往伴随大出血，容易造成低血容量性休克而危及生命，因此，争取时间进行有效止血，对挽救患者的生命具有非常重要的意义。常用的止血方法有以下几种。

1. 压迫止血　压迫止血是指用手指、手掌或拳头直接压迫伤口或伤口近端的动脉血管流经处，使血管闭塞、血流中断而达到止血目的的方法。这是一种快速、有效、首选的止血方法，但不能持久，是一种临时的止血方法，应根据具体情况及时换为其他有效的止血方法。

2. 充气止血带止血　将充气止血带绑缚在伤口出血处近端肢体后充气，止血带的标准压为上肢 33.3～40.0 kPa(250～300 mmHg)，下肢 40.0～66.7 kPa(300～500 mmHg)。

3. 布带止血　布带属于简易止血带。当无上述止血带时，应就地取材以达到紧急止血的目的，可用宽布带或三角巾折成布带，在需止血的部位近端绕肢体一周后打一死结，然后插入木棍或笔，提起木棍旋转施压，直到出血停止，并将木棍固定。

止血的注意事项：①用压迫止血法时，应熟悉人体的解剖结构及常用的各部位止血点；②有骨折或者伤口内有异物时，不宜用敷料加压包扎，以免加重伤情。

使用止血带时应注意：①部位要准确，上肢出血扎在臂的上 1/3 处(中 1/3 处易损伤桡神经)，下肢出血扎在大腿中、下 1/3 交界处，前臂和小腿出血不宜使用；②扎止血带时，在皮肤与止血带之间应加一层衬垫(可用敷料、三角巾、衣服等)，以免损伤皮肤；③止血带应松紧适度，以远端触不到动脉搏动为度，过松达不到止血目的，过紧则易造成肢体远端缺血、坏死；④使用止血带时，应每隔 30～60 min 放松 1 次，每次放松 2～3 min，放松止血带时，要暂时在伤口处或伤口上方压迫血管止血，而后在稍高平面再次缚扎止血带。使用止血带的总时间一般不超过 5 h，缚扎止血带后，在明显处标注缚扎止血带的时间，以便后续医护人员及时进行规范化处理。

(二)包扎

包扎是现场对开放性伤口的临时处置方法，也是医院内常用的治疗性措施。伤口包扎后可以避免再次污染，也用于固定敷料和夹板的位置。包扎时所施加的压力，可以同时起到止血作用。

1. 包扎的目的　包扎的目的在于保护伤口，避免感染，固定敷料夹板，挟托受伤的肢体，减轻患者的痛苦，防止刺伤血管、神经等。另外，加压包扎还有压迫止血的作用。

2. 包扎的注意事项　包扎时要求动作轻、快、准、牢，包扎前要弄清包扎的目的，以便选择适当的包扎方法，并先对伤口做初步的处理。包扎的松紧要适度，过紧会影响血液循环，过松会移动脱落。包扎材料打结或其他方法固定的位置要避开伤口和坐卧受压的位置。为骨折制动的包扎应露出伤肢末端，以便观察肢体血液循环的情况。

3. 包扎的材料　三角巾、绷带等是常规的包扎材料。

(1)三角巾：用一块边长 1 m 的正方形棉布，沿其对角线剪开即为两条三角巾。将三角巾的顶角折向底边的中央，再根据包扎的实际需要折叠成一定宽度的条带。若将三角巾的顶角偏折到底边中央偏左或偏右侧，则成为燕尾巾，其夹角的大小可视实际包扎需要而定。

(2)绷带：我国的标准绷带长 6 m，宽度分 3 cm、4 cm、5 cm、6 cm、8 cm、10 cm 6 种规格，可供包扎实际需要选用。绷带从一头卷起为单头带，从两头卷起则为双头带。其长度可视包扎部位的需要而定。

当现场救护中没有上述常规包扎材料时，可用身边的衣服、手绢、毛巾等材料进行包扎。

4. 包扎的方法　根据伤口的位置不同，一般应选取不同的包扎方法。常见的包扎方法有以下几种。

(1)头部帽式包扎法：将三角巾的底边向内折叠约两指宽，平放在前额眉上，将顶角向后拉，盖住头顶，将两底边沿两耳上方往后下拉至枕部下方，左右交叉压住顶角并绕至前额打结固定(图7－1)。

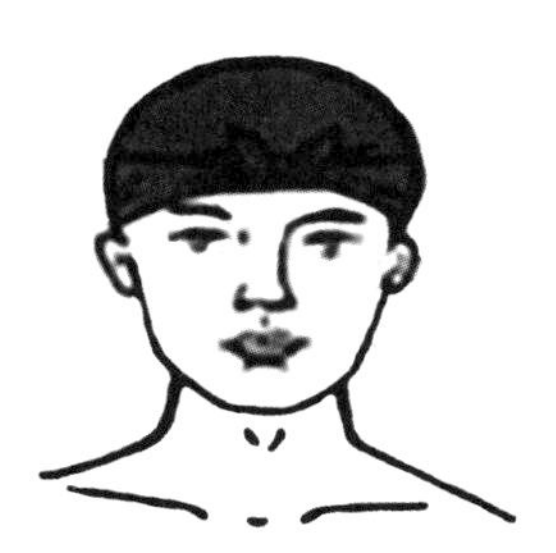

图7－1　头部帽式包扎法

(2)头、耳部风帽式包扎法：将三角巾的顶角打一个结，置于前额中央，将头部套入风帽内，向下拉紧两底角，再将底边向外反扎2～3指宽的边，左右交叉包绕兜住下颌，绕至枕后打结固定(图7－2)。

图7－2　头、耳部风帽包扎法

(3)三角巾眼部包扎法：包扎单眼时，将三角巾折叠成四指宽的带状，斜置于伤侧眼部，从伤侧耳下绕至枕后，经健侧耳上拉至前额，与另一端交叉反折绕头一周，于健侧耳上端打结固定(图7－3)；包扎双眼时，将带状三角巾的中央置于枕部，将两底角分别经耳下拉向眼部，在鼻梁处左右交叉各包一只眼，呈“8”字形经两耳上方在枕部交叉后，绕至下颌处打结固定(图7－4)。

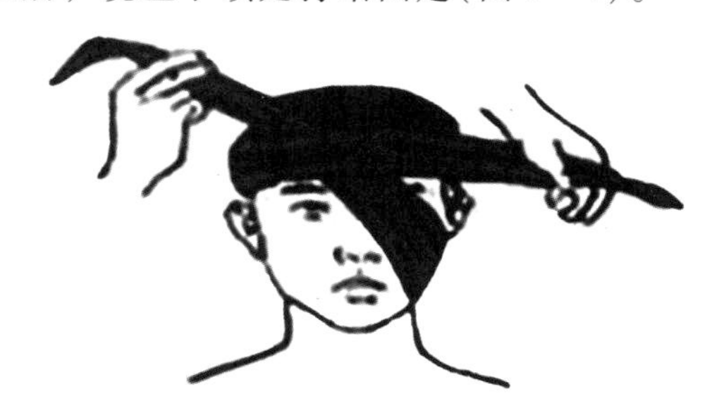

图7－3　三角巾单眼包扎法

图7－4　三角巾双眼包扎法

(4)三角巾胸部包扎法：将三角巾的顶角置于伤侧肩上，将两底边在胸前横拉至背部打结固定后，再与顶角打结固定(图7-5)。

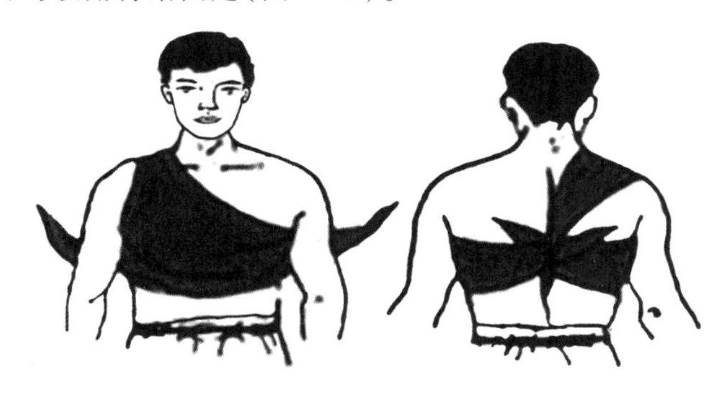

图7-5 三角巾胸部包扎法

(5)三角巾下腹部包扎法：将三角巾顶角朝下，底边横放于腹部，两底角在腰后打结固定，顶角内两腿间拉至腰后，与底角打结固定(图7-6)。

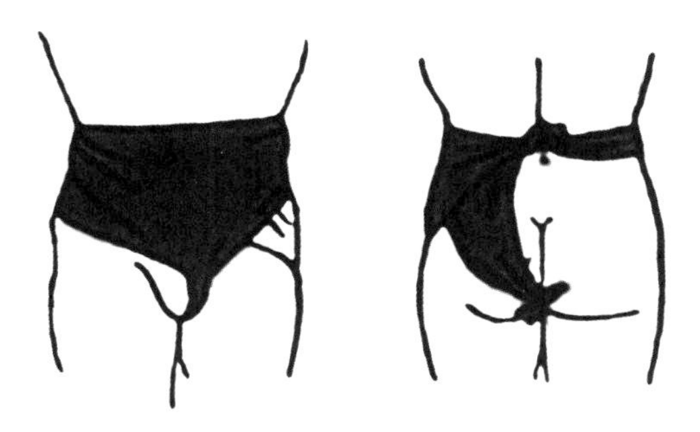

图7-6 三角巾下腹部包扎法

(6)燕尾巾肩部包扎法：行单肩包扎时，将三角巾折成约80°夹角的燕尾巾，夹角朝上，向后的一角压住向前的角，放于伤侧肩部，将燕尾底边绕上臂在腋前方打结固定，再将燕尾两角分别经胸、背部拉到对侧腋下打结固定。包扎双肩时，则将三角巾折叠成两尾角等大的双燕尾巾，夹角朝上，对准颈后正中，将左、右双燕尾由前向后分别包绕肩部到腋下，在腋后打结固定。

(7)三角巾手、足部包扎法：包扎膝、肘部时，将三角巾折叠成比伤口稍宽的带状，斜放于伤部，两端压住上下两边绕肢体一周，在肢体内侧或外侧打结固定。包扎手(足)时，将三角巾底边横放在腕(踝)部，手掌(足底)向下放在三角巾中央，将顶角反折盖住手(足)背，将两底角交叉压住顶角绕肢体一圈，反折顶角后打结固定。

(8)三角巾臀部包扎法：将三角巾的顶角朝下放在伤侧腰部，一底角包绕大腿根部与顶角打结，另一底角提起围腰与底边打结固定。

(9)绷带手腕、胸、腹部环形包扎法：包扎手腕、胸、腹部等粗细大致相等的部位时，可将绷带做环形重叠缠绕，每一环均将上一环的绷带完全覆盖，为防止绷带滑脱，可将第一圈绷带斜置，环绕第二或第三圈时，将斜出圈外的绷带角反扎到圈内角重叠环绕固定。

(10)绷带四肢螺旋包扎法：包扎四肢时，将绷带做一定间隔的向上或向下螺旋状环绕肢体，每旋绕一圈将上一圈绷带覆盖 1/3 或 2/3。此法常用于固定四肢夹板和敷料。

（11）绷带螺旋反折包扎法：包扎粗细差别较大的前臂、小腿时，为防止绷带滑脱，多用包扎较牢固的螺旋反折法，此法与螺旋包扎法的方法基本相同，只是每圈必须反扎绷带一次，反扎时用左手拇指按住反扎处，右手将绷带反折向下拉紧绕缠肢体，但绷带反扎处要注意避开伤口和骨突起处。

（武亚芳，丁伟伟）

第二篇

专项篇

第八章　实验室危险化学品安全

目前，世界上已发现的化学品超过1000余万种，常用的有700余万种。医学实验室中常存放及使用着不少种类的化学品。其中有相当部分的化学品是危险化学品，其具有反应性、燃爆性、毒性、腐蚀性、致畸性、致癌性等，对人体或环境具有一定的危害性。若缺乏对化学品安全使用的知识，在化学品的生产、储存、操作、运输、废弃物处置中防护不当，则有可能发生损害健康、威胁生命、破坏环境及导致财产损失的事故。本章将主要阐述危险化学品的种类、危险特性、对人与环境的危害及安全管理，旨在提高实验人员对危险化学品的知识掌握程度，规范实验室危险化学品的安全管理，以预防危险化学品造成的爆炸、中毒、污染等实验室安全事故的发生。

第一节　危险化学品的分类及危险特性

危险化学品是指具有毒害、腐蚀、爆炸、燃烧、助燃等性质，对人体、设施、环境具有危害的剧毒化学品和其他化学品。《危险化学品目录》由国务院安全生产监督管理部门会同国务院工业和信息化、公安、环境保护、卫生、质量监督检验检疫、交通运输、铁路、民用航空、农业主管部门，根据化学品危险特性的鉴别和分类标准确定、公布，并适时调整。现行的《危险化学品目录》为2015版。正确了解危险化学品的特性，懂得危险化学品的储存、运输、使用和废弃处理等知识，对人员与环境安全具有重要意义。

我国现行的危险化学品的分类依据是《化学品分类和危险性公示通则》(GB 13690—2009)和《危险货物分类和品名编号》(GB 6944—2012)，其中主要按照理化危险性、健康危险性和环境危险性对危险化学品进行分类。

一、按照理化危险性分类

危险化学品按照理化危险性可分为爆炸物、危险气体、易燃液体、易燃固体、自燃物质、遇湿易燃物质、自热物质和自反应物质、氧化性物质和有机过氧化物。

(一)爆炸物

爆炸物是指能通过化学反应在内部产生一定速度、一定温度与压力的气体，且对周围环境具有破坏作用的固体或液体物质(或其混合物)。

1. 分类　依据《化学品分类和标签规范　第2部分：爆炸物》(GB 30000.2—2013)可将爆炸物按照爆炸危险性的大小分为以下六类。

(1)具有整体爆炸(整体爆炸实际上是瞬间引燃几乎所有内装物的爆炸)危险的物质、混合物和物品，如三硝基甲苯(TNT)、硝酸铵、三硝基苯酚(苦味酸)、硝化甘油等。

(2)具有抛射危险，但无整体爆炸危险的物质、混合物及制品，如枪弹、无引信炮弹、照明弹、火箭发动机等。

(3)具有燃烧危险和较小爆炸或较小抛射危险两者之一或者两者兼有，但无同时爆炸危险的物质、混合物及制品，如苦氨酸、乙醇含量 >25% 或增塑剂含量 >18% 的硝化纤维素等。

(4)无显著危险的物质、混合物及制品。

(5)具有整体爆炸危险但极不敏感的物质、混合物及制品。此类物质比较稳定，在着火实验中不会爆炸。

(6)不具有整体爆炸危险的极不敏感的物质或物品。此类物质仅含有极不敏感的起爆物质，因此意外起爆或传爆的可能性极小。

2. 危险特性　爆炸物的危险特性有以下几点。

(1)爆炸性强。爆炸品化学性质不稳定，在一定外界条件下能以极快的速度发生猛烈的化学反应，产生大量的气体和热量，使周围环境的温度迅速升高，并产生巨大的压力而引起爆炸。

(2)破坏性大。爆炸品爆炸后产生危险性极强的冲击波、碎片冲击、振荡作用等。大型爆炸往往具有毁灭性的破坏力，可在相当大的范围内造成人员伤亡、物质损坏、建筑倒塌等重大损失。

(3)敏感性高。爆炸品对撞击、振动、摩擦、冲击波、热、火花、光和电等极为敏感，极易发生爆炸。一般爆炸品起爆能量越小，其敏感度越高，危险性就越大。

(4)火灾危险性。绝大多数爆炸品爆炸时瞬间可形成高温，引燃旁边的可燃物品造成火灾。火灾伴随着爆炸，极易蔓延，增加了事故的危害性。

(5)毒害性。很多爆炸品本身具有毒性，或爆炸后可产生多种有毒及窒息性气体，如二氧化硫、一氧化碳、二氧化碳、一氧化氮、二氧化氮等，这些气体可通过呼吸道、食管、皮肤进入人体，引起中毒，严重时可危及生命。实验室中常见的混合易爆炸的化学品详见表 8－1。

表 8－1　实验室中常见的混合易爆炸的化学品

物质名称	不能与之混合的物质名称
锂、钠、钾	水
醋酸	铬酸、硝酸、羟基化合物，乙二醇类、过氯酸、过氧化物及高锰酸钾
醋酸酐	铬酸、硝酸、羟基化合物，乙二醇类、过氯酸、过氧化物、高锰酸钾、硫酸、盐酸、碱类
乙醛、甲醛	酸类、碱类、胺类、氧化剂
丙酮	浓硝酸及硫酸混合物、氟、氯、溴
乙炔	氟、氯、溴、铜、银、汞
液氨(无水)	汞、氯、次氯酸钙(漂白粉)、碘、氟化氢
硝酸铵	酸、金属粉末、易燃液体、氯酸盐、硝酸盐、硫黄、有机物粉末、可燃物质

续表

物质名称	不能与之混合的物质名称
溴	氨、乙炔、丁二烯、丁烷及其他石油类、碳化钠、松节油、苯、金属粉末
苯胺	硝酸、过氧化氢、氯
氧化钙(石灰)	水
活性炭	次氯酸钙(漂白粉)、硝酸
铜	乙炔、过氧化氢
过氧化物	镁、铝、锌

(二)危险气体

属于危险化学品的气体应符合下列两种情况之一：①在 50 ℃时，其蒸气压力大于 300 kPa 的物质；②20 ℃时，在 101.3 kPa 标准压力下完全是气体的物质。

1. 分类 《危险货物分类和品名编号》(GB 6944—2012)中按运输危险性将气体分为易燃气体、非易燃无毒气体和有毒气体三类。

(1)易燃气体：指在 20 ℃和 101.3 kPa 标准压力下，与空气混合有一定易燃范围的气体。易燃气体在常温下遇明火、撞击、电气、静电火花以及高温即会发生着火或爆炸。实验室常见的易燃气体包括氢气、甲烷、乙烷、丙烯、乙炔、环丙烷、丁二烯、一氧化碳、甲醚、环氧乙烷、乙醛、丙烯醛、氨、乙胺、氰化氢、丙烯腈、硫化氢、二硫化碳等。常见的气体及蒸气的爆炸极限见表 8－2。

表 8－2 常见的气体及蒸气的爆炸极限

气体名称	化学分子式	在空气中的爆炸极限/%	
		下限	上限
甲烷	CH_4	5.0	15.0
乙烷	C_2H_6	3.0	15.5
丙烷	C_3H_8	2.1	9.5
丁烷	C_4H_{10}	1.9	8.5
乙烯	C_2H_4	2.7	36
乙炔	C_2H_2	2.5	100
苯	C_6H_6	1.3	7.1
甲苯	$C_6H_5CH_3$	1.2	7.1
苯乙烯	$C_6H_5CHCH_2$	1.1	6.1
环氧乙烷	C_2H_4O	3.6	100
乙醚	$CH_3CH_2OCH_2CH_3$	1.9	36
甲醇	CH_3OH	6.7	36
乙醇	CH_3CH_2OH	3.3	19
丙酮	CH_3COCH_3	2.6	12.8

续表

气体名称	化学分子式	在空气中的爆炸极限/%	
		下限	上限
氢气	H_2	4.0	75
一氧化碳	CO	12.5	74
硫化氢	H_2S	4.3	45.5
氨气	NH_3	15	30.2

注：摘自《石油化工可燃气体和有毒气体检测报警设计标准》(GB/T 50493—2019)。

(2)非易燃无毒气体：指在20 ℃和压力不低于280 kPa的条件下，或以冷冻液体状态运输的不燃、无毒气体。此类气体泄漏时，遇明火不会燃烧，没有腐蚀性，吸入人体内也无毒、无刺激作用。但此类气体(包括窒息性气体和氧化性气体)仍有一定的危害性。窒息性气体是指可稀释或取代空气中氧气的气体，在高浓度时对人有窒息作用，如氮气、二氧化碳及惰性气体等。氧化性气体指通过提供氧气、比空气更能促进其他材料燃烧的气体，如纯氧、压缩空气等。

(3)有毒气体：指常温常压下呈气态或极易挥发的具有毒性或腐蚀性的气体，可对人类健康造成一定的危害，如氯气、溴甲烷、氟化氢、硫化氢等。

2. 危险特性　危险气体的危险特性有以下几点。

(1)膨胀性爆炸：储存于压缩容器内的压缩或液化气体受热易膨胀，当压力升高超过压力容器的耐压强度时可发生容器爆炸。储存易燃气体的钢瓶爆炸时，爆炸碎片的冲击能间接引起火灾，造成人员伤亡和财产损失。

(2)反应性爆炸：易燃气体和氧化性气体化学性质活泼，在普通状态下可与很多物质发生反应或爆炸燃烧，例如，乙炔、乙烯与氯气混合遇日光可发生爆炸，液态氧与有机物接触可发生爆炸。

(3)易燃易爆性：易燃气体与空气混合后达到一定浓度可形成爆炸性混合物，遇明火会发生燃烧、爆炸。

(4)腐蚀性和毒害性：有些气体具有腐蚀性，可造成皮肤溃烂、黏膜溃烂等，如硫化氢、氯化氢等；有些气体具有毒害性，可造成呼吸系统、神经系统的损害，甚至危及生命，如氯气、氨气、二氧化硫、光气等。

警示案例

实验室甲烷混合气体爆炸

2015年，江苏省某大学化工学院发生爆炸事故。

事故原因：实验人员做甲烷混合气体燃烧实验时因操作不慎，引发甲烷混合气体爆炸。

安全警示：在操作易燃易爆气体时，应详细阅读安全操作手册，了解易燃易爆气体的特性及爆炸界限。一旦发生化学药品或气体泄漏，应按照紧急预案冷静处理。

(三)易燃液体

易燃液体是指闪点不高于93 ℃的液体，其特点为常温下易挥发，其蒸气与空气混合能形成爆炸性混合物，遇明火易燃烧，如乙醚、丙酮、苯、甲醇、乙醇、丁醇、氯苯、苯甲醚等。

闪点为在规定的试验条件下，可燃性液体或固体表面产生的蒸气在试验火焰作用下发生闪燃的最低温度。实验室中许多有机溶剂具有强挥发性，挥发出的蒸气遇到火源易引发燃烧。溶剂的易燃性取决于它的闪点，低沸点的石油醚和乙醚是十分易燃的化学试剂。实验室常见易燃试剂的闪点见表8-3。

表8-3 实验室常见易燃试剂的闪点

名称	闪点/℃	名称	闪点/℃
戊烷、石油醚	-49	乙酸甲酯	-9
乙醚	-45	乙酸乙酯	-4.4
环己烷	-20	苯	-11
庚烷	-4	氯苯	29
二硫化碳	-30	甲苯	4
苯胺	70	二戊烯	46
丙酮	-18	乙腈	6
2-丁酮	-7	甲醇	10
2-戊酮	7	乙醇	13
四氢呋喃	-17.2	正丁醇	29

1. 分类　依据《化学品分类、警示标签和警示性说明安全规范　易燃液体》(GB 20581—2006)，将易燃液体按其闪点分为以下四类。

(1)极易燃液体和蒸气：其闭杯闪点小于23 ℃，初沸点不大于35 ℃，如乙醚、二硫化碳等。

(2)高度易燃液体和蒸气：其闭杯闪点小于23 ℃，初沸点大于35 ℃，如甲醇、乙醇等。

(3)易燃液体和蒸气：其闭杯闪点不小于23 ℃，闪点不大于60 ℃，如航空燃油等。

(4)可燃液体：其闭杯闪点大于60 ℃，闪点不大于93 ℃，如柴油等。

2. 危险特性　易燃液体的危险特性有以下几点。

(1)易挥发性：易燃液体大部分属于低沸点、低闪点、易挥发的物质。随着温度的升高，易燃液体挥发加快，当其蒸气与空气混合达到一定浓度时，遇火源极易发生燃烧、爆炸。

(2)受热膨胀性：易燃液体受热后体积膨胀，部分液体挥发成蒸气。在密闭容器中储存时，压力超过容器的承受压力会使容器出现变形或破裂现象，甚至引起爆炸。

(3)静电性：大部分易燃液体为有机化合物，是电的不良导体，但在管道、储槽车、油船内输送、灌装、摇晃、搅拌和高速流动的过程中，由于摩擦产生静电，当所带的静电荷聚积到一定程度时，可产生电火花，有燃烧和爆炸的危险。

(4)流动性：易燃液体大部分黏度较小，极易流动，发生燃烧时有蔓延和扩大火灾的危险。

(5)毒害性：大多数易燃液体或蒸气对人体存在毒害性。

(四)易燃固体

易燃固体是指燃点低，对热、撞击、摩擦、高能辐射等敏感，易被外部火源点燃，燃烧迅速，并能散发出有毒烟雾或有毒气体的固体，不包括已列入爆炸品的物质。

1. 分类　常见的易燃固体有：含磷化合物，如三硫化四磷、五硫化二磷等；硝基化合物，如二硝基苯，二硝基萘等；亚硝基化合物，如亚硝基苯酚等；易燃金属粉末，如镁粉、铝粉等；萘及其类似物，如萘、甲基萘、樟脑等；其他，如氨基化钠、重氮氨基苯等。

2. 危险特性　易燃固体的危险特性有以下几点。

(1)易燃性：易燃固体的着火点较低，遇到能量很小的火源就能引起燃烧，对热源、撞击比较敏感，受到摩擦、撞击等外力就能引起燃烧，发生火灾的危险性极大。

(2)易爆性：易燃固体多数具有较强的还原性，易与氧化剂发生反应。在与强氧化剂接触时，能够立即着火或爆炸。易燃固体粉末与空气混合后易发生粉尘爆炸，如硫粉、易燃金属粉末等。

(3)易分解、升华：易燃固体容易被氧化，受热易分解或升华，遇火源、热源可引起剧烈燃烧。

(4)毒害性：多数易燃固体本身具有毒性，或燃烧后可生成有毒物质。

(五)自燃物质

自燃物质指燃点低、在空气中易发生氧化反应并释放出热量自行燃烧的物质。

1. 分类　常见的自燃物质有黄磷、还原铁、还原镍及金属有机化合物(如二甲基锌、三乙基铝、三丁基硼等)。

2. 危险特性　自燃物质的危险特性有以下几点。

(1)自燃性：自燃物质的自燃点较低，与空气中的氧或氧化剂接触后会立即发生剧烈的氧化反应并释放出大量热量，达到自燃点而自燃甚至爆炸。有些自燃物质在缺氧条件下也可发生化学反应，放出热量自燃，如黄磷、锌粉等。高温、助燃剂等外在因素可促进自燃的发生。

(2)强还原性：自燃物质一般都比较活泼，具有极强的还原性，易与氧或氧化剂发生氧化反应，释放热量。

(3)毒害性：多数自燃物质本身及其燃烧产物不仅对机体有毒(或剧毒)，还可能有刺激、腐蚀等作用，如黄磷、亚硝基化合物、金属烷基化合物等。

(4)遇湿易燃性：有些自燃物质在空气中能氧化自燃，遇水或受潮后也可分解而自燃、爆炸。

(六)遇湿易燃物质

遇湿易燃物质指遇水或受潮后发生剧烈化学反应，易变成自燃物质或释放出大量易燃气体和热量的物质。有些甚至不需要明火也能燃烧或爆炸。

1. 分类　常见的遇湿易燃物质有活泼金属锂、钠、钾等及其氢化物、碳化物，磷化钙、磷化锌，碳化钙、碳化铝等，这些物质存在自燃倾向，易引起燃烧或爆炸，危险性很大。还有一些物质较上述物质危险性小，有时引起燃烧或爆炸，如氢化钙、锌粉等。

2. 危险特性　遇湿易燃物质的危险特性有以下几点。

(1)遇水易燃易爆性：遇水后发生剧烈反应，产生大量的可燃气体和热量。当可燃气体遇明火或反应放出的热量达到引燃温度时，就会发生燃烧、爆炸。遇湿易燃物质也可在潮湿的空气中自燃，放出易燃气体和热量，如金属钠、碳化钙等。

(2)与氧化剂、酸发生剧烈反应：大多数遇湿易燃物质有很强的还原性，遇到氧化剂或酸时反应更为剧烈。

(3)自燃性：多数遇湿易燃物质在空气中能自燃，且有毒。

(4)毒害性和腐蚀性：多数遇湿易燃物质本身具有毒性，有些遇湿反应后还可放出有毒或腐蚀性的气体。

(七)自热物质和自反应物质

自热物质是指与空气接触不需要外部热源便自行发热而燃烧的物质。自反应物质是指即使没有氧气(空气)也容易发生激烈放热分解的不稳定的液态或固态物质。

自热物质和自反应物质的危险特性有以下几点。

(1)自燃危险性：自热物质暴露在空气中，不需要能量供应就能够发生自燃，引发火灾事故。

(2)无氧易爆性：自反应物质在没有空气、氧气供给的情况下也可发生放热分解反应，部分自反应物质具有爆炸物性质，易引发爆炸事故。

(八)氧化性物质和有机过氧化物

氧化性物质是指本身不一定可燃，但通常能分解释放出氧气或发生氧化反应，进而促使其他物质燃烧的物质。

1. 分类　凡品名中有“高”“重”“过”这几个字，如高氯酸盐、高锰酸盐、重铬酸盐、过氧化物等，都属于氧化性物质。此外，碱金属和碱土金属的氯酸盐、硝酸盐、亚硝酸盐、高氧化态金属氧化物及含有过氧基(—O—O—)的无机化合物也属于此类物质，如硝酸钾、高氯酸钾、高锰酸钾、过氧化钠等。

有机过氧化物是指分子组成中含有过氧键(—O—O—)结构的液态或固态有机物质，是热不稳定物质，容易发生放热的自加速分解。其本身易燃、易爆、极易分解，对热、振动和摩擦极为敏感，具有较强的氧化性，遇酸、碱、还原剂可发生剧烈的氧化还原反应，遇易燃品则有引起燃烧、爆炸的危险。过氧键对重金属、光、热和胺类敏感，能发生爆炸性的自催化反应。常见的有机过氧化物有过氧化二苯甲酰、过氧化苯甲酰、过苯甲酸、过氧化环己酮等。

2. 危险特性　氧化性物质和有机过氧化物的危险特性有以下几点。

(1)强氧化性：氧化性物质和有机过氧化物最突出的特性是具有较强的获得电子的能力，即强的氧化性、反应性。无论是无机过氧化物，还是有机过氧化物，结构中的过氧基易分解释放出原子氧，因而具有强的氧化性。氧化性物质和有机过氧化物在遇到还原剂、有机物时，会发生剧烈的氧化还原反应，引起燃烧、爆炸，释放出反应热。

(2)易分解性：氧化性物质和有机过氧化物均易发生分解放热反应，引起可燃物的燃烧、爆炸。有机过氧化物分子组成中的过氧键不稳定，易分解放出原子氧，而且有机过氧化物本身就是可燃物，易着火燃烧，加上其受热分解的生成物均为气体，更易引起爆炸。

(3)遇酸作用剧烈：大多数氧化性物质，特别是碱性氧化剂，遇酸反应剧烈，甚至发生爆炸，如过氧化钠(钾)、氨酸钾、高锰酸钾等遇硫酸会立即发生爆炸。

(4)遇水发生分解：活泼金属的过氧化物遇水分解释放出氧气和热量，有助燃性，能使可燃物燃烧，如过氧化钠。

(5)敏感性：多数氧化性物质和有机过氧化物对热、摩擦、撞击、振动等极为敏感，受到外界刺激后极易发生分解、爆炸。

(6)腐蚀毒害性：一些氧化性物质和有机过氧化物具有不同程度的毒性、刺激性和腐蚀性，如重铬酸盐既有毒性又会灼伤皮肤，活泼金属的过氧化物则具有较强的腐蚀性。多数有机过氧化物容易对眼角膜和皮肤造成伤害。如过氧化环己酮只要与眼睛短暂接触，就会对角膜造成严重损伤。

二、按照健康危险性分类

危险化学品按照健康危险性的不同可分为毒性物质、易制毒化学品、放射性物质、腐蚀性物质等。

(一)毒性物质

毒性物质是指经吞食、吸入或皮肤接触后可能造成死亡、严重受伤或健康损害的物质。

1. 分类　毒性物质包括剧毒化学品、毒性药品等，如氰化钾、氯化汞、氢氟酸等。

毒性物质的毒性分为急性口服毒性、皮肤接触毒性和吸入毒性，其毒性水平用实验动物的半数致死量(LD_{50})或半数致死浓度(LC_{50})来衡量，数值越小，表示毒性越强。毒性物质不同接触途径的毒性认定标准可参见表8-4。

表8-4　毒性物质不同接触途径的毒性认定标准

接触途径	毒性认定标准
经口 LD_{50}(mg/kg)(固体)	≤200
经口 LD_{50}(mg/kg)(液体)	≤500
经皮 LD_{50}(mg/kg)	≤1000
吸入 LC_{50}(mg/L)	≤10

2. 危险特性　毒性物质的危险特性有以下几点。

(1)毒性：无论是通过口服食入，还是皮肤吸入，毒性物质侵入机体后均会对机体的功能与健康造成损害，甚至导致死亡。毒性物质的溶解性越好，其危害越大。很多毒性物质的水溶性较强，易被人体吸收，危害极大；有些毒性物质脂溶性强，能通过溶解于皮肤表面的脂肪层侵入毛孔或渗入皮肤，引起中毒，如易溶于水的氯化钡是剧毒物质，而难溶于水的硫酸钡则无毒。

(2)辨识度不高：有相当部分的毒性物质没有特殊气味和颜色，容易与面粉、盐、糖、水、空气等混淆，不易识别和防范。如氰化银，为白色粉末，无臭无味，容易与面粉混淆；铊盐溶液为无色透明状液体，容易与水混淆。

(3)挥发性强：多数毒性物质沸点较低，挥发性强，在空气中易形成有毒蒸气，增加中毒的概率。

(4)遇水、遇酸反应：大多数毒害品遇水或遇酸会释放出有毒的气体。

(5)易燃易爆性：毒性物质遇火源和氧化剂容易发生燃烧、爆炸。含硝基和亚硝基的芳香族有机化合物遇高热、撞击等都可能引起爆炸，并分解出有毒气体。

(二)易制毒化学品

易制毒化学品是指国家规定管制的可用于制造麻醉药品和精神药品的原料和配剂，既广泛地应用于工农业生产和群众日常生活，又可流入非法渠道用于制造毒品。我国自2005年11月1日起施行《易制毒化学品管理条例》(国务院令第445号)，并颁布了《易制毒化学品名录》，其后，分别于2014年、2016年和2018年进行了3次修订。2008年6月开始施行的《中华人民共和国禁毒法》第二十一条规定：国家对易制毒化学品的生产、经营、购买、运输实行许可制度。《中华人民共和国刑法》第三百五十条规定：违反国家规定，非法生产、买卖、运输醋酸酐、乙醚、三氯甲烷或者其他用于制造毒品的原料、配剂，或者携带上述物品进出境，情节较重的，处三年以下有期徒刑、拘役或者管制，并处罚金；情节严重的，处三年以上七年以下有期徒刑，并处罚金；情节特别严重的，处七年以上有期徒刑，并处罚金或者没收财产。表8－5列出了易制毒化学品的分类和品种目录。

表8－5 易制毒化学品的分类和品种目录

序号	第一类	序号	第二类	序号	第三类
1.	1－苯基－2－丙酮	1.	苯乙酸	1.	甲苯
2.	3，4－亚甲基二氧苯基－2－丙酮	2.	醋酸酐	2.	丙酮
3.	胡椒醛	3.	三氯甲烷	3.	甲基乙基酮
4.	黄樟素	4.	乙醚	4.	高锰酸钾
5.	樟油	5.	哌啶	5.	硫酸
6.	异黄樟素	—	—	6.	盐酸
7.	N－乙酰邻氨基苯酸	—	—	—	—
8.	邻氨基苯甲酸	—	—	—	—
9.	麦角酸*	—	—	—	—
10.	麦角胺*	—	—	—	—
11.	麦角新碱*	—	—	—	—

续表

序号	第一类	序号	第二类	序号	第三类
12.	麻黄素、伪麻黄素、消旋麻黄素、去甲麻黄素、甲基麻黄素、麻黄浸膏、麻黄浸膏粉等麻黄素类物质*	—	—	—	—
13.	邻氯苯基环戊酮	—	—	—	—

注：①第一类、第二类所列物质可能存在的盐类也纳入管制；②带有“*”标记的品种为第一类中的药品类易制毒化学品，第一类中的药品类易制毒化学品包括原料药及其单方制剂。

（三）放射性物质

放射性物质是指那些能自然地向外辐射能量，发出射线（如α射线、β射线、γ射线等）的物质。放射性物质多是原子质量很高的金属，如钋、钫、镭、铀等。放射性物质易通过核反应的冲击作用形成放射性气溶胶，污染环境或空气，甚至能通过皮肤进入人体，在体内蓄积，其辐射效应易引起肿瘤等对生命造成严重威胁的后果。射线对人体的危害非常大，因此，实验室中对此类化学品需按照规定严格进行管控。

1. 分类　放射性物质按来源可分为天然放射性物质和人工放射性物质。自然界中天然存在的放射性物质称为天然放射性物质；人工制造的放射性物质称为人工放射性物质。基于放射性物质的运输安全，可将放射性物质分为五类：低比活度放射性物质、表面污染物体、可裂变物质、特殊形式的放射性物质、其他形式的放射性物质。

2. 危险特性　放射性物质的危险特性有以下几点。

（1）放射性：能自发、不断地放出射线。放射性物质放出的射线分为四类：α射线、β射线、γ射线、中子流。当人体进入放射性物质射线辐射环境时，β射线、γ射线和中子流对人体的危害很大。若放射性物质进入人体，上述射线会对人体造成不可预估的危害，其中α射线的危害最大，因此，要严防放射性物质进入人体内。

（2）毒性：很多放射性物质有较强的毒性，如^{210}钋、^{228}镭等，都是有剧毒的放射性物品。

（四）腐蚀性物质

腐蚀性物质是指能灼伤人体组织并对金属等物品造成损坏的物质。

1. 分类　腐蚀性物质按照化学性质的不同可分为酸性腐蚀品、碱性腐蚀品和其他腐蚀品三类。实验室中常见的腐蚀性物质有硫酸、氢氧化钠、氯磺酸、氢氟酸等。

2. 危险特性　腐蚀性物质的危险特性有以下几点。

（1）强腐蚀性：腐蚀性物质的化学性质比较活泼，能与很多金属、有机化合物、动植物机体等发生化学反应，可灼伤人体组织，对人体组织产生不可逆的伤害。此外，其对金属、动植物机体、纤维制品等具有强烈的腐蚀作用。

（2）强氧化性：腐蚀性物质（如浓硫酸、硝酸、氯磺酸、漂白粉等）氧化性很强，与还原剂接触易发生强烈的氧化还原反应，放出热量，容易引起火灾事故。

（3）毒害性：多数腐蚀性物质具有不同程度的毒性，如氢氟酸的蒸气会对身体造成伤害。

(4)易燃性：许多有机腐蚀性物质(如冰醋酸、甲酸、苯甲酰氯等)具有易燃性，接触火源时会引起燃烧。

三、按照环境危险性分类

随着化学工业的发展，各种化学品的用量大幅度增加，产生了大量的化学废物，致使环境状况日益恶化。环境危险性物质包括水生毒性物质和破坏臭氧层物质两类。

(一)水生毒性物质

1. 分类　水生毒性物质是指能对水生生物造成危害的物质，如马钱子碱、高锰酸钾、正己烷、苯酚溶液等。对水体有污染的毒物可分为无机有毒物和有机有毒物两大类。无机有毒物包括各类重金属及其氧化物、氯化物等。有机有毒物主要包括苯酚、多环芳烃等有机化合物。上述有毒物质可在水生生物体内蓄积，导致其受损害、死亡，破坏生态环境。

2. 危险特性　水生毒性物质造成的环境污染会给生态系统造成直接的破坏和影响，也会给人类社会造成间接的危害，有时这种间接的环境危害比当时造成的直接危害更大，也更难消除。

(二)破坏臭氧层物质

1. 分类　破坏臭氧层物质是指《关于消耗臭氧层物质的蒙特利尔协议书》附件中列出的受管制的物质，如氟氯化碳、四氯化碳、三氯乙烷等。

2. 危险特性　臭氧可以减少太阳紫外线对地表的辐射，臭氧层被破坏后可使太阳紫外线大量渗入，会导致皮肤病或白内障的发病率增加，甚至出现皮肤癌等疾病。

第二节　危险化学品对人体的危害

实验室中大多数化学药品都有不同程度的毒性，无论是提取分离中使用到的乙醇、丙酮等有机试剂，还是分子生物学实验中用到的苯酚、氯仿、二硫苏糖醇(DTT)、溴化乙锭(EB)、丙烯酰胺等，在储存和使用过程中潜藏着对人体的危害。危险化学品主要通过消化道、呼吸道及皮肤、黏膜 3 种途径入侵人体。了解危险化学品的入侵途径有助于做好有针对性的防护措施。

一、危险化学品进入人体的途径

(一)消化道

如未遵守实验室的规章制度，在实验室吃东西、饮水、咬指甲等，毒物会通过口腔进入食管、胃、肠，有毒物质会被口腔、胃部、肠道吸收，其中大部分会被小肠吸收。毒害性物质通过消化道入侵时，多数情况下都会导致立刻中毒，甚至会造成意外死亡。

(二)呼吸道

呼吸道是实验室危险化学品侵入人体最主要的途径。凡是以气体、蒸气、雾、粉尘等形式存在的化学品，均能通过呼吸道以较快的速度侵入人体，如氯气、二氧化硫、氢氟酸、甲醇、氨等有害物质，均可通过呼吸系统对人体造成损害。此外，实验室很多操作，如混旋、剧烈摇动、超声破碎等，会形成气溶胶，气溶胶在一个实验室产生后，会通过气流转移至同一建筑物的其他地方，污染整个建筑物内的空气。当通过口、鼻吸入空气中的毒害性气体或气溶胶时，会对鼻腔、咽喉和肺部产生刺激。患有哮喘或其他肺部疾病的人更易中毒。

（三）皮肤、黏膜

有毒物质或其蒸气与皮肤、黏膜接触时，可通过表皮屏障进入皮肤、黏膜下血管并传播到身体各部位。水、脂皆溶的芳香胺、酚类等易被皮肤吸收。当皮肤被烫伤、烧伤、割破时，有毒物质就更易入侵。

二、危险化学品对人体的危害

广义的毒性是指外源性化学物质与机体接触或进入体内的易感部位后引起机体损害的能力，其包括急性毒性、慢性毒性、腐蚀性、刺激性、致敏性、窒息性、神经毒性、生殖毒性与生长毒性、特异性靶器官系统毒性及致癌性等。

（一）急性毒性

急性毒性是指机体 1 次（或 24 h 内多次，或 4 h 前吸入）接触外来化合物之后所引起的中毒甚至死亡效应。实验室常见的高急性毒性化学物质有丙烯醛、甲基汞、氢氧酸、氟化氢等。通常，在实验室进行实验时，因为用量很少，若未严重违反使用规则，则不会由于一般性的药品而引起中毒事故。但是，对毒性大的物质，一旦用错就会发生事故，甚至会危及生命。因此，在使用化学品的过程中，必须关注其毒性危险因素，做好防护措施，遵照有关规定进行使用。

（二）慢性毒性

慢性毒性是指长期接触毒性物质或染毒对机体所致的功能或结构形态的损害。慢性毒性是衡量蓄积毒性的重要指标。其症状可能不会立即出现，经过数月甚至数年才会表现。在实验室中长期接触重金属（如铅、镉、汞及其化合物等）及一些有机溶剂（如苯、正己烷等）往往会发生慢性中毒。

（三）腐蚀性

腐蚀性指通过化学反应对机体接触部位的组织（如皮肤、肌肉、视网膜等）造成的不可逆的组织损伤，如皮肤发生不可逆的损伤后，可观察到表皮和真皮坏死。化学实验室常见的腐蚀性物质有氨、过氧化氢、溴、浓酸、强碱、酚类、氢氟酸等。在使用这些物质时，需要确保皮肤、面部和眼睛得到充分的保护。

（四）刺激性

刺激性是指通过化学反应对机体的接触部位的组织造成的可逆性的炎症反应（红肿）。接触有刺激性的化学药品需要采取防护措施，将化学药品与皮肤、眼睛接触的可能性降至最小。

（五）致敏性

致敏性是机体对材料产生的特异性免疫应答反应，表现为组织损伤和（或）生理功能紊乱。一些过敏反应非常迅速，接触几分钟机体就会发生反应，延迟性过敏则需要几小时甚至几天才发作。过敏有呼吸道过敏和皮肤过敏，通常为皮肤过敏，如出现皮肤红肿、瘙痒；严重的如过敏性休克，是一种急性的、全身性的严重过敏反应，如果救治不及时，过敏者常在 5 ~ 10 min 死亡。因为极其微量的致敏性物质就能引发过敏性体质者的过敏反应，实验人员应当对化学药品引发的过敏症状保持警觉。

（六）窒息性

窒息性是指可使机体氧的供给、摄取、运送、利用发生障碍，使全身细胞、组织得不到或不能利用氧，而导致细胞、组织缺氧，丧失功能甚至坏死。二氧化碳、惰性气体、氮气、甲烷等都是常见的窒息性物质。一氧化碳可以与血红蛋白结合，使血液失去携氧能力，造成缺氧昏迷甚至死亡。

（七）神经毒性

神经毒性指对中枢神经、周围神经系统的结构和功能有毒副作用，可分为可逆性伤害和不可逆性伤害。许多神经毒素的伤害作用在短期内没有明显症状，容易被忽视。实验室可接触到的神经毒素有汞（包括有机汞和无机汞化合物）、有机磷农药、二硫化碳、二甲苯等。

（八）生殖毒性与生长毒性

生殖毒素是一种可以引起染色体变异或损伤的物质，可对成年男性或女性的性功能和生育能力产生有害的影响，以及引起在后代中的发育毒性。它可以导致不育或婴儿的夭折或畸形。许多生殖毒素都是慢性毒素，它们只有在被多次或长时间接触时才能对人造成伤害，有些伤害只有经过了青春期之后才会慢慢显现出来。生长毒素对胎儿（特别是前 3 个月孕期的胎儿）有很大伤害。需要特别注意的是，对容易通过皮肤迅速被吸收的物质（如甲酰胺），在接触前一定要做好防护措施。

（九）特异性靶器官系统毒性

特异性靶器官系统毒性分为一次性接触和反复接触两种类型。具有这类毒性的物质包括大部分卤代烃、金属有机化合物、一氧化碳等，其对机体的器官（如肝脏、肾脏、肺等）会产生多种影响。

（十）致癌性

致癌物即能导致癌症或提高癌症发生率的物质。致癌物是慢性毒性物质，只有在多次或长时间接触后才会造成损伤。对很多新合成的、尚未经过致癌性检测的化合物，在使用时要进行适当防护。

第三节　危险化学品的安全管理

实验室危险化学品的安全管理是为了防止事故，避免危害人体健康、污染环境等。

高校实验室具有多种化学试剂共存、人员流动性大等特点，这使得危险化学品的安全管理显得尤为重要。实验室人员应充分了解国家相关法律法规，制定有效的安全管理制度，规范危险化学品的订购、储存、管理等流程，确保实验室危险化学品安全。

一、相关法律法规

《危险化学品目录》(2015 版)包括 2828 条危险化学品，其中包括 148 种剧毒品。除目录中列明的条目外，其他符合危险化学品条件的仍属于危险化学品。

《危险化学品安全管理条例》(国务院令第 591 号)自 2011 年 12 月 1 日起施行。此条例中对危险化学品(包括剧毒化学品及易制爆危险化学品)的生产、储存、使用、经营和运输等作出了明确规定。

《易制爆危险化学品名录》(2017 年版)中规定的易制爆危险化学品包括酸类、硝酸盐类、氯酸盐类、高氯酸盐类、重铬酸盐类、过氧化物和超氧化物类、易燃物还原剂类、硝基化合物类及其他化学品。

《易制毒化学品管理条例》整合了历次增补列入品种，将国务院令第 445 号版修正为 2018 版。

《药品类易制毒化学品管理办法》(卫生部令第 72 号)自 2010 年 5 月 1 日起施行。

《麻醉药品和精神药品管理条例》(国务院令第 442 号)自 2005 年 11 月 1 日起施行。其后，根据 2013 年国务院令第 645 号和 2016 年国务院令第 666 号对其进行了修改。

《医疗用毒性药品管理办法》(国务院令第 23 号)自 1988 年 12 月 27 日施行。其中规定的医疗用毒性药品包括中药品种和西药品种，如砒霜、阿托品等。

二、危险化学品的订购

(一)订购危险化学品前应注意的事项

(1)该危险化学品是否是必需的，是否有更安全、低毒的替代品。

(2)严格按国家法律法规的要求，通过正规渠道进行购买。

(3)计算并购买满足实验需求的最小剂量。

(4)提前了解该危险化学品安全技术说明书(material safety data sheet，MSDS)的内容。

(5)做好危险化学品的存储和安全防护等准备。

(二)订购危险化学品应注意的事项

(1)供货单位应提供“三证一照”，即危险化学品经营许可证、税务登记证、组织机构代码证、营业执照(若政策有变化，应按现行政策执行)，还需确认其提供的化学品符合“三证一照”规定的经营范围。

(2)许可制度，购买国家特定种类危险化学品(如剧毒化学品、易制毒化学品、易制爆化学品、放射性物品、麻醉品和精神类药品等)时，应通过学校向公安、环保和食品药品监督管理部门提出申请备案，获批准后凭证购买，同时查验供货单位的特定种类危险化学品经营许可资质。

三、危险化学品的储存

(一)危险化学品储存的基本原则

(1)实验室应有专用于存放危险化学品的储藏室和储存柜。

(2)储存场所应当阴凉、干燥、通风、隔热，满足消防要求。

(3)使用专门的储存试剂柜存放化学品。

(4)对存储区应用警示语标明以示提醒。常见的危险化学品标志图详见附录3。

(5)分类存放。禁止将易发生反应的及不相容的化学品存放在一起。

(6)所有化学品容器必须贴有标签，摆放整齐，标签上注明购买日期及使用者姓名。自配药品要标示其化学品名称、浓度、潜在危险性、配制日期及配制者姓名。

(7)将挥发性、有毒或有特殊气味的化学品存放在通风橱中。

(8)对吸水性强的化学品应严格密封。

(9)经常检查化学品的存储状况，存储危险化学品的设备应由专人管理并定期检查。

(二)易燃物质的储存

(1)易燃物质应专库(阴凉且通风的库房)储存。

(2)远离着火源。需要特别注意的是，比空气重的易燃液体的蒸气可能引来远处的明火。

(3)远离强氧化剂及氧化性酸类，如硝酸、重铬酸盐、高锰酸盐、氯酸盐、高氯酸盐、过氧化物等。

(4)若易燃液体药品的存储有冷藏要求时，不得将易燃液体放入普通冰箱中保存，必须使用防爆冰箱，同时不得存入氧化剂和高活性物质。

(5)装卸或搬运时，应轻拿轻放，严禁实施滚动、摩擦、拖拉等危及安全的操作。

(三)剧毒、易制爆、易制毒化学品的储存

(1)剧毒、易制爆、易制毒化学品应分柜或专柜储存。

(2)严格按照“五双”管理制度进行管理。

(3)安装监控防盗系统。

(4)定期清查盘点，严禁外流。

(5)针对剧毒化学品，需配备中毒急救、中和、清洗和消毒等应急用药。

(四)压缩气体及液化气体钢瓶的储存

(1)库房内的照明应采用防爆照明灯

(2)对内容物互为禁忌物的钢瓶应分库储存，如氢气钢瓶与液氯钢瓶、氢气钢瓶与氧气钢瓶、液氯钢瓶与液氨钢瓶等。

(3)装卸时轻装轻放，严禁碰撞钢瓶或将钢瓶横倒在地上滚动。装卸氧气钢瓶时，工作服和装卸工具不得沾有油污。

(4)应拧紧钢瓶阀，不得泄漏。

(5)对各种钢瓶必须严格按照国家规定，进行定期技术检验。

实验室氢气钢瓶爆炸

2015 年，北京某高校化学系实验室发生一起爆炸事故，事故造成一名正在做实验的学生当场死亡。

事故原因：实验室储存的危险化学品叔丁基锂燃烧发生火灾，导致存放在实验室的氢气钢瓶在火灾中发生爆炸；实验室存在违规存放危险化学品，违规使用易燃、易爆压力钢瓶的情况；未落实《危险化学品安全管理规定》《实验室气瓶安全管理规定》等实验室安全管理制度，实验室安全管理不到位，师生安全意识淡薄。

安全警示：高校实验室应严格落实实验室安全管理制度，强化师生的安全意识，牢固树立“安全第一，以人为本，关爱生命”的安全理念。

四、危险化学品的管理

（一）化学品跟踪系统

化学品跟踪系统是记录实验室中每一种化学药品从购买、储存、使用，直至废弃处理情况的信息库，通过该系统可以科学地管理实验室中的化学品。许多实验室常常通过计算机建立起电子数据库，以方便检索、跟踪药品的情况。一般化学药品跟踪系统由下面的内容构成：印在容器上的化学品名称；该化学品的其他名称，特别是在MSDS中的名称；该化学品的分子式；CAS 索引号；购入日期；供货商；药品容器的性状；危险特性（包括危险性、防护方法、应急预案等）；需要的存储条件；存储的具体位置（包括房间号、药品柜号、货架号等）；药品有效期；药品数量；购买者、使用者及使用日期。实验室应根据使用情况及时更新信息。

（二）“五双”管理制度

剧毒、易制毒和爆炸品是国家管制类化学品，这类化学品的购买、储存及使用需要严格按国家法律法规的要求进行。在对此类化学品的管理应实行“五双”管理制度。使用者必须是单位的正式员工、学生，临时人员不得取用；药品使用人不得将药品私自转让、赠送、买卖。

第四节　危险化学品的安全使用

一、危险化学品危害的预防措施

了解各类危险化学品事故发生的原因，建设安全设施，建立安全制度，遵循安全操作规程，以预防为主，保障好实验室安全。

（一）建设基础安全设施

建立实验室通风系统，依据实验室的需求安置换气扇、通风橱、通风柜、万向罩等设备。

（二）强化安全责任

根据教育部《关于进一步加强高校教学实验室安全检查工作的通知》（教高厅〔2019〕1号）的文件要求，高校应将安全教育作为进入实验室的必修课，同时渗透于教学全过程。依据规定，实验室管理人员应签订安全责任书。

（三）规范实验操作

事故的发生多数是由操作不规范所致，因此需按照操作规程严格进行实验操作。

（四）配备应急装备

实验室应设有防护装备、消防装备、急救箱等，若出现意外，可第一时间进行急救处理。

（五）关注重点环节

（1）易燃化学品应远离火源。

（2）氧化、硝化、磺化、氯化、加成等反应放热量大，进行这些反应时应关注冷却设备，有效控制反应的温度。

（3）硝化反应和重氮化反应的产物，以及还原反应中常用的氢气具有易爆性，应做好防爆预防工作。

二、危险化学品的个人防护

个人防护是第一道防线，也是最后一道防线。为了保护实验人员的安全、健康，每位实验人员均应做好个人防护。实验室安全防护装备是指用于防止实验人员受到物理、化学和生物等有害因子伤害的装备。实验室常用的个人防护装备包括护目镜、口罩、面罩、防毒面具、手套、防护服等。

（一）眼睛及面部防护

眼睛及面部是实验室事故中最易被伤害的部位，对其保护尤为重要。实验室常用的眼睛及面部防护用品主要有医用眼镜、防辐射护目镜和防护面罩。

1. 医用眼镜　可以防止刺激性或腐蚀性的溶液对眼睛的伤害。

2. 防辐射护目镜　其镜片采用能反射或吸收辐射线，但能透过一定可见光的特殊玻璃制成。防辐射护目镜主要用于防御紫外线等辐射线对眼睛的危害。

3. 防护面罩　当需要整体考虑眼睛和面部同时防护的需求时可使用防护面罩。常用的防护面罩有防酸面罩、防毒面罩、防热面罩和防辐射面罩等。

需要注意的是，普通视力校正眼镜不能起到可靠的防护作用，实验过程中需在视力校正眼镜外额外佩戴护目镜。

（二）呼吸系统防护

实验人员如不慎吸入有毒、有害气体，其伤害是难以估计的。呼吸系统安全防护的重要性不言而喻。一般使用防护口罩、防毒面具来防止粉尘或有毒、有害气体对呼吸系统的伤害。常用的呼吸系统防护用品有以下几种。

1. 一次性无纺布口罩　其具有较高的阻尘效率，同时其滤料的厚度很薄，呼吸阻力小，舒适感较高。

2. 活性炭口罩　此口罩内装有活性炭素钢纤维滤片，对空气中低浓度的苯、氨、甲醛及有异味和恶臭的有机气体、酸性挥发物、刺激性气体等多种有害气体及固体颗粒物可起到吸附、阻隔的作用，具备防毒和防尘的双重效果。

3. 防毒面具　防毒面具根据配套的滤盒不同，可以对颗粒、粉尘、病毒、有机气体、酸性气体、无机气体、酮类、氨气、汞蒸气、二氧化硫等几十种气体起到防护作用。

（三）手部防护

实验过程中使用有害物质时，必须佩戴防护手套。

1. 防护手套　防护手套按用途可分为化学防护手套、高温耐热手套、防辐射手套、低温防护手套、焊接手套、绝缘手套、机械防护手套等。由于各种化学物质对相对应材质的手套具有不同的渗透能力，因此，化学防护手套又有多个品种。下面介绍几种实验室常用的化学防护手套。

（1）天然橡胶手套：其材料为天然橡胶，成本低，灵活性好，佩戴舒适，具备较好的抗撕裂、防切割的性能。橡胶手套对水溶液（如酸、碱、盐的水溶液）具有良好的防护作用，但对油脂和有机化合物的防护性较差，同时有引发蛋白质过敏的风险。

（2）一次性乳胶手套：其基本材质同天然橡胶手套，采用无粉乳胶加工而成，无毒、无害；拉力好、贴附性好、使用灵活；表面化学残留物含量低、离子含量低、颗粒物含量少，适用于严格的无尘环境，应用广泛。

（3）PE（聚乙烯）手套：是一次性薄膜手套，具有无毒、防水、防油污、防细菌、抗菌、耐酸、耐碱的特性，使用起来非常方便，但不耐磨损。

（4）氯丁橡胶手套：对油性物、酸类、碱类等具有较好的抗化性，不含可能引起过敏反应的乳胶蛋白，价格较高，可作为天然橡胶和乙烯基手套的有效替代产品。

（5）丁腈橡胶手套：防酸类、碱类、溶剂类、酯类、油脂类物质的性能非常好，对碳氢化合物衍生物的耐受性也很强。此手套防撕裂、刺穿、磨损和切割的性能要比氯丁橡胶手套好，且不含可能引起过敏反应的乳胶蛋白。丁腈橡胶手套是最有效的天然橡胶手套、乙烯基手套和氯丁橡胶手套的替代产品。

2. 注意事项　使用防护手套的注意事项有以下几点。

（1）根据接触的实验试剂或物品的类型选择合适的手套。

（2）每次使用之前要检查手套是否老化、损坏或有裂缝。

（3）一次性防护手套不得重复使用。

（4）不得佩戴防护手套离开实验室。

（5）脱下防护手套前要适当清洗手套外部。

（6）在脱下已污染的防护手套时要避免污染物外露及接触皮肤。

（7）对已被污染的防护手套要先包好再丢弃。

（8）对接触有毒物质的防护手套要在通风橱内脱下。

（9）避免防护手套交叉污染，禁止用戴着实验手套的手接触鼻子、面部、手机、开关、键盘、鼠标、门把手等。

（10）禁止将防护手套带到办公室、休息室及餐厅等非实验区。

（四）躯体防护

躯体防护装备是保护穿用者的躯干部位免受物理、化学和生物等有害因素伤害的防护装备，包括工作服和各种功能的防护服。

1. 防护服　常用的防护服包括实验服、隔离衣、连体衣及正压防护服等。实验服一般多以棉或麻为材料，制成长袖、过膝的对襟大褂形式，颜色多为白色，俗称白大褂。当进行一些对身体危害较大的实验时，需要穿着专门的防护服，如防射线的铅制防护服。

2. 注意事项　防护服的使用注意事项有以下几点。

(1)禁止在实验室穿短袖、短裤及裙装。

(2)进入实验室后需持续穿着防护服。

(3)离开实验室时应脱去实验服，禁止将已污染的实验服穿去办公室、休息室等非实验区域。

（五）其他部位防护

(1)实验过程中必须将长发束起，必要时应佩戴防护帽或头罩。

(2)实验人员不得在实验室内穿着拖鞋。根据实验的危险特点，实验人员需穿着防腐蚀、防渗透、防滑、防砸、防火花的保护鞋。

（六）个人卫生习惯和实验室环境

1. 个人卫生习惯　良好的个人卫生习惯是做好个人防护的基础，其主要包括：不在实验室内吃饭、喝水、吸烟等；实验后洗手，必要时进行淋浴；饭前要洗脸、洗手；将工作衣帽与便服隔开存放；定期清洗工作衣帽等。

2. 实验室环境　整洁、有序是保证实验安全的基本条件。如实验室地面干净整洁，物品整齐有序，通道畅行无阻。

三、危险化学品的限控管理

（一）重视实验设计环节，使用更安全的化学品和溶剂

尽可能选择无毒和危险性低的化学品和溶剂进行实验。在实验开始前的设计阶段需考虑如下问题。

(1)能否使用低毒、低危险性的原料替代毒性大、危险性大的原料。

(2)能否将产生较多毒害性废物的原料替换成产出率高、废物少的原料。

(3)避免使用产生有生殖毒性、会污染大气或有致癌性的溶剂。

（二）严防浪费

把控好实验中的各个环节，将危险化学品的用量降至最低，具体措施如下。

(1)利用有效减少实验步骤、提高产出率的最佳合成路线。

(2)计算好所需反应产物的量，并且只合成所需的量。

(3)尽可能回收或再利用原料和溶剂。

(4)与实验室中其他实验组合作，减少重复实验。

(5)在条件允许的情况下，尽可能选择最灵敏的分析方法进行检测，减少检测分析

的用量。

(6)用微型/微量实验替代常规实验。

第五节　有害化学品的污染危害与环境保护

随着化学工业的发展，各类化学品不断涌现，其在带来社会发展的同时，也产生了大量的化学废物(其中不乏有毒、有害物质)，严重影响着人类的生存环境。因此，必须重视化学品污染的严重危害，最大程度地减少有害化学品对环境的影响。

一、有害化学品的污染危害

有害化学品污染物有气体废物、液体废物及固体废物3种形式。气体废物包括试剂和样品的挥发物，泄漏或排出的有害气体等；液体废物包括大量的洗涤液、过期试剂等；固体废物包括残留、失效的化学品或合成的实验产物等。上述废物主要通过危害大气、水源、土壤等影响环境。

(一)危害大气

某些化学物质，如卤代烃，会对大气平流层造成臭氧层消耗，从而使紫外线更多地辐射到地球表面，危害人体健康(如导致皮肤癌、白内障、免疫系统削弱等)，减少作物产量及破坏海洋食物链等。温室气体，如二氧化碳、甲烷等，排放到大气中可产生温室效应，导致全球变暖，海平面上升。硫氧化物、氮氧化物等的排放会形成酸雨。酸雨对植物、动物(包括人类)均有严重影响。

实验室污染物进入大气环境的途径：①实验室易挥发试剂挥发至大气中，污染大气环境；②实验室废物在水等的作用下发生分解，产生有害气体；③实验室不同废物同时排放时可能发生反应，释放出废气。

(二)危害水体

对水体污染严重的化学品包括无机有毒物和有机有毒物。无机有毒物包括重金属及其氧化物。有机有毒物种类较多，如多环芳烃多具有致癌性，多氯联苯具有致癌、致畸、致突变的作用，卤代烃对臭氧层具有较大的破坏作用，酚类化合物具有较大的毒性，有机金属化合物大多有剧毒性。上述有毒物排入水中会导致生物毒性。一些无毒的含氮、磷的无机物或碳水化合物、脂肪、蛋白质等有机物虽然无毒，但是排入水中后会导致水体养分过剩，易发生“赤潮”现象。

实验室污染物进入水环境的途径包括：①废液被直接排入下水道；②废渣不经处理被排放至露天环境中，在雨水的作用下，有害物质流入下水道，进入河流，污染水体。

(三)危害土壤

有害化学品排入土壤，会导致土壤生态改变，如酸化、碱化、结块、产生毒性等。实验室污染物进入土壤的途径包括：①废液经下水道进入土壤，造成土壤污染；②废渣不经处理被排放，直接污染土壤。

二、化学品的环境污染控制

（一）化学废弃物管理的法律法规

国家有关部门对实验室的环保工作越来越重视，出台了一系列与之有关的法律法规，如《国家废弃物名录》（环境保护部令〔2008〕第1号）、《中华人民共和国固体废物污染环境防治法》（主席令〔2005〕第31号）、《废弃危险化学品污染环境管理办法》（环境保护总局令〔2005〕第27号）、《危险化学品安全管理条例》（国务院令〔2013〕第645号）、《中华人民共和国危险化学品安全法（征求意见稿）》（2020）等。2005年教育部、国家环保总局（现为中华人民共和国生态环境部）颁布的《关于加强高等学校实验室排污管理的通知》明确指出：要提高对高校实验室排污管理工作的认识，将高校实验室、试验场等排污纳入环境监督管理范围。高校实验室要严格遵守国家环境保护的有关规定，建立健全实验室排污管理制度，不得随意排放气体废物、液体废物和固体废物等污染物。

（二）绿色实验的设计

环境污染问题是当前全人类面临的共同问题，我国高校数量庞大，每年高校实验室会产生大量的有毒、有害物质，不加处理会对环境造成严重污染。相关研究显示，实验室所消耗的能源是普通办公楼的5～10倍，并且会产生数量惊人的垃圾和危险的化学物质。随着我国“2060碳中和”目标的提出，国内实验室的绿色转型已刻不容缓。截至目前，我国已有38个实验室获得LEED认证（评价绿色建筑设计的工具）。

绿色实验的设计是指将人与自然可持续发展的理念融入实验中，优化实验设计，使实验过程“无毒化”“微型化”“串联化”“虚拟化”，即尽可能少用或不用有毒性的试剂，采用微型仪器使反应微型化，有机串联多个实验使实验产物得到充分利用，建立虚拟模拟平台辅助实验教学。通过绿色实验的设计，可使实验在始端就能够采用预防污染的科学手段，在实验过程及终端达到零排放或零污染，从而实现实验室环境保护的目的。通过绿色实验的设计，可引导师生共同构建绿色、和谐的人与自然关系。目前，国内多所高校积极贯彻绿色实验理念，对实验设计进行多次改革，建立起了科学的绿色实验教学评价方案。评价内容包括实验教师对各实验方案的设计，实验学生在实验过程、实验产物利用、废物处理的表现，以及对学生的实验考核方式等方面，体现了绿色实验的理念和要求。

（三）化学废弃物的安全管理

化学废弃物的安全管理是实验室环保工作的重中之重。化学废弃物的处理原则是减量化、资源化和无害化。减量化，即从实验源头减少投入，控制化学试剂的用量，尽量减少实验室化学污染物的产生。资源化，即对已产生的废弃物能再利用的，应优先采取有效的方法进行回收、提纯、再利用，减少后续处理的负荷。无害化，即对无法回收利用的化学废弃物，应按照化学品的性质和危险程度进行分类收集，妥善储存，委托具有相应处置资质的单位负责对其进行无害化处理，待化学废弃物符合国家有关环境排放的标准后再排放。

（谭攀攀，傅　岩）

第九章　医学生物类实验室安全

医学生物类实验室是进行医学实验教学与科学研究的主场地，是培养医药卫生类人才的重要场所。医学生物类实验室的工作内容较为广泛，在生物类实验室内，除存在着用水、用电、防火、防盗等一般的安全问题外，由于其实验的特殊性，在实验过程中存在接触、使用各种危险化学品、放射性物质，以及对人和畜有或轻或重传染性的细菌和病毒等微生物、生物样品、生物废弃物等生物性物质，若实验操作过程中实验人员操作不当、防护不足，还容易引发实验室生物安全事故，造成实验人员的感染，甚至可能因传染源的外泄而引发危及社会公众的生物灾难发生。本章将实验项目涉及生物性物质的病原生物实验室、动物实验室、生物技术实验室之生物安全问题作为切入点，重点阐述上述实验室的生物安全常识、生物安全管理、生物安全防护、典型的生物安全操作规范等实验室生物安全问题，旨在提高医学生物类实验室相关人员的风险意识，为医学生物类实验室的日常操作和管理提供参考，避免生物安全事件的发生。

第一节　病原生物实验室安全

高校病原生物实验室除进行日常授课之外，还承担实验课准备、协助科研实验与学生创新实验等工作，随着生物研究、医疗卫生事业的迅速发展，实验室感染事故也时有发生。病原生物学实验课以其特殊的实验材料——“具有感染性的微生物和寄生虫”，在医学院校各类实验教学中承担着培养学生生物安全意识、养成正确的生物安全操作规范的重要责任，生物安全贯穿于实验课教学的全过程，病原生物实验室的生物安全问题应当受到足够的重视。

一、实验室生物安全常识

（一）基本概念

1. 生物安全　广义的生物安全是指对自然生物和人工生物及其产品对社会、经济、人类健康和生态环境可能产生的潜在风险的防范及现实危害的防范、控制。狭义的生物安全是指现代生物技术的研究、开发、应用及转基因生物的跨国越境转移可能对生物多样性、生态环境和人类健康产生潜在的不利影响及对其所采取的一系列有效的预防和控制措施。

2. 实验室生物安全　实验室生物安全是指以实验室为科研和工作场所时，避免危险生物因子暴露于实验室环境、向实验室外扩散并导致危害的综合措施。

3. 生物因子　生物因子是指具有一定生物活性的制剂，主要包括能够在生物体内寄生、进行培养、进行基因修饰，可能导致人和动物感染、过敏或中毒的一切生物和其他相关的生物活性物质。

4. 病原体　病原体是能致病的生物因子，包括能够引发动物(包括人类)、植物传染病的生物因子，主要指致病微生物。

5. 感染性废弃物　感染性废弃物主要指在教学、科研、疾病预防控制、生产和医疗救治活动中产生的各种含有病原体的废弃物质，包括气体废弃物、液体废弃物和固体废弃物。这些废弃物携带的病原体具有感染性，可污染环境，造成人员感染和疾病传播，必须经过物理、化学等方法消除其感染性，使之无害化。

6. 实验室获得性感染　实验室获得性感染是指在实验室内从事有害生物因子相关实验活动，因意外暴露导致实验人员感染致病的过程，又称实验室感染。

7. 一级防护屏障　一级防护屏障是指为了消除或减小实验室操作人员暴露于感染性材料中，在人员与感染性材料之间设置的一个物理隔离屏障。一级防护屏障主要包括生物安全柜及类似的设备、个人防护装备、密闭容器等。

8. 二级防护屏障　二级防护屏障是指防止实验活动过程中产生的感染性“三废(气体废弃物、液体废弃物和固体废弃物)”逸出实验室，污染外环境，通过实验室设施建筑设计形成的一个物理防护隔离屏障。二级防护屏障包括实验室工作区、防护区和受控通道，以及消毒设备(如高压灭菌器)、排风过滤净化装置等。BSL-1(生物安全一级标准)和BSL-2(生物安全二级标准)实验室的二级防护屏障包括将实验室工作区和自动关闭的门，以及消毒设备(如高压灭菌器)和洗手装置。BSL-3(生物安全三级标准)和BSL-4(生物安全四级标准)实验室的二级防护屏障包括保证定向气流的特殊通风系统、高效粒子过滤器、消毒设备(如高压灭菌器)、把实验室与公共区域分开的控制通过区等。

9. 风险评估　风险评估是指评估实验室进行病原微生物实验活动的风险大小，以及确定其是否可接受的全过程。风险评估是生物安全的核心内容，为决策者或管理者制订和实施有效的生物安全防护措施提供科学依据。

10. 生物安全柜　生物安全柜是一种具有向内定向气流的负压箱形安全设备，能够保护操作者和实验室内、外环境不受操作产生的有害危险物质和微生物气溶胶的污染，保护实验样品不受环境中污染物质的污染。生物安全柜按防护能力可分为Ⅰ级、Ⅱ级、Ⅲ级生物安全柜。Ⅱ级生物安全柜又可分为4种亚型，即Ⅱ级A_1型、Ⅱ级A_2型、Ⅱ级B_1型和Ⅱ级B_2型。

11. 生物气溶胶　生物气溶胶是指悬浮于气体介质中、粒径一般为0.001~100 μm的固态或液态微小粒子形成的相对稳定的分散体系。气体介质称连续相，通常是空气；微粒或粒子称分散相，是多种多样的，成分很复杂，也是气溶胶学研究的主要对象。分散相内含有微生物的气溶胶称为生物气溶胶，含有生物战剂的气溶胶习惯上称为生物战剂气溶胶。

12. 消毒　消毒是减少除细菌芽孢外的微生物的数量，使其达到无害的程度，不一定杀灭或清除全部的微生物的方法。

13. 灭菌　灭菌是有效地使目的物没有微生物的措施和过程，即杀灭所有的微生物。在BSL-3和BSL-4实验室中，灭菌要使用不外排的高压蒸汽灭菌器。对一般的细菌繁殖体和病毒 121 ℃ 20 min 即可灭菌，对细菌芽孢需要 30 min 以上；对朊病毒要 134 ℃ 20 min 以上才能灭菌。

（二）病原微生物的危险度等级分类

按照《病原微生物实验室安全管理条例》规定，根据病原微生物的传染性、感染后对个体或者群体的危害程度，将病原微生物分为以下四类。

第 1 类病原微生物是指能够使人类或者其他动物患非常严重的疾病的微生物，以及我国尚未发现或者已经宣布消灭的微生物。

第 2 类病原微生物是指能够使人类或者其他动物患严重疾病，比较容易直接或者间接地在人与人、其他动物与人、其他动物间传播的微生物。

第 3 类病原微生物是指能够使人类或者其他动物患病，但一般情况下对人、其他动物或者环境不构成严重危害，传播风险有限，实验室感染后很少引起严重疾病，并且对其具备有效治疗和预防措施的微生物。

第 4 类病原微生物是指在通常情况下不会使人类或者其他动物患病的微生物。

第 1 类、第 2 类病原微生物统称为高致病性病原微生物。

（三）生物安全实验室的安全水平

生物安全实验室是指通过设施防护、设备防护、人员防护、操作规范和管理措施等，达到生物安全防护要求的病原生物实验室。按照生物安全防护水平的高低，生物安全实验室可以分为四级，即 BSL－1、BSL－2、BSL－3 和 BSL－4 实验室。

1. BSL－1 实验室　进行实验研究用的物质必须是所有特性都已清楚，并且已证明不会导致疾病的生物物质，如麻疹病毒、腮腺炎病毒等。研究可通过日常的程序在开放的实验台面上进行，不要求有特殊的安全保护措施，操作人员经过基本的实验室实验程序培训在科研人员指导下即可进行实验操作，在这样的环境下并不需要使用生物安全柜。

2. BSL－2 实验室　进行实验研究用的物质是一些已知的具有中等程度危险性的并且与人类某些常见疾病相关的生物物质，如流感病毒等。实验操作者必须经过相关研究的操作培训并且由专业科研人员指导，对易于污染的物质或者可能产生污染的情况需进行预先的处理准备，一些可能涉及或者产生有害生物物质的操作过程均应该在生物安全柜内进行，建议使用Ⅱ级生物安全柜。

3. BSL－3 实验室　进行实验研究的物质一般是本土或者外来的具有呼吸道传播可能的生物物质，如炭疽芽孢杆菌、鼠疫杆菌、结核分枝杆菌、狂犬病病毒等。在实验过程中，需要保护一切在周围环境中的操作者免于暴露在这些有潜在危险的物质中，需使用Ⅱ级或Ⅲ级生物安全柜。

4. BSL－4 实验室　进行实验研究的物质是一些可以通过空气传播，并且现今并没有有效的疫苗或者治疗方法来处理，具有非常高的危险性并且可以致命的有毒物质，如埃博拉病毒、马尔堡病毒、天花病毒等。操作者必须经过关于进行这类非常高的危险性物质研究的培训，除了可以熟练操作外，还应该很熟悉一些相关操作、保护设施、实验室设计等方面的知识，并必须接受在此研究领域非常有经验的科研人员的指导。对于实验室的人员进出应当严格地进行控制。实验室一定要单独建造在一栋大楼中，或者设置在一栋大楼中与其他任何地方都分离开的独立房间内，并且要求有详细的关于研究的操作手册进行参考，必须使用Ⅲ级生物安全柜。

（四）生物类实验室的常见安全风险

生物类实验室存在的安全风险最常见的有以下几类。

1. 火和电的危害　在生物类实验室中，火和电的不规范使用和管理，除了直接造成人员伤害和财产损失外，还有可能引发危险化学品、病原体泄漏等更为严重的安全事故，因此，消防安全和电气安全也是生物类实验室安全防范的重要环节。

2. 危险化学品的危害　教学、科研实验中使用的危险化学品数量众多、品种繁杂、性质各异，如提取与分离生物样品时使用到的乙醇、丙酮等有机试剂，分子生物学实验中用到的苯酚、甲醛、氯仿、DTT、TRIZOL（总 RNA 抽提试剂）、丙烯酰胺等试剂，均在储存和使用过程中潜藏着极大的危险性；有的化学品具有易燃易爆性、毒性甚至是致癌性、致畸性，如果使用不当会对环境、人体造成严重的不良影响。

3. 使用仪器设备不当造成的安全风险　在生物类实验室中使用仪器设备不当会造成安全风险，如厌氧培养箱中没有正确使用气体而引发的爆炸事故，高压蒸汽灭菌器使用不当引起的烫伤或爆炸事故等。

4. 实验室的生物危害　除了上述火和电、危险化学品、仪器设备使用不当造成的安全风险外，由于生物类实验室的专业特殊性，还存在一种特殊的安全风险——来自实验室的生物危害。生物危害是指生物因子，如细菌、病毒、毒素、立克次体等病原微生物，对生物体（尤其是人类）健康造成的危害。实验室的生物危害是指在实验室进行病原微生物的研究、检测等过程中，对实验人员造成的危害和对环境造成的污染。在教学和科研活动中使用对人和其他动物有高度传染性的细菌、病毒等病原微生物时，如果出现操作失误、管理疏忽和意外，不仅会导致实验人员的感染，而且可能导致大规模传染病的发生。

（五）生物类实验室生物安全的概述

1. 实验室生物安全事故的特点　实验室生物安全事故具有传染的普遍性、危害的公共性和后果的严重性等特点。

（1）传染的普遍性：尽管病原微生物只占微生物总量的极少一部分，由于生物类实验室研究的特殊性，接触病原微生物的概率较高，生物类实验人员时常出现意外感染。

（2）危害的公共性：病原体外泄时可能污染外界环境与人群，这种污染造成的危害可能只局限于几个受害人，但背后却隐藏着巨大的公共卫生风险。在经济全球化的背景下，贸易和旅游业的日趋频繁、人口流动性的不断加大等增加了病原体在全球范围内传播的可能性。

（3）后果的严重性：实验室生物危害的受害者不限于实验者本人，被感染者作为一种生物危害源，可能会进一步传染给家属、社会人群或实验动物。近年来，生物安全问题变得更加的多样化、复杂化，形势越发严峻。一些大型生物安全事件不仅仅造成人类机体的伤害，还对人们的心理造成了严重的打击，干扰正常的生活、工作和学习，对社会的影响更是无法估量的。一旦生物安全无法得到保障，不仅会影响生物多样性、自然界的生态平衡、人类的身心健康，而且对国家的政治、经济、军事、社会伦理道德等方面也会造成严重的影响。

2. 实验室生物感染事件的类型　实验室生物感染事件可以分为以下几种类型。

(1)事故性感染：事故性感染主要是在实验室长期运行的过程中，由于实验室实验人员的疏忽大意或主观重视不足，未遵守实验室的生物安全规则和程序，管理程序执行不严，以及仪器设备老化或发生故障，使本来接触不到的微生物直接或间接地感染了实验人员，污染了环境。

(2)气溶胶感染：生物类实验室较多操作，如在琼脂平板画线接种，接种细胞，采用加样器将感染性试剂混悬液进行转移，对感染性物质进行逆行匀浆、漩涡振荡、离心等，都会产生感染性物质。这些感染性物质以气溶胶的形式飘散在空气中，被人吸入后会引发感染。在这些能产生微生物气溶胶的操作过程中，若实验人员精力不集中、操作动作不稳定、操作方法不当、器材使用不当时，会增加气溶胶的生成量。可产生各种不同严重程度的微生物气溶胶的实验操作见表 9－1。

表 9－1　可产生各种不同严重程度微生物气溶胶的实验操作

轻度(＜10 个颗粒)	中度(11～100 个颗粒)	重度(＞100 个颗粒)
玻片凝集试验	行腹腔接种时对局部未涂消毒剂	进行离心时离心管破裂
倾倒毒液	实验动物尸体解剖	打碎干燥菌种安瓿瓶
在火焰上加热接种环	用乳钵研磨动物组织	打开干燥菌种安瓿瓶
颅内接种	在离心沉淀前后注入、倾倒混悬毒液	搅拌后立即打开搅拌器盖
接种鸡胚或抽取培养液	毒液滴落在不同表面上	小白鼠鼻内接种
—	用注射器从安瓿瓶中抽取毒液	注射器针尖脱落，喷出毒液
—	用接种环接种平皿、试管或三角烧瓶等	刷衣服、拍打衣服
—	打开培养容器的螺旋瓶盖	—
—	摔碎带有培养物的平皿	—

(3)外力因素导致的感染：外力因素是造成实验室生物泄漏的重要因素，如地震、台风、洪水等自然灾害因素，偷盗破坏、恐怖袭击及战争等人为因素，如使用生化武器就是一种人为因素。

3. 生物类实验室的生物感染途径　病原微生物通常借助于呼吸道、口腔、皮肤和黏膜进入人体。

(1)经呼吸道吸入：生物类实验室操作过程中产生的微生物气溶胶可随空气流动、扩散，污染实验室的空气，当实验人员吸入污染的空气后便会引起感染。气溶胶在一个实验室产生后，会通过气流转移到同一建筑物的其他地方，污染整个建筑物内的空气。

(2)经口腔摄入：一些不当行为(如用嘴吸吸管取液致使液体溅洒进入口腔中，在实验室吃东西、饮水和吸烟，有咬指甲等把手指放入口腔中的不良习惯等)会直接导致感染。

(3)经皮肤和黏膜吸收：含病原体的液体溢出，或溅洒在皮肤、黏膜上，或操作时感染物外溅至周围，此时实验人员与污染的表面和物品接触，病原体可通过由皮下或黏膜侵入机体，引起感染；被污染的针尖刺伤、被刀片或碎玻璃割伤、被动物或昆虫咬伤和抓伤等创伤引起意外感染。

二、实验室生物安全管理

病原微生物实验室的生物安全管理是一项重要工作，其意义在于避免生物因素导致实验室相关人员发生职业暴露，并减少生物安全事故的发生。生物安全管理也能够强化实验人员的安全与责任意识，从而形成安全氛围，保证生物类实验室各项工作的顺利开展。

实验室的生物安全管理离不开缜密的管理组织体系和健全的管理制度。安排相关实验人员对微生物实验的全过程进行管理，有利于促进实验室效能的充分发挥，尽可能地避免突发事件的发生；实验室管理制度一般通过规章制度、管理规范、程序文件、标准操作程序(SOP)和记录等文件形式体现。

(一)生物安全管理规章制度

生物安全管理规章制度应包括但并不限于如下制度。

1. 人员培训制度　所有的实验室相关人员在上岗前都必须经过相应的培训。培训要有计划性和可持续性，并有完整的培训记录，应对培训者和被培训者进行考核和评估，经考核合格者方有上岗资格。

2. 实验室准入制度　只有被告知潜在风险并符合进入实验室的特殊条件者(如经过免疫接种等预防措施者)，才能进入实验室。在开展涉及有关病原微生物的工作时，实验室负责人应禁止或限制人员进入实验室。一般情况下，不允许易感人员或感染后会出现严重后果的人员(如患有免疫缺陷或免疫抑制的人)进入实验室。实验室负责人需对每种情况进行估计和决定进入实验室的人员，并对此负有最终责任。

3. 安全计划审核制度　每年应由实验室管理部门负责人对安全计划至少审核和检查1次，审核内容需包括安全和健康规定、书面的工作程序、安全工作行为、教育及培训、对实验人员的监督、常规检查、健康监护、急救服务及设备、事故及病情调查、健康和安全审查、记录及统计等。

4. 安全检查制度　实验室负责人有责任确保安全检查的执行，每周应对工作场所至少检查1次，检查内容包括应急装备，警报系统和撤离程序的功能及状态，用于危险物质泄漏控制的程序和物品状态，对可燃易燃性、可传染性、放射性和有毒物质的存放进行适当的防护和控制，污染和废物处理程序的状态，实验室设施设备和人员的状态等。

5. 事件、伤害、事故和职业性疾病报告制度　实验室应制订相应的实验室事件、伤害、事故、职业性疾病及潜在危险的报告程序。所有事件报告应形成文件，文件内容应包括事件的详细描述和原因评估、预防类似事件发生的建议及为实施建议所采取的措施等，且应经高层管理者、安全委员会或实验室安全负责人评审。

6. 危险标识制度　实验室应系统而清晰地标识出适用于相关的危险的危险区。在某些情况下，宜同时使用标记和物质屏障标识出危险区，应清楚地标识出在实验室或实验室设备上使用的具体危险材料。在通向工作区的所有进、出口都应标明其中存在的危险，尤其应注意火险及易燃、有毒、放射性、有害和生物危险材料。实验室负责人应负责定期（每年应至少进行 1 次）评审和更新危险标识系统，以确保其适用于现有的危险。图 9－1 为生物危险标识示意图。

图 9－1　生物危险标识示意图

说明：在实际应用中，本图背景应为黄色。

7. 记录制度　对实验室所发生的任何涉及安全的事件和活动应进行及时的记录。记录的内容应包括以下几点。①意外事件处理及报告：对职业性疾病、伤害、不利事件或事故以及所采取的相应行动形成报告和记录制度。②危害评估记录：应有正式的危害评估体系，可利用安全检查表记录危害评估过程，使其文件化。③危险废弃物处理和处置记录：应按有关规定的期限保存危险废弃物处理和处置、危害评估、安全调查记录和所采取的相应行动记录，并可查阅。

（二）生物安全管理规范

生物安全管理规范应包括但不限于下列内容。

1. 实验室安全手册　要求所有实验人员阅读的安全手册应在工作区随时可用。手册应针对实验室的需要，主要包括生物危险、消防、电气安全、化学品安全、辐射、废物处理和处置等内容。安全手册应对从工作区撤离和事件处理规程有详细说明。安全手册需至少每年更新 1 次。

2. 食品、饮料及类似物品　食品、饮料及类似物品只能储存在非实验室区域内指定的专用处，并在指定的区域内食用，对所使用的冰箱应适当标记以明确其规定的用途。

3. 化妆品、头发和首饰　禁止在工作区内使用化妆品和处理隐形眼镜，应将长发束在脑后，禁止散发。在工作区内不应佩戴戒指、耳环、腕表、手镯、项链等首饰。

4. 免疫接种　如有条件，为预防其可能被所接触的生物因子感染，所有实验人员应接受免疫接种，并按有关规定保存免疫记录。

5. 个人物品　个人物品（如服装和化妆品等）不应放在有规定禁放的和可能发生污染的区域。

6. 内务行为　由实验室安全负责人监督保持良好的内务行为，如工作区应时刻保持整洁有序，禁止在工作场所存放可能导致阻碍和绊倒危险的大量一次性材料；当所有用于处理污染性材料的设备和工作台表面在每次工作结束有任何漏出或发生了其他污染时，应使用适当的试剂进行清洁和消毒等。

7. 洗手　①实验人员在实际或可能接触了血液、体液或其他污染材料后，即使戴有手套也应立即洗手；②摘除手套后、使用卫生间前后、离开实验室前、进食或吸烟前应例行洗手；③实验室应为过敏或对某些消毒防腐剂中的特殊化合物有其他反应的实验人员提供洗手用的替代品；④洗手池不得用于其他目的，在限制使用洗手池的地点，可使用基于乙醇的“无水”手部清洁产品作为替代方式。

8. 接触生物源性材料的安全工作行为　①处理、检验和处置生物源性材料的规定和程序应符合微生物行为标准，处理过程应遵循正确的规范，所有样本、培养物和废物应被假定含有传染性生物因子，应以安全方式处理和处置；②在操作全过程中应穿戴适当的且符合风险级别的个人防护装备。

9. 减少接触有害气溶胶的行为　①实验室工作行为的设计和执行应能减少人员接触化学或生物源性有害气溶胶；②样本只应在有盖安全罩内离心，所有进行涡流搅拌的样本应被置于有盖容器内，在能产生气溶胶的大型分析设备上，应使用局部通风防护设备，在操作小型仪器时，应使用定制的排气罩；③不得直接排放有害气溶胶。

10. 紫外线和激光光源　在使用紫外线和激光光源（包括高强度光源的光线）的场所，应提供适用且充分的个人防护装备，应有适当的标识公示。

11. 紧急撤离行为　实验室负责人应制订紧急撤离行动计划，该计划应考虑到包括生物性危险因子在内的各种紧急情况，应包括采取使留下的建筑物处于尽可能安全状态的措施。所有人员都应了解紧急撤离行动计划、撤离路线和紧急撤离的集合地点。所有人员每年应至少参加 1 次演习。实验室负责人应确保有用于急救和紧急程序的设备在实验室内可供使用。

12. 样本运送　①所有样本应以防止污染实验室人员或环境的方式运送到实验室，如应将样本置于被承认的、本质的、安全的、防漏的容器中运输；②运输过程应遵守现行的有关运输可传染性和其他生物源性材料的法律法规；③样本、培养物和其他生物材料在实验室间或其他机构间的运送方式应符合相应的安全规定，应遵守国家关于道路、铁路和水路运输危险材料的有关规定；④按国家或国际标准被认为是危险货物的材料拟通过国内或国际空运时，应对危险货物进行包装、标记和提供资料，并符合现行国家或国际的相关规定。

（三）实验人员管理

人是构成实验室生物安全的“三要素”—— 硬件、软件和操作者中的核心要素。有计划地开展人员培训，保证其掌握实验室技术规范、操作规程、生物安全防护知识和实际操作技能，提高实验室相关人员的素质，在实验室生物安全管理中尤为重要。实验人员经培训、考核合格后方可上岗。从事高致病性病原微生物相关实验活动的实验室，应当每半年将培训考核其实验人员的情况和实验室运行的情况向相应级别的卫生主管部门报告。由于生物类实验室的特殊性，在保证操作者的身体健康和生命安全的同时，也要防止因操作的意外感染而导致的传染病传播。因此，必须对病原微生物实验室的相关人员进行健康监测，每年组织对其进行体检，并建立健康档案。

(四)感染性物质管理

感染性物质是已知或可能含有传染性致病原的物质，主要包括各种菌(毒)种、寄生虫和样本等。在工作过程中，由于各种感染性物质处于不同的状态，实验室人员应根据情况对其进行相应的管理，避免差错，从感染性物质的采集、包装、运输、接收、领取、保存、使用、管理及销毁的全过程中都要严格遵守相关规定，确保万无一失，保证工作质量和实验室生物安全，避免发生实验室感染或引起传染病的传播。

(五)记录和资料管理

对于实验活动实施管理的全过程应作详细的记录，并制订规范化的记录表格。对所有的记录均应存档，对记录和档案资料的建立、管理应制订专门的程序。

1. 实验记录　实验记录是对实验过程真实、详细的描述。实验记录主要有书面记录和计算机记录两种形式，主要包括在实验过程中的文字叙述、表格、统计数据、录音和各种图像等内容。实验记录应包括实验目的、人员、时间、材料、方法、结果和分析等内容。

(1)书面记录。对实验记录应进行规范的整理和保存，实验室书面记录以表格的形式为主，应根据实验工作的性质保存于相应的实验室内，留底供查询。

(2)计算机记录。输入计算机的实验记录应每日整理，将文字和影像资料(影像照片数据、表格等)录入计算机储存。对计算机记录应每月备份1次，检查内容无误后，将所形成的单独的文件刻录成光盘。对光盘文件不允许修改或删除，日后如发现错误，应重新刻入修正文件，说明修改原因和修改责任人，并保留原始的记录。对刻入光盘的实验记录编号入档，长期保存。实验室负责人应定期检查实验室的工作记录。

2. 实验室资料和档案　实验室档案是从事各种实验活动时，直接产生的有保存价值的各种文字、图表、图像和声像等不同形式的真实记录。其可以分为基本档案与参考文件两部分。对实验室内保存的所有感染性物质，都应建立档案管理制度。

三、实验室生物安全防护

实验人员需配备必要的个人防护用品，这是由于在生物实验中要接触不同的试剂、细菌、质粒、病毒甚至辐射源等对人体有害的因素。生物安全防护工作的重要性，一是体现在防护意识上，二是体现在防护措施上，三是体现在事故处理方面。加强防护意识的措施包括改善防护意识差的局面，或消除过度防护造成的心理恐惧这两个方面。防护措施主要包括口罩、隔离衣、防护目镜等个人防护装备的使用。应急事故处理主要包括应急处理程序和应急处理设备。

(一)个人防护装备的总体要求

个人防护装备是指用来防止人员受到物理、化学和生物等有害因子伤害的器材和用品。使用个人防护装备是为了减少操作人员暴露于气溶胶、喷溅物及意外接种等危险环境而设立的一个物理屏障，避免实验人员受到工作场所中物理、化学和生物等有害因子的伤害。在危害评估的基础上，生物类实验人员需结合工作的具体性质，按照不同级别的防护要求选择适当的个人防护装备。

1. 选择合格产品 生物类实验人员应接受关于个人防护装备的选择、使用和维护等方面的指导和培训，选择的任何个人防护装备应符合国家有关标准。实验室对个人防护装备的选择、使用和维护，应有明确的书面规定、程序和使用指导，形成标准化体系。

2. 使用前验证 使用个人防护装备前应对其进行仔细检查，不使用标志不清、有破损或有泄漏的个人防护用品，保证个人防护的可靠性。

3. 个人防护装备的净化和消毒 为了防止个人防护装备被污染而携带生物因子，对所有在致病微生物实验室使用过的个人防护装备均应视为已受“污染”，应进行净化和消毒后再做处理。实验室应制订严格的个人防护装备去污染的标准操作程序并遵照执行。同时，不得将所有的个人防护装备带离实验室。

4. 个人防护的易操作性和舒适性 个人防护要适宜、科学。在危害评估的基础上，生物类实验人员应按不同级别的防护要求选择适当的个人防护装备。在避免防护水平过低的同时，也要避免个人防护过度，造成操作不便甚至有害健康的结果。个人防护可分为三级：一级防护按照 BSL-1、BSL-2 实验室个人防护的要求选择防护装备；二级防护、三级防护分别按照 BSL-3、BSL-4 实验室个人防护的要求选择防护装备。

（二）生物实验室常用的个人防护装备

在实验室工作中，个人防护所涉及的防护部位主要包括眼睛、头面部、躯体、手、足、耳（听力）及呼吸道等。常用的防护装备包括护目镜、口罩、防护面罩、防毒面具、防护帽、手套、防护服、鞋套及听力保护器等。

1. 手臂防护 当进行实验室操作时，由于手直接进行操作，最有可能被污染，也容易受到锐器伤害。在进行实验室一般性工作及在处理感染性物质、血液和体液时，应广泛地使用一次性乳胶、乙烯树脂或聚腈类材料的手术用手套。在操作完感染性物质、结束生物安全柜中的工作后及离开实验室之前，均应该摘除手套并彻底洗手。对用过的一次性手套应该与实验室的感染性废弃物一起丢弃。

2. 头部防护 在实验室工作中，佩戴由无纺布制成的一次性简易防护帽，可以保护实验人员避免化学和生物危害物质飞溅至头部（头发）造成的污染，同时可防止头发和头屑等污染工作环境，保护负压实验室的空气过滤器。

3. 面部防护 面部的防护装备主要有口罩和防护面罩。常用的外科手术口罩由三层纤维组成，可预防飞沫进入口、鼻，适用于 BSL-1、BSL-2 实验室，可以保护部分面部免受生物物质危害，如血液、体液及排泄物等的喷溅污染。N95 口罩适用于一些高危的工作程序，如在 BSL-2 或 BSL-3 实验室操作经呼吸道传播的高致病性微生物感染性材料时，则需要佩戴 N95 级或以上级别的口罩。防护面罩可保护实验人员避免碰撞或切割伤以及感染性材料飞溅或接触造成的对面部、眼睛、口及鼻的危害。防护面罩一般由防碎玻璃制成，通过头戴或帽子佩戴，可分为一次性面罩和耐用面罩。当需要对整个面部进行防护，尤其是进行可能产生感染性材料喷溅或气溶胶的操作时，需要在使用防护面罩的同时，根据需要佩戴口罩、安全镜或护目镜。

4. 眼部防护　在进行易发生潜在眼睛损伤的所有理化和生物等因素引起的损伤，以及有潜在黏膜吸附感染危险的实验操作时，必须采取眼部防护措施。眼部防护装备主要包括生物安全眼镜和护目镜。生物安全眼镜和护目镜可保护眼睛免受有害物质飞溅进入眼内而透过黏膜进入体内。另外，必要时还应配备洗眼装置。实验人员应根据所进行的操作来选择相应的装备。

5. 呼吸道防护　当进行高度危险性的操作(如清理溢出的感染性物质)时，如不能安全有效地将气溶胶限定在许可范围内，必须采用呼吸道防护装备来防护。呼吸道防护装备主要包括高效口罩、正压头盔和防毒面具等。

(1)高效口罩：高效口罩即前面所述的 N95 级和以上级别的口罩，可有效过滤 0.3 μm或以上级别的有害微粒，在一定程度上防止呼吸道受到伤害。

(2)正压头盔：正压头盔也称头盔正压式呼吸防护系统，主要有正压式、双管供气式、电动式 3 种类型。正压头盔除了可防护呼吸系统外，还可防护眼睛、面部和头部等。

(3)防毒面具：应根据操作的危险类型来选择防毒面具。防毒面具中装有一种可更换的过滤器，可以保护佩戴者免受气体、蒸气、颗粒和微生物的影响。过滤器必须与防毒面具的类型相配套。为了达到理想的防护效果，每一个防毒面具都应与操作者的面部相适合并经过测试。具有一体性供气系统的配套完整的防毒面具可以提供彻底的保护。不得将防毒面具带离实验室区域。

6. 躯体和下肢的防护　躯体和腿部的防护装备主要是防护服。常见的防护服有工作服、实验服、隔离衣、正压防护服、围裙及连体衣等。各级实验室应确保具备足够的有适当防护水平的、清洁的防护服可供使用。不用的时候，应将清洁的防护服置于专用存放处。对已污染的防护服应放置在有适当标记的防漏袋中再进行运输。实验人员离开实验室区域之前应脱去防护服。

当有潜在危险的物质可能溅到实验人员身上时，应该使用塑料围裙或防液体长罩服。实验人员应穿着合适的鞋子、鞋套或靴套，以防止其足部(鞋袜)受到伤害，尤其是防止有害物质喷溅造成的污染及化学腐蚀伤害。

(1)工作服：实验人员在常规工作中应穿工作服，工作服可保护实验人员的躯体及日常穿着免受实验室各种理化因素的危害。

(2)实验服：前面能完全扣住的实验服一般用于在 BSL-1 实验室进行相关工作时的躯体防护(图 9-2a)。例如，静脉血和动脉血的穿刺抽取；血液、体液或组织的处理加工；质量控制和实验室仪器设备的维修和保养；化学品和试剂的处理和配制；洗涤、触摸或在污染/潜在污染的台面上工作。

(3)隔离衣：为长袖背开式，穿着时应将颈部和腕部扎紧(图 9-2b)。隔离衣通常在 BSL-2 和 BSL-3 实验室内使用，适用于接触大量血液或其他潜在感染性物品时穿着。

(4)正压防护服：适用于涉及致死性生物危害物质或第一类生物危险因子的操作。进入正压服型 BSL-4 实验室的实验人员应穿着正压防护服(图 9-2c)。该防护服具有生命维持系统，可分为内置式和外置式两种。其包括提供超量清洁呼吸气体的正压供气装置，可保证防护服内的气压相对周围环境为持续正压。

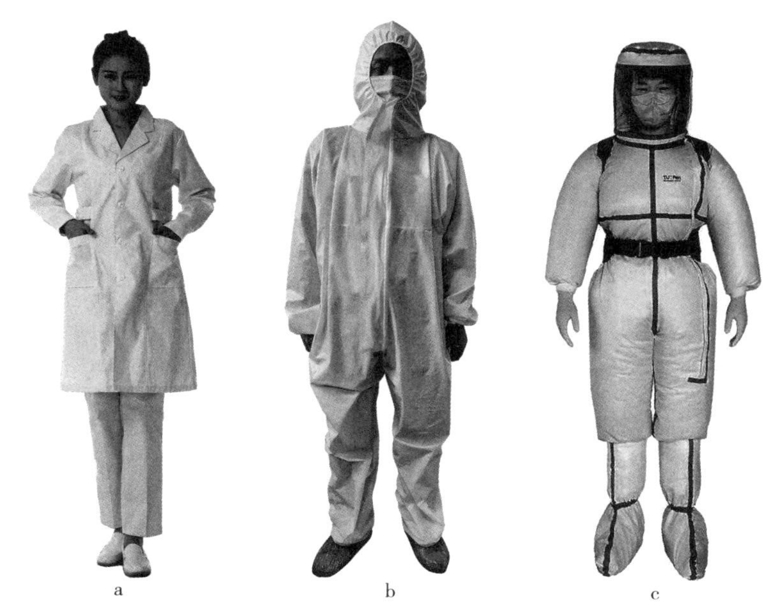

a. 实验服；b. 隔离衣；c. 正压防护服

图 9－2 防护服

(5)围裙：在必须对血液或培养液等化学或生物学物质的溢出提供进一步防护时，应在实验服或隔离衣外面再穿上有塑料高颈保护的围裙。

(6)鞋及鞋套：鞋套可防止将病原体带离工作地点而扩散到生物安全实验室以外。实验室工作鞋应该舒适，鞋底防滑。推荐使用皮制或合成材料制的不渗透液体的鞋类。在从事可能出现漏出液体的工作时，可以穿一次性防水鞋套。在 BSL－2 和 BSL－3 实验室中要坚持穿鞋套或靴套，在 BSL－3 和 BSL－4 实验室中还要求使用专用鞋(如一次性鞋或橡胶靴子)。

(三)各级生物安全实验室的个人防护要求

个人防护的内容包括防护用品和防护操作程序。所有实验人员必须经过个人防护的必要培训，考核合格并获得相应资质，熟悉所从事工作的风险和实验室的特殊要求后方可进入实验室工作。实验室应按照分区实施相应等级的个人防护，实验室操作必须严格遵守个人防护原则。不同生物安全等级的实验室的个人防护要求具体如下。

1. BSL－1 实验室　实验人员进入实验室时应穿工作服，进行实验操作时应戴手套，必要时应佩戴防护眼镜。离开实验室时，必须将工作服脱下并留在实验区内，不得穿着工作服、戴着手套进入办公区等清洁区域。对用过的工作服应定期消毒。

2. BSL－2 实验室　BSL－2 实验室除符合 BSL－1 实验室的要求外，还应该符合下列要求：实验人员进入实验室时，应在工作服外加罩衫或穿防护服，戴帽子、口罩。离开实验室时，必须将上述防护用品脱下并留在实验室内，消毒后统一进行洗涤或丢弃。如可能发生感染性材料的溢出或溅出时，宜戴两副手套。对可能产生致病微生物气溶胶或发生溅出的操作均应在生物安全柜或其他物理抑制设备中进行。当微生物操作不可能在生物安全柜内进行而必须采取外部操作时，为防止感染性材料溅出或产生雾化危害，必须使用面部保护装置（如护目镜、面罩、个体呼吸保护用品或其他防溅出保护设备等）。

3. BSL－3 实验室　BSL－3 实验室的个人防护除符合 BSL－2 实验室的要求外，还应该符合下列要求。

（1）实验人员在进入实验室时必须使用个人防护装备，包括两层防护服、两层手套、生物安全专业防护口罩（不应使用医用外科口罩等），必要时佩戴眼罩、呼吸保护装置等。工作完毕后必须脱下工作服，不得穿工作服离开实验室。对可再次使用的工作服必须先消毒后清洗。

（2）在实验室中必须配备有效的消毒剂、眼部清洗剂或生理盐水，且易于取用。在实验室区域内应配备应急药品。

4. BSL－4 实验室　BSL－4 实验室的个人防护除符合 BSL－3 的要求外，还应该符合下列要求。

（1）所有实验人员进入 BSL－4 实验室时应更换全套服装，工作后应脱下所有防护服，进行淋浴后再离去。

（2）在防护型或混合型 BSL－4 实验室中实验人员需穿着整体的、由生命维持系统供气的正压工作服。

（3）在与灵长类动物接触时，应考虑黏膜暴露对人的感染危险，要戴防护眼镜和面部防护器具。

（4）室内有传染性灵长类动物时，必须使用面部保护装置（如护目镜、面罩、呼吸保护装置或其他防溅出保护设备）。

（5）进行容易产生高危险气溶胶的操作时，包括对感染动物的尸体和鸡胚、体液的收集和动物鼻腔接种，都要同时使用生物安全柜（或其他物理防护设备）和个人防护器具（如口罩或面罩等）。

（6）当不能安全有效地将气溶胶限定在一定范围内时，应使用呼吸保护装备。

（7）不同类型的 BSL－4 实验室的个人防护装备有所不同。在生物安全柜型的 BSL－4 实验室中，个人防护装备同 BSL－3；在防护型 BSL－4 实验室中，个人防护装备中应配备正压防护服；在混合型 BSL－4 实验室中，个人防护装备为上述两种装备的组合。

警示案例

最后一位天花感染者

天花是世界上最令人恐惧的传染病之一，早在公元前 1145 年就有天花“杀死”埃及法老的记录。天花病毒引起的古老疾病在地球上存在了至少 3000 年。直到 1977 年，索马里的一位天花患者成为最后一个已知的自然病例，人类终于用天花疫苗完全控制住了天花的传播。但这并不是最后一位天花感染者。伯明翰大学医学院的亨利·贝德森一生致力于研究天花病毒，由于当时世界卫生组织（WHO）希望在全球范围内尽量少地存储天花病毒，在亨利·贝德森持之以恒的申请下，1978 年 8 月，WHO 允许他在伯明翰大学保留并研究天花病毒直到年底。40 岁的珍妮特·帕克是伯明翰大学的一位解剖摄影师，她工作的暗房就在存放天花病毒的实验室楼上。8月11日，帕克开始感觉到不适，她的背部、四肢和脸上都出现了一些红点，病情不断恶化，出现失明、肾衰竭和肺炎症状，后被诊断为天花，这是英国5年内首次出现的天花病例。她如何被感染？研究人员普遍认为是致命的天花病毒通过空气导管，从亨利·贝德森实验室传播到楼上帕克工作的房间。这起病例的出现在伯明翰引发了恐慌，受到当地政府和WHO的密切关注。9月6日，贝德森被发现在自家的花园里自杀。因为这起人为的天花病毒感染事件，在最后1个自然病例死亡两年之后(1979年)WHO才正式宣布天花被消灭。

四、典型的生物安全操作规范

(一)实验操作技术规范

1. 病原微生物的接种　病原微生物的接种是微生物实验中基本的、常见的操作技术，极易产生气溶胶，因此，在用接种环接种病原微生物时应该注意以下几点。

(1)打开菌种管时，将安瓿瓶颈部烧热，用冷的湿棉球使之突然破裂，可以极大地减少气溶胶产生的可能性。

(2)进行划板时，应尽可能地选用表面光滑的，而不是表面粗糙的琼脂平板，划板动作要轻；接种环应采用弹性小的金属丝制作，丝杆要短，环不宜过大。

(3)接种完成后，应将蘸有菌液的接种环用含有消毒液的毛巾吸干后，再放到火焰上灼烧到发红。

(4)混匀微生物悬液的时候应做旋转式摇动，不能左右摇动；摇动时动作应轻柔，不要使悬液弄湿试管塞。做到这几点能最大程度地减少接种时气溶胶产生的可能性。

2. 生物样品的移液　移液时也会产生潜在性气溶胶，当实验中需要进行病原微生物或感染性液体的吸取操作时，应注意以下几点。

(1)严禁直接用嘴吸取液体，必须使用移液辅助器，以避免操作人员吸入病原体。

(2)为了减少对移液器具的污染，所有移液管应带有棉塞。

(3)为了防止气溶胶的产生和液体的溅洒，不能向含有感染性物质的溶液中吹入气体，对感染性物质的吸取更不能使用移液管反复吹吸混合。

(4)放液时应当将吸管放入操作液面下，让移液管内的液体自然流出，不能将液体从移液管内用力吹出，最好使用不需要排出最后一滴液体的刻度对应移液管。

(5)对用完后的移液管，应该将其完全浸泡在盛有适当消毒液的防碎容器中，浸泡适当时间后再进行处理。

(6)盛放废弃移液管的容器不能放在外面，应当放在生物安全柜内。

(7)为了避免感染性物质从移液管中滴出而扩散，需要在工作台面上放置1块浸有消毒液的布或吸有消毒液的纸，使用后将其按感染性废弃物处理。在这里需要特别提醒的是，有固定皮下注射针头的注射器不能用于移液。

3. 基因工程实验操作　随着重组DNA技术的迅猛发展，相关的安全问题也日益凸显，属此范畴的实验操作规范将在本章第三节详细论述。

4. 实验标本的操作　常用的实验标本包括体液(如血液、尿液、唾液等)、组织及排泄物等。标本的收集、标记、运输、打开、取样、检测以及污染清除等一系列操作都需要始终遵循标准防护的方法，其具体要求有以下几点。

(1)在所有操作过程中实验人员均要戴手套。

(2)应当由接受过培训的人员来采集患者或动物的血样。

(3)尽可能使用塑料制品代替玻璃制品，在进行静脉采血时，应当使用一次性的安全真空采血管，用完后自动废弃针头。

(4)应当将装有标本的试管放置于适当的容器中运至实验室，在实验室内部转运也是如此。应当将检验申请单分开放置在防水袋内，中间接收人员不得打开此袋。

(5)应当在生物安全柜内打开标本管，同时必须戴手套，必要时还需戴护目镜或面罩以对眼睛和面部进行防护，穿防护衣以对身体进行防护。

(6)打开标本管时，应当用纸或纱布抓住塞子，以防止喷溅。

(7)在对用于显微镜观察的唾液、血液、尿液和粪便标本进行固定和染色时，不必杀死涂片上所有的微生物和病毒，应当用镊子拿取标本，妥善储存，并按规定经清除污染物和/或高压灭菌后再丢弃。

(8)接收和打开标本包装的实验人员应当了解样品对身体健康的潜在危害，并接受过相关的防护培训。

(二)仪器设备使用规范

医学生物类实验室常用到的实验仪器包括生物安全柜、离心机、高压蒸汽灭菌器、电泳仪、PCR 仪、超声破碎仪等。实验人员在使用前应充分了解实验仪器的使用说明及注意事项，在实验过程中应严格按照操作规程进行操作，以避免因不安全行为、不安全环境造成实验室安全事故。

(三)废弃物处理规范

废弃物处理规范包括实验操作过程中锐器、污染材料、生物性废弃物的处理规范，详见第五章第三节。

(四)其他注意事项

(1)接触微生物或含有微生物的物品后、脱掉手套后和离开实验室前要洗手。

(2)禁止在工作区进食、吸烟、处理隐形眼镜、化妆及储存食物。

(3)只有经批准的人员方可进入实验室工作区域。实验室的门应保持关闭。

(4)在实验过程中，应严格按有关操作规程进行操作，以避免物质的溅出和气溶胶的产生。

(5)每天应至少对工作台面进行 1 次消毒。活性物质溅出后要随时用 75% 乙醇或“84”消毒液消毒。

第二节　动物实验室安全

动物实验是医学研究的主要研究方法之一，涉及动物实验的研究需建设与实验动物质量控制相匹配的实验室，实验动物的生产和使用应遵守国家和地方的法律法规与标准，为了保证实验的安全性和科学性，一般情况下需使用由人工培育并经过检疫的实验动物，以避免使用野生动物造成的差异和法律问题。应控制实验动物的微生物和寄生虫，以保障人员的安全和科研的顺利进行。若在实验过程中使用不合格的实验动物、管理不到位、实验操作失误或个人安全防护不当，都将给动物实验室带来安全隐患。

一、动物实验安全概述

动物实验应在规范的实验室中开展，国家标准《实验动物环境及设施》(GB 14925—2010)明确了实验动物使用的环境条件和建筑(即实验动物环境及设施)的标准。

(一)基本概念

1. 实验动物　实验动物是指经人工培育，对其携带的微生物和寄生虫实行控制，遗传背景明确，用于科学研究、生产、检定及其他科学实验的动物。根据对微生物和寄生虫的控制程度，我国将实验动物分为普通级动物、清洁级动物、无特定病原体动物和无菌动物。

(1)普通级动物(conventional animal，CV animal)：是不携带所规定的人兽共患病病原和动物烈性传染病病原的动物。

(2)清洁级动物(clean animal，CL animal)：是除普通级动物应排除的病原外，不携带对动物危害大和对科学研究影响大的病原的动物。

(3)无特定病原体动物(specific pathogen free animal，SPF animal)：是除清洁级动物应排除的病原外，不携带主要潜在感染(或条件)致病和对科学实验干扰大的病原的动物。

(4)无菌动物(germ - free animal，GF animal)：是指身体上不可检出一切生命体的动物。

2. 实验动物环境　实验动物环境是实验动物赖以生存的重要因素之一，也是培育实验动物、保证动物实验结果的重要条件。根据微生物的控制程度可将实验动物环境分为普通环境、屏障环境和隔离环境。实验动物环境应与实验动物等级相匹配。

(1)普通环境：符合动物居住的基本要求，控制人员和物品(动物)出入，不能完全控制传染因子，但能控制野生动物的进入，适用于饲育普通级实验动物。

(2)屏障环境：符合动物居住的要求，严格控制人员、物品和空气的进出，适用于饲育清洁级实验动物和无特定病原体实验动物。

(3)隔离环境：采用无菌隔离装置以保持装置内无菌状态或无外来污染物。隔离装置内的空气、饲料、水、垫料和设备应无菌，动物和物料的动态传递须经特殊的传递系统。该系统既能保证与环境的绝对隔离，又能在转运动物、物品时保持内环境一致。它适用于饲育无特定病原体实验动物、悉生实验动物及无菌实验动物。

(二)动物实验的主要功能

动物实验主要是围绕动物开展的实验活动，其主要功能包括以下几点。

1. 教学功能　通过动物实验教授学生知识和技术，将理论知识具体化或用实物呈现，增强学生的认知和理解，开阔学生的思路。

2. 研究功能　实验动物作为人的“替身”，用于医学和医学生物学的研究，动物实验具有用实验动物探索生命奥秘和研究疾病的功能。

3. 检验功能　药品、生物材料和医疗器械等在应用于人类健康前都必须经过严格的检验，动物实验就是必不可少的检验方法之一，通过动物实验可检验它们的功能及安全性。

4. 转化功能　医学和医学生物学成果最终要满足于人类的健康需求，那么，将研究结果用于人类医疗健康需要一个转化的过程，这个过程同样需要进行动物实验。

（三）安全风险

动物实验室的安全风险在于实验动物、人员设施和设备等诸多方面，动物实验室的安全管理是全方位的综合管理。

二、实验人员的安全防护

实验人员在动物实验中的安全防护包括防火、防电、防外伤、防动物传染病及防气溶胶等。

（一）遵守实验动物法规

我国通过组织机构、政策法规和质量控制三大体系保障实验动物质量，保护人员健康。1988 年发布的《实验动物管理条例》明确了我国实行实验动物质量监督制度；1997 年，国家科委（现为中华人民共和国科学技术部）和国家技术监督局（现为国家质量监督检验检疫总局）发布了《实验动物质量管理办法》，其中规定了实验动物的生产和使用许可制度，规范了动物实验的质量管理。实验人员在从事动物实验的过程中应遵守相应的法律法规，才能在法律法规的保护下安全开展动物实验。

（二）防止外伤

1. 划伤　实验室的各种设施设备应尽量为圆弧状，不要有尖锐的棱角；实验动物的笼具也要表面光滑，不要有突出的钉刺，这样能避免人员在实验室内行动和使用笼具时意外划伤，引起感染。

2. 咬伤　实验动物是人工培育所得，都比较温顺，但在实验过程中，需要对其进行捉拿和实验操作，容易引起其应激、反抗，易咬伤实验人员。实验人员应掌握正确的动物实验方法，配备适当的防护装备，友好地对待动物，减少动物的应激反应，防止被其咬伤。

3. 扎伤　开展动物实验时常需要进行注射药物、手术等操作，涉及使用注射器、刀片等利器的安全，应谨慎使用利器，遵守规范，防止扎伤。

（三）防动物传染病

实验动物应通过正规渠道购买，规范的实验动物应当是经人工培育、微生物和寄生虫得到控制的动物，对其应有严格的质量监控体系。对实验动物的主要传染病应能够有效控制，若使用携带有病原体的不合格的实验动物，会造成实验人员的感染，引起严重后果。

解剖未检疫山羊致28人感染布鲁氏菌病

布鲁氏菌病简称布病，在中国属乙类传染病，人畜共患，有潜伏期，发病后3个月内为急性期。布鲁氏菌一般寄生在牛、羊、狗、猪等与人类关系密切的动物体内。其病原体是通过感染的动物的排泄物和被污染的食物进行传播的。在人类接触受感染动物的分泌物或进食受污染的肉类或奶制品后，布鲁氏菌自皮肤或黏膜侵入人体，并使人体感染布鲁氏菌病。布鲁氏菌病在人与人之间的传染较罕见。布鲁氏菌病患者会出现发热、关节和肌肉疼痛、乏力、多汗等临床表现。

2010年12月期间，某大学动物医学学院的相关教师由于在实验中使用了未经检疫的山羊，导致自2011年3月至5月期间，学校5个班的27名学生和1名教师陆续确诊感染布鲁氏菌病。该事故是学校在实验教学中违反有关规定而造成的重大教学责任事故，学校对事故承担全部法律责任。

(四)防气溶胶

动物实验室中除了人员的活动外，实验动物更是长期生活在其中，动物的被毛、皮屑及粪尿等可能飘浮于空气中或附着在尘埃上飘浮于空气中，并形成气溶胶。这种带有动物源性的颗粒不控制，就会被人员吸入或附着在裸露的皮肤上，轻者会产生皮肤瘙痒、结膜炎、过敏等反应，重者可能使实验人员感染人畜共患病。

(五)防护措施

对人员的安全应有一系列的防护措施。

1. 建立防护制度　实验室管理人员建立切实可行的防护制度，增强人员的安全意识和规范人员安全行为，强调实验室运行的安全秩序。

2. 开展安全教育　防护制度必须落实到每一个实验人员，才算是真正地将制度落实。

3. 进行定期监测　实验室是否安全需通过定期监测获得结论，定期监测的内容包括动物微生物和寄生虫监测、实验室环境监测等。

4. 熟练掌握实验技术　实验技术是实验人员防动物咬伤、抓伤的防护基础。在实验中，人员需抓取动物、绑定动物和进行实验操作，这些操作都要与动物密切接触，并刺激到动物，会使动物产生不安全感，从而引起动物的反抗行为。实验人员的动物实验技术必须熟练，才能有效避免受伤。实验中还应关注实验动物的福利、关爱实验动物、友好地对待实验动物，在可能的情况下也可以在实验前训练实验动物，使其配合实验。

5. 穿戴防护服装　进行动物实验时，必须穿戴防护服装，这可以有效地防止动物和粉尘与身体的接触，避免动物传染病和气溶胶等引起的感染。不管是1只实验动物，还是成批的实验动物，不管是在实验动物设施外测试实验数据，还是在实验动物设施内进行动物实验，均需穿戴帽子、口罩、手套、白大衣或隔离服。

6. 科学设计实验室　实验室布局是人员安全防护的重要内容，通过科学的设计，可以降低实验室内的粉尘、减少实验室间的污染物交叉。

7. 制订消毒方案　实验动物既是实验室的主要感染源，也是易感动物，它们使实验室的病原体有滋生的机会。应通过定期消毒来消灭病原体或抑制病原体的传播。

(六)人员的健康管理

实验人员应定期进行健康检查，每年至少1次。如果进行感染性实验可以留存血清进行特异性抗体检测，对有相应疫苗者可以进行预防免疫。

三、动物实验安全规范

安全管理是实验室管理的重要组成部分。安全管理主要是依据工作性质和内容制订预防和解决不安全因素的制度，组织实施安全管理方案，指导和检查各项工作，保证生产、实验处于最佳安全状态。

(一)实验室安全规范

动物实验室安全规范包括减少实验室的危险因素、消毒等方面。

1. 减少动物实验室的危险因素　动物实验室是实验动物、人共处一室的地方，并在其中进行实验操作，相较于普通实验室，它的危险因素更多，防控更难，管理应当更为严格。动物实验室管理不到位容易引起内、外界病原体感染实验动物等安全隐患，威胁着动物实验人员和实验室的安全。

在不具备适当的动物饲养设施和没有完善的管理制度的条件下，所繁殖生产的实验动物及野生动物常会携带有各种人畜共患病病原体，这些疾病常以隐性感染的形式存在于动物体内，不表现出任何临床症状和体征，因此，易被疏忽而造成实验人员的感染。例如，实验大鼠易感染流行性出血热病毒，感染后往往不出现任何症状，外表看似健康、正常，但在其肺、脾和肾内可检出大量的特异性抗原，并可长期持续存在。感染的动物可由呼吸道分泌物、唾液、尿液和粪便而长期排毒，其所产生的气溶胶成为主要的传播源，易造成实验人员的感染。因使用携带流行性出血热病毒的实验大鼠，造成实验人员感染，进而产生严重后果的事件，国内外已有相关的报道。因此，要保证实验动物排除人畜共患病，这是对实验动物质量的最基本要求。

动物饲养设施的缺陷常会导致实验动物受到外界环境的污染，这些情况多见于普通级动物和其他实验用动物。这些动物饲养于开放系统中，稍一疏忽，就会发生外界病原体的感染。例如，野鼠常携带有流行性出血热病毒，若动物实验室没有可靠的防鼠设施，则野鼠极易窜入动物实验室内，造成实验大鼠的感染，从而给实验人员的安全造成威胁。动物实验室必须设有可靠的设施，以防止外界动物(野鼠、流浪猫、蚊、蝇、蟑螂等)侵入动物实验室内。进入动物实验室内的实验人员亦必须按照4个不同的微生物学质量级别(普通级动物、清洁级动物、无特定病原体动物、无菌动物)的要求采取相应的措施(如淋浴，穿戴消毒的防护工作服、鞋、帽、口罩等)，以防止将外界的病原体带入动物实验室内。对动物实验室内所用的笼具、垫料、饲料、饮用水、水瓶等物品，亦必须遵照各级动物的要求进行相应的消毒、灭菌之后才可进入动物实验室内。

警示案例

操作不慎，一只老鼠也能引发“血案”

流行性出血热就是以老鼠为主要传染源的传染病。

1961年，莫斯科一家研究所的实验人员从流行性出血热疫区捕捉到一些野鼠并带回实验室，由于疏忽而把这些野鼠放在了室内暴露的场所。过了不久，该实验室中有63人出现发热状况，1周后又增加了30人。最后事故被认为是野鼠身上带有的出血热病毒以气溶胶的形式污染了实验室空气，导致实验人员感染了流行性出血热。

1998年，西安某高校使用大鼠进行实验，在给实验大鼠做放血、解剖操作时有2名学生被大鼠咬伤，29名实验人员中有9人感染了流行性出血热。

2. 消毒　这里以饲养CL和SPF级大、小鼠的屏障环境设施为例说明消毒过程。

(1)屏障环境设施运转前的熏蒸消毒：消毒方法和流程如下。

1)甲醛溶液(福尔马林)熏蒸消毒。甲醛溶液熏蒸消毒是利用甲醛与高锰酸钾发生氧化还原反应过程产生大量的热，使其中的甲醛受热挥发，经一定时间后杀死病原微生物。其原理是甲醛具有醛基，醛基具有较强的还原性，高锰酸钾为强氧化剂，所以两者在一起能发生氧化还原反应。反应时产生大量的热，使甲醛以气体形式挥发，扩散于空气中和物体表面，使蛋白质变性凝固和脂类溶解，达到对细菌、芽孢、真菌和病毒等微生物杀灭的效果。

2)消毒前的准备工作包括以下几点。①压力测试与密封：压力测试获得满意结果后，表明动物饲养室已经处于气密状态，此时即可进行消毒。②消毒材料与试剂：防毒面具、工作服、鞋套、小鼠盒、量杯、塑料袋、大鼠盒、玻璃棒、胶带、剪刀、天平、甲醛溶液和高锰酸钾。③消毒试剂用量：以消毒房间的容积计算消毒药品的用量，其计算公式如下。

$$\text{甲醛溶液用量} = 40\ \text{mL} \times \text{房间容积}(\text{m}^3)$$

$$\text{高锰酸钾用量} = 20\ \text{g} \times \text{房间容积}(\text{m}^3)$$

3)消毒步骤具体如下。①消毒前再次清洗地面、墙面，不能有灰尘等异物；②对需要密封处用胶带密封，用于熏蒸消毒的容器应尽量离门近一些，以便于操作后能迅速撤离；③做好高锰酸钾的分装及溶解，用天平称取需要量的高锰酸钾，置于广口、较大的容器内，加入清水适量(没过高锰酸钾)，用玻璃棒搅匀；④做好甲醛溶液的分装，用量筒量取需要量的甲醛溶液，将甲醛溶液徐徐倒入高锰酸钾中，由于熏蒸时两种药品混合后反应剧烈，一般可以持续10～30 min，并释放热量，因此，盛放药品的容器应尽量大一些(盛放高锰酸钾容器的容积不宜小于甲醛溶液体积的4倍，并要求容器耐腐蚀、耐热，尤其是在高温季节，否则易引起火灾)；⑤操作者迅速离开现场；⑥关好房门，用胶带将房门封严。

4)通风。①熏蒸48 h后完全通风2天；②为防止排出的甲醛气体伤人，在正式排风前要检查建筑物周围，不要让无关人员进入；③一旦房内开始通风，不得停止送风和排风，否则将必须重新按上述步骤消毒后方能使用。

5)注意事项具体如下。①熏蒸消毒人员不得戴眼镜，且身体健康，动作敏捷；②将不能进行高压灭菌、药液浸泡灭菌的物品分别摆放在笼架上，等待用熏蒸法消毒、灭菌；③熏蒸前用高压灭菌5套经双层包装的工作服、内衣、内裤、口罩、手套及毛巾，待用；④消毒后，实验人员进入屏障区内前需洗澡、穿戴灭菌工作服。

(2)屏障环境设施运转中的维持消毒：维持消毒的注意事项及流程如下。

1)维持消毒的注意事项：具体有以下几点。①过氧乙酸混合液的配制：将A、B瓶等体积充分混合，24 h后方可使用。②消毒药液要交替使用，避免产生抗药性。

2)常用的维持消毒用消毒剂的浓度：见表9－2。

表9－2 维持消毒用消毒剂的浓度

消毒剂	过氧乙酸	次氯酸钠	苯扎溴铵	聚维酮碘	消毒灵(拟除虫菊酯)
浓度(%)	0.2～0.5	1.5	0.1	6	0.4～0.5
剂量(mL/m^3)	27.2	—	27.2	27.2	27.2
配制浓度	1份混合液，30份水	1份混合液，67份水	1份混合液，50份水	1份混合液，16份水	1份混合液，20份水

(3)动物实验设施在发生疫情后进行动物饲养时的消毒程序：具体如下。

1)将动物全部清理、转移出饲养室(对患病动物在室内先进行安乐死后包装好)，用消毒灵灭虫。

2)用3%～5%甲酚皂溶液(来苏)喷雾消毒后，将能高温灭菌的设备移出，清理饲养室。

3)干燥。

4)用中性洗涤剂洗刷墙壁、门窗、天花板和地面，必要时可用2%热碱水洗涤，再用高压水冲洗。

5)关闭空调及通风口，人员更衣入室，用0.05%～0.2%苯扎溴铵或3%～5%甲酚皂溶液喷雾消毒。

6)干燥。

7)对死角、排水沟、地面等再次消毒。

8)干燥。

9)人员更衣入室，用水喷湿墙面、地面、天花板及一切用具，用薄膜和胶带密封实验室，在第二更衣室放置隔离服备用，用甲醛熏蒸消毒饲养室及辅助房间24～48 h。

10)启动排风系统、通风换气。

11)清理消毒物品，将实验动物送入饲养设备。

(二)实验人员的安全规范

避免动物实验室实验人员职业伤害的有效措施是：实验人员需要持证上岗，实验动物来自取得生产许可证的实验动物繁育生产场所；动物实验需在取得实验动物使用许可证的动物实验设施内进行；实验人员应严格执行实验动物的检疫隔离、实验动物繁育生产及动物实验的各项标准操作规范；实验人员进出实验动物屏障环境设施时应遵循操作规范。

动物实验人员进出环境设施：外部区域→门禁机→门厅→登记(脱外套、鞋，摘首饰等，把要带入的仪器放入传递窗、喷雾，开紫外线灯)→进入→用消毒液洗手→第二更衣室(先用75%乙醇自动喷手消毒，戴口罩，穿无菌衣、鞋套，再戴好灭菌手套，把无菌包扔到第一更衣室，再用75%乙醇自动喷手消毒→风淋(120 s)→内准备室→动物实验室或饲养室(完毕后清理桌面、地面)→污物走廊→非洁净区→门厅，换回自己的衣服。

(三)动物实验的基本操作技术

动物实验技术的好坏既关系到实验人员的安全，又关系到实验结果的准确性，是实验室安全规范的重要内容。动物实验操作不当容易造成人员受伤、动物逃逸、环境污染等危害，应予以重视。同时，正确的实验操作技术也是实验动物伦理学的重要组成部分，可使动物免遭不必要的伤害。

1. 动物的抓取与固定　因动物实验的实验对象为活体动物，掌握正确的实验动物抓取、固定方法对动物实验的顺利开展尤为重要。

(1)小鼠的抓取与固定：在小鼠较安静时打开笼盖，捏住鼠尾，将其提起，放在表面较粗糙的平面或笼盖上，轻轻地向后拉鼠尾。当其向前爬行时，用手捏住小鼠颈部两耳间的皮肤。提起小鼠，将鼠体置于掌心，用无名指或小指压紧其尾根部。

(2)大鼠的抓取与固定：在大鼠较安静时打开笼盖，用手捏住其尾根部并提起，注意减少大鼠悬空的时间，避免尾部皮肤脱落。用拇指和食指夹住大鼠颈部，其余3指及掌心握住大鼠身体中段，将其拿起。

(3)家兔的抓取与固定：家兔一般不会咬人，但其爪较锐利。抓取时，家兔会使劲挣扎，要特别注意其四肢，防止被其抓伤。抓取家兔的方法是用右手抓住家兔颈部的被毛和皮肤，轻轻地把家兔提起，左手托起家兔的臀部。

2. 受试物的给予方法　在大多数的动物实验中，需对实验动物进行给药处理，常用的方法如下。

(1)小鼠灌胃法：用左手固定小鼠，使其身体呈垂直略向后仰的状态，拉直颈部，右手持灌胃器。沿小鼠体壁用灌胃针测量口角至最后肋骨之间的长度，将此长度作为插入灌胃针的深度，然后经口角将灌胃针插入口腔，与食管成一直线，轻轻转动针头，刺激鼠做吞咽动作，再将灌胃针沿上腭壁缓慢插入食管2~3 cm，通过食管的膈肌部位时略有抵抗感。如动物呼吸正常且无异常挣扎行为，即可注入受试物。如遇阻力，应抽出灌胃针重新插入。一次灌注剂量为0.1~0.3 mL/10 g。操作宜轻柔，防止损伤食管，如受试物误入气管内，动物会立即死亡。

进行小鼠灌胃的注意要点：①要将小鼠固定好；②使小鼠的头部和颈部保持平展；③进针方向正确；④一定要沿着口角进针，再顺着食管方向插入胃内；⑤决不可进针不顺就硬向里插。可用12号注射针头自制灌胃针，磨钝针尖(有条件的话，在针尖周围点焊成圆突)即形成灌胃针。灌胃针针长5~7 cm，直径为0.9~1.5 mm。将灌胃针连接于1~2 mL的注射器上，即形成灌胃器。

(2)大鼠的静脉注射方法：大鼠尾部血管与小鼠的情况类似，在背、腹侧及身体左右两侧均为集中分布，每侧均有由数对伴行的动、静脉组成的血管丛。在这些血管中有4根十分明显：背、腹侧各有1根动脉，身体两侧各有1根静脉。身体两侧的尾静脉比较容易固定。大鼠尾部的皮肤常呈鳞片状角质化，因而将大鼠固定露出尾巴后，需先用酒精棉球擦，使血管扩张，同时使表皮角质软化。然后将尾部向左或向右捻转90°，此时尾部表面静脉怒张。用左手拇指和食指捏住鼠尾两侧，用中指从下面托起尾巴，再用无名指和小指夹住尾巴的末梢；右手持注射器(带5号针头)，使针头与静脉接近平行(小于30°)，从尾下1/5处(距尾尖34 mm，此处皮薄，易于刺入)进针。先缓慢注入少量药液，如无阻力，可继续注入。一般推进速度为0.05～0.1 mL/s，一次注射剂量为0.5～1.0 mL/100 g。如需反复注射，应尽可能从尾端开始，之后向尾根部方向移动注射。

3. 实验动物的麻醉　麻醉是从事动物实验工作不可缺少的内容。安全麻醉对动物实验有两层意义：一是善待动物；二是提高动物实验的效率。安全麻醉会对动物实验创伤的愈合或健康的恢复起积极作用。

(1)常用的实验动物的麻醉方法：全身麻醉和局部麻醉。实验中可通过吸入、注射(静脉、皮下、肌内、腹腔等)、口服、灌胃、灌注直肠等方法麻醉动物。

(2)常用的麻醉药物：①吸入麻醉药，有氧化亚氮、氟烷、甲氧氟烷、安氟醚和异氟醚、地氟醚、乙醚、氯仿等；②静脉麻醉药，有硫喷妥钠、地西泮、咪达唑仑、氯胺酮、丙泮尼地、羟丁酸钠、安泰酮等；③局部麻醉药，有可卡因、普鲁卡因、丁卡因、利多卡因、丁哌卡因、氯普鲁卡因等；④肌肉松弛药，有琥珀胆碱、筒箭毒碱、阿库氯铵、卡肌松等；⑤镇痛药，有吗啡、哌替啶、芬太尼、纳洛酮等；⑥镇静催眠药，有苯巴比妥钠、异戊巴比妥钠、戊巴比妥钠和司可巴比妥(速可眠)；⑦神经安定药，有氯丙嗪、异丙嗪、乙酰丙嗪、利血平等。

(3)常备的急救药：①抗副交感神经药，有阿托品、东莨菪碱等；②升压药，有肾上腺素、去甲肾上腺素、异丙肾上腺素、麻黄碱、多巴胺等；③中枢兴奋药，有尼可刹米、咖啡因、二甲弗林等。

(4)麻醉药物的注射途径：静脉注射(iv)、腹腔注射(ip)、肌内注射(im)、皮下注射(H)等。

(5)实验动物麻醉的注意事项：具体如下。

1)实验动物在麻醉之前应禁食8 h以上。

2)在麻醉之前应准确称量动物体重。

3)麻醉药物的剂量，除参照一般标准外，还应考虑个体对药物的耐受性，而且体重与所需剂量的关系也并不是绝对成正比的。一般来说衰弱和过胖的动物，其单位体重所需剂量较小。

4)在使用麻醉药物的过程中，应随时注意观察动物的反应情况，尤其是采用静脉注射时，绝不可以按体重计算出的剂量匆忙进行注射。

5)动物在麻醉期体温容易下降，要采取保温措施，尤其在冬季更应注意。观察体温变化，可在动物肛门插入体温计，正常的肛门温度是大鼠37.5 ℃、小鼠37.5 ℃、家兔39 ℃、豚鼠39.5 ℃、狗38.5 ℃、猪39.0 ℃、羊39.5 ℃、猴39.0 ℃。

6)静脉注射必须缓慢，同时观察肌肉紧张性、角膜反射和对皮肤夹捏的反应，当这些活动明显减弱或消失时，立即停止注射。配制的药液浓度要适中，不可过高，以免麻醉过急，但也不能过低，以减少注入溶液的体积。

7)在寒冷的冬季做慢性实验时，麻醉剂应预热至动物体温水平。

四、实验动物安全事故应急处理

(一)安全事故

实验动物安全事故主要指实验动物传染病暴发、实验动物设施严重破坏、停电、漏水及火灾等严重影响公众健康、导致环境污染或影响科学研究正常秩序的事件。

(二)制订应急预案

为了及时控制安全事故，应制订相应的应急预案，保护人员和公共环境安全，保障科学研究秩序。应急预案主要包括以下内容。

1. 应急组织体系　建立由主管领导、应急处理相关部门负责人及相关专家组成的应急指挥组织，建立应急设施设备、急救药品等资源储备。

2. 事故通报体系　由于对事故大小的判定标准不同，首先，应建立发现异常逐级上报体系，其次，应明确火灾等重大公共安全事件的直接报告方法，以避免误报引起的公众恐慌及对重大事故控制的延误。

3. 事故分析、诊断体系　由实验动物管理、安全保卫及设施设备管理等人员组成技术支持队伍，对所报告的事故进行分析和诊断，能够科学、及时地处理事故。

(三)处理原则

1. 以人为本原则　人的生命是最重要的，在处理紧急事故时，首先要保证自身和其他人的安全。

2. 科学诊断原则　依据科学方法，采取可靠的技术，观察、处理紧急事故，避免造成事故影响的进一步扩散，将危害降到最低。

3. 依法依规原则　依据法律法规有条理地处理事故，避免慌乱处置造成事故失控。

(四)处理措施

1. 隔离措施　隔离患病动物和可疑感染的动物是预防传染病的重要措施之一。隔离是为了控制传染源，防止健康动物继续受到感染，以便将疫情控制在最小范围内并就地予以扑灭。隔离措施是根据实验动物的种类对其进行针对性检查，确认没有感染方能使用。对新进入的动物应进行检疫隔离。检疫隔离的时间：小鼠、大鼠、沙土鼠、金黄地鼠和豚鼠为5～15天，兔、猫、犬为20～30天，非人灵长类动物为40～60天。

无论是实验动物繁育检疫隔离室，还是实验动物其他检疫隔离室，对其管理均需遵循如下原则：如果是为补充种源或开发新品种而捕捉的野生动物，必须在当地进行隔离检疫，并取得动物检疫部门出具的证明；野生动物运抵实验动物处所后需经再次检疫，而且检疫隔离室必须为负压隔离室；如果动物来源不清楚，而且是珍贵动物，必须在负压隔离室内进行检疫；如果动物来源清楚，且有兽医证明是清洁级以上级别的实验动物，可以使用正压检疫隔离室，也可以使用负压检疫隔离室进行检疫；境外实验动物的检疫期为 1 个月。

检疫隔离室应提供以下保障措施。

(1)需提供对人、动物和环境的保护设施。

(2)对用于进、出检疫隔离设施的物品均需消毒、灭菌。

(3)检疫隔离设施的中心区被设定为最危险级别。

(4)检疫隔离室的安全度应达到Ⅱ级以上生物安全级别，洁净度应符合实验动物屏障环境设施指标。

(5)在符合检疫隔离所需条件的基础上，应考虑可行性及方便检疫人员的检查需求。

(6)除硬件设施符合标准外，管理制度要健全，应提前制订紧急预案和防范措施。

2. 销毁措施　对已确认患重大传染病的动物，必须进行销毁，以避免造成人员感染或动物疫病扩散。集中销毁动物的数量较大时，必须注意安全。销毁时的注意事项有以下几点。

(1)实行销毁的人员要做好个人防护，必要时戴防护面具。

(2)由于动物数量大，需要的试剂量比较大，应考虑周全，订购数量足够的试剂，避免影响处理效率。

(3)必须严格包装动物尸体，避免遗撒，造成污染。

(4)处理过程中应注意动物福利和伦理，遵守相关要求。

第三节　生物技术实验室安全

生物技术是应用生物学、化学和工程学的基本原理，利用生物体(包括微生物、动物细胞和植物细胞)或其组成部分(细胞器和酶)来生产有用物质，或为人类提供某种服务的技术。生物技术可以追溯到石器时代，人们利用谷物酿酒就是最早的发酵技术；周朝后期，人们开始制作豆腐、酱油和醋；《痘疹定论》中记载，我国宋代已发明人痘接种术以预防天花病毒。现代生物技术是从传统生物技术演变而来的，以 20 世纪 70 年代 DNA 重组技术的建立为标志，其中以基因工程、细胞工程、酶工程、发酵工程为代表的现代生物技术已被广泛应用于医药、卫生、农业、化工等领域，成为解决人类健康、环境污染、粮食紧缺、能源匮乏等人类生存发展中一系列重大问题的突破口。然而，自生物技术诞生之初就饱受争议，其潜在生物危害可能对实验人员和外界环境造成不可逆的影响。因此，与生物安全有关的生物技术就一直引起科学家的担忧和高度关注，这主要表现在两方面：一方面是科研人员在开展实验时对生物技术的非故意误用或缪用；另一方面是对生物技术的恶意使用或缪用。但无论是故意还是非故意，其结果都将对人类健康和社会发展造成潜在或现实的巨大危害。

一、生物技术实验室的生物风险

生物技术实验室的生物风险是指人为非故意应用生物技术获得具有高致病性、高传染性、特定生物靶向性和环境抵抗性等中的一种或多种特性的改构微生物而可能造成的对实验人员和社会人群、环境的风险。生物技术实验室的生物风险主要表现在以下几个方面。

(一)基因工程改造病毒、细菌和细胞的风险

基因工程是利用基因拼接技术和DNA重组技术，以分子遗传学为理论基础，以分子生物学和微生物学的现代方法为手段，将不同来源的基因按预先设计的蓝图，在体外构建杂种DNA，然后导入活细胞，以改变生物原有的遗传特性、获得新品种、生产新产品的遗传技术。

1. **基因工程改造后的病毒、细菌和细胞具有不可预见的潜在风险** 这源于人们尚未完全弄清复杂的遗传信息的内在调控机制、传递机制、表达机制等，生物技术发展迅速，有些在当前技术条件下检测安全的，不能保证在未来更先进的技术条件下同样安全。

2. **基因工程改变了病毒、细菌的致病性** 可能使无害或弱致病性的病毒、细菌转变成有害或强致病性的病毒、细菌，威胁实验人员、社会人群的健康和环境的安全。

3. **基因编辑科学脱靶的潜在风险** 基因编辑是一种新兴的、比较精确的、能对生物体基因组特定目标基因进行修饰的一种基因工程技术，其具有永久性和不可逆地改变生物基因组的潜能。然而，无法预测所有的改变结果都是所期望的，目前还没有技术能完全保证避免脱靶效应，只是概率大小的问题，一旦发生脱靶性突变可能会引起肿瘤的发生，严重危害人体健康。

基因编辑婴儿事件

2016年6月开始，某大学副教授贺某某私自组织包括境外人员参加的项目团队，蓄意逃避监管，使用安全性、有效性不确切的技术，实施国家明令禁止的以生殖为目的的人类胚胎基因编辑活动。2017年3月至2018年11月，贺某某通过他人伪造伦理审查书，招募8对夫妇志愿者(艾滋病病毒抗体男方阳性、女方阴性)参与实验，最终有2名志愿者怀孕，其中一名已生下双胞胎女婴“露露”“娜娜”，另一名在怀孕中。2018年11月26日，贺某某宣布一对名为“露露”和“娜娜”的基因编辑婴儿于11月在中国健康诞生。这一消息迅速激起轩然大波，震惊了世界。

基因编辑婴儿事件后有逾百名科学家联名发声，坚决反对、强烈谴责开展人体胚胎基因编辑的行为。根据《刑法修正案(十一)草案》的规定，违反国家有关规定，将基因编辑的胚胎、克隆的胚胎植入人类或者动物体内，情节严重的，处三年以下有期徒刑或者拘役，并处罚金；情节特别严重的，处三年以上七年以下有期徒刑，并处罚金。贺某某团队主要成员于2019年12月30日被依法进行刑事处理。

(二)生物合成技术的风险

生物合成技术是生物技术领域的又一热门课题，是指将细胞在基因水平上分离成基础“组件”(包括基因组等)，再通过设计和利用这些生物组件成分构成新的生物体。

1. 生物合成技术形成新的生命有机体，对生物多样性存在潜在影响　生物合成技术形成的新生命有机体一旦因各种原因逃离实验室，其活体或代谢产物与自然界其他生物接触并产生影响，将可能通过自然界的竞争关系抑制或促进某种生物，或产生其他非预期效应而影响自然界生物多样性。

2. 生物安保风险　生物合成技术可以在不需要天然模板的条件下，通过化学合成细菌或病毒，随着生物合成技术的发展，新生命有机体的合成可以在生物安全实验室以外操作，这将为生物安全管理带来极大挑战。该技术一旦被故意地误用和缪用于制造生物武器，极易引发生物恐怖问题。

知识链接

生物合成马痘病毒，“世纪幽灵”天花病毒恐再度现身

天花可以称得上是历史上最致命的疾病之一。在历史上，天花病毒几乎可以被视作是“死亡”的代名词，在欧洲人踏上美洲大陆之后，当地的约3000万印第安人在短短100年之内就仅剩不到100万人，这一定程度上是受到天花病毒的影响。为了消灭这种疾病，人类花费了几十年的时间，投入了无数财富。而在2018年1月19日，加拿大阿尔伯塔大学病毒学家David Evans却凭借着一个小型专业团队外加十万美元就要将这个恐怖的幽灵重新带回人间。他们已经重新合成了马痘病毒——这是一种天花病毒的近亲。David Evans在科学期刊*PLOS One*上刊文描述了化学合成拥有21.2万个碱基对的马痘病毒及其相关合成技术方法。由于其与天花病毒之间具有高度同源性，其技术方法可直接应用于合成天花病毒，存在引发生物恐怖活动或生物战争的风险。

该事件发生后引起全球各界强烈关注，目前全球人口对天花病毒几乎没有任何有效的免疫力，一旦生物合成技术被恐怖分子故意误用或缪用，制造出的天花病毒将引发巨大灾难。

二、生物技术实验室的生物安全防护

由于生物技术的潜在生物危害可能对实验室人员和外界环境造成不可逆的影响，因此，与生物安全有关的生物技术就一直让科学家们感到担忧并受到高度关注。1972年至1975年来自不同国家的一百余位科学家召开了多次有关重组DNA技术安全性的研讨会，尤其是1975年阿西洛马会议组委会提交了研究准则草案，并以“预警性思考”的形式应用于生物技术规制。1976年，美国国立卫生研究院发布了《关于重组DNA分子研究准则》(the Guidelines for Research Involving Recombinant DNA Molecules)，为重组DNA技术应用研究的可持续推进提供了规制保障。随后，德、法、日等国相继建立了重组DNA技术安全操作规范或指南。1983年，世界卫生组织出版了《实验室生物安全手册》，鼓励各国接受和执行“生物安全”的概念，并鼓励针对本国实验室制定生物安全操作规范。《实验室生物安全手册》截至2004年已发布第3版，针对生物技术领域(如基因敲除、重组DNA)的生物安全提出了建议。2000年1月29日，134个国家代表签署《卡塔赫纳生物安全议定书》，以保护生物多样性不受由转基因活生物体带来的潜在威胁。2018 年至 2020 年间，发达国家将生物安全问题视为国家安全战略的重要组成。美国卫生与公众服务部于 2019 年 1 月发布《国家卫生安全战略实施计划（2019—2022）》，强调采取措施研究生物威胁，提高生物安全的预防、检测、防范能力；2018 年7 月，英国发布《英国国家生物安全战略》，强调防范当前和未来可能面临的生物风险；2019 年 6 月，日本发布《生物战略 2019》，重点关注的领域即包括合成生物学与基因工程的生物安全。

近年来，我国先后发布和实施《生物技术研究开发安全管理办法》（2017 年 7 月）、《中华人民共和国人类遗传资源管理条例》（2019 年 3 月），建成并启用最高等级（P4）生物安全实验室，初步形成了国家生物安全实验室体系。2020 年 10 月 17 日，第十三届全国人民代表大会常务委员会第二十二次会议通过《中华人民共和国生物安全法》，明确了维护国家生物安全的总体要求，指出以保障人民生命健康为根本目的，强调了以保护生物资源、促进生物技术健康发展、防范生物威胁等为主要任务。《中华人民共和国生物安全法》自 2021 年 4 月 15 日起实施，对于维护国家生物安全、防范和应对生物安全风险、保障人民生命健康、保护生物资源和生态环境、促进生物技术健康发展、推动构建人类命运共同体、实现人与自然和谐共生具有重要意义。

从以上论述中可以发现，各国对于生物技术的安全高度重视，在从生物技术领域获益的同时，应采取有效的生物安全防护措施，避免其生物危害可能造成的不可挽回的损失。因此，为达到安全目的，应从以下几个方面开展生物技术实验室的生物安全防护。

（一）建立健全生物技术实验室的各项制度，做实做细生物安全培训

根据实验室的实际情况建立健全符合国家标准的生物技术实验室管理制度，明确组织机构和职责，责任到人，建立生物安全事件调查溯源制度。根据实验对象、危害评估、研究内容、设施特点等做实做细实验室生物安全培训，严格执行实验室准入制度，对培训合格的人员方可授权进入实验室。此外，还应建立生物技术实验室操作规范、实验室生物安全清单制度、生物安全标准制度、生物安全审查制度等。

（二）建立并执行严格的生物技术实验室生物风险调查评估体系

根据风险监测的数据、资料等信息，定期组织开展生物安全风险调查评估。风险评估体系可以确定生物技术相关实验的生物危险性，有效防止生物技术对实验人员、社会人群和环境的潜在危害。

（三）实施生物控制

在用基因工程技术改造样本的同时，根据其具有的潜在生物危害的重组 DNA 有机体的特殊性质，改造样本的宿主－载体系统，使样本仅能够在实验室特定条件下存活，在外部环境中几乎无法生存、繁殖。例如，美国国立卫生研究院的 HV_1 生物控制系统和 HV_2 生物控制系统就是基于生物控制的目的而确立的。

（四）合理采用物理防护屏障

物理防护屏障是指利用各类建（构）筑物、实体屏障及与其配套的各种实物设施设备和产品构成系统，以防范安全风险。根据《实验室生物安全通用要求》（GB19489—

2008）的规定，可将物理防护屏障分为一级防护屏障和二级防护屏障。一级防护屏障包括生物安全柜、个人防护装备，如实验服、隔离衣、连体衣、塑料围裙、鞋袜、护目镜、安全眼镜、面罩、防毒面具、手套等；二级防护屏障包括实验室的设施结构，如墙壁、地板、天花板等和具有净化过滤功能的通风系统等。

知识链接

《中华人民共和国生物安全法》第四章　生物技术研究、开发与应用安全

第三十四条　国家加强对生物技术研究、开发与应用活动的安全管理，禁止从事危及公众健康、损害生物资源、破坏生态系统和生物多样性等危害生物安全的生物技术研究、开发与应用活动。

从事生物技术研究、开发与应用活动，应当符合伦理原则。

第三十五条　从事生物技术研究、开发与应用活动的单位应当对本单位生物技术研究、开发与应用的安全负责，采取生物安全风险防控措施，制定生物安全培训、跟踪检查、定期报告等工作制度，强化过程管理。

第三十六条　国家对生物技术研究、开发活动实行分类管理。根据对公众健康、工业农业、生态环境等造成危害的风险程度，将生物技术研究、开发活动分为高风险、中风险、低风险三类。

生物技术研究、开发活动风险分类标准及名录由国务院科学技术、卫生健康、农业农村等主管部门根据职责分工，会同国务院其他有关部门制定、调整并公布。

第三十七条　从事生物技术研究、开发活动，应当遵守国家生物技术研究开发安全管理规范。

从事生物技术研究、开发活动，应当进行风险类别判断，密切关注风险变化，及时采取应对措施。

第三十八条　从事高风险、中风险生物技术研究、开发活动，应当由在我国境内依法成立的法人组织进行，并依法取得批准或者进行备案。

从事高风险、中风险生物技术研究、开发活动，应当进行风险评估，制定风险防控计划和生物安全事件应急预案，降低研究、开发活动实施的风险。

第三十九条　国家对涉及生物安全的重要设备和特殊生物因子实行追溯管理。购买或者引进列入管控清单的重要设备和特殊生物因子，应当进行登记，确保可追溯，并报国务院有关部门备案。

个人不得购买或者持有列入管控清单的重要设备和特殊生物因子。

第四十条　从事生物医学新技术临床研究，应当通过伦理审查，并在具备相应条件的医疗机构内进行；进行人体临床研究操作的，应当由符合相应条件的卫生专业技术人员执行。

第四十一条　国务院有关部门依法对生物技术应用活动进行跟踪评估，发现存在生物安全风险的，应当及时采取有效补救和管控措施。

三、生物技术实验室的其他风险因素及其防护

引起生物技术实验室非生物因子风险的因素主要包括实验过程中可能接触的有害化学物质、紫外线、放射性同位素等。

(一)有害化学物质的防护

生物技术相关实验常用到多种有害化学试剂，其中部分具有致癌性、诱变性或致畸性(表9－3)。生物技术实验室常见的有害化学试剂及其危害见表9－4。

表9－3 生物技术实验室常见的致癌物、诱变物或致畸物

分类	试剂名称
致癌物	放线菌素、秋水仙素、放线菌酮、溴乙啶、焦炭酸二乙酯、甲氨蝶呤、吖啶类化合物等
诱变物	亚硝酸、叠氮化钠、甲基磺酸乙酯、硫酸二乙酯、乙烯亚胺、亚硝基乙基脲、氮芥类化合物等
致畸物	氨基蝶呤、有机溶剂类化合物、有机汞化合物等

表9－4 生物技术实验室常见的有害化学试剂及其危害

试剂名称	危害
溴乙啶	有剧毒、强致癌作用，可经吸入吸收
甲醛	对皮肤、黏膜有刺激作用，长期暴露于甲醛环境中可损伤机体的呼吸系统、神经系统和免疫系统功能；具有致癌性
乙腈	极易挥发，可经吸入、食入、皮肤吸收，具有致畸性和致突变性
肼	有剧毒，对眼睛、皮肤和黏膜有强烈的刺激和腐蚀作用
苯甲基磺酰氟	严重损伤呼吸道黏膜、眼睛及皮肤，可经吸入、食入、皮肤吸收，具有致命危险
焦炭酸二乙酯	它是一种强烈但不彻底的RNA酶抑制剂，具有潜在致癌性
硫酸二甲酯	对眼睛、上呼吸道有强烈的刺激作用，对皮肤有强腐蚀作用，具有突变性和致癌性

针对有害化学物质的防护主要以避免人身直接接触为主。这就要求在生物技术实验室内应按操作规范佩戴手套、鞋袜、护目镜、面罩并穿罩衣或实验服，禁止抽烟、喝水和吃饭。对致癌物、诱变物及致畸物应按要求小心存放并配备警戒标识，应在指定位置使用或转移以上物质，并且应特别小心，防止无意中洒出粉末或微滴。实验结束后，应在防护状态下清洗所有可能沾染以上物质的设备、器械、实验台、墙壁、地面等，防止污染实验人员。一旦发现以上物质的粉末或液滴污染了罩衣、衣服或鞋子，应立即进行冲洗或脱掉焚烧处理。如果皮肤偶然接触以上物质，应保持镇定，立即用流水冲洗接触部位5～10 min，再用肥皂清洗。

(二)紫外线的防护

生物技术实验室内常用紫外线照射来进行灭菌和DNA检测。短时间的紫外线照射可对眼睛、皮肤造成损伤，引发皮肤红肿、瘙痒及眼睛流泪、剧痛等反应。长时间暴

露于紫外线照射下将破坏人体免疫系统，甚至引发皮肤癌。为避免紫外线照射，应按要求佩戴护目镜、防护面罩并穿戴防护服，减少因皮肤暴露导致的紫外线危害。

（三）放射性同位素的防护

放射性同位素，如^{125}I、^{3}H、^{32}P等，具有辐射危害，危害性与受照射剂量成正比，长期受辐射照射，会使人体产生不适，严重的可造成人体器官和系统的损伤，导致各种疾病的发生，如白血病、再生障碍性贫血等，并且能够使基因产生突变，具有遗传性。因此，应采取有效措施避免和最大程度地减少外来的辐射剂量，避免吸入、食入、皮肤接触放射性同位素，应严格遵守操作规章，在实验过程中应穿戴防辐射工作服、鞋子、手套、面罩等；储存放射性同位素时应采用恰当的防护屏蔽措施，可使用低原子量物料（如铝和有机玻璃等）制成屏蔽容器来储存放射性同位素，并设置安全警示；实验室应配备放射性监测仪，以监控辐射污染情况等。

（刘　娜，赵　博）

第十章　解剖类实验室安全

解剖类实验室包括人体解剖实验室和病理解剖实验室。人体解剖实验室是集教学、科研于一体的实验场所，在医药类高等学校和医院开展医学实验教学中具有重要的地位，也是支撑医学科研的重要场所。病理解剖实验室是形态学实验教学、科研取材、切片制作、临床病理诊断及病理尸体解剖的场所。解剖类实验室均涉及人体标本，存在较多的安全隐患。本章将涉及人体标本的安全问题作为切入点，重点阐述包括实验室设施、仪器设备、人员、废弃物、尸体标本等相关安全问题，旨在明确解剖类实验室安全工作的重点，提高高校师生的重视程度和警惕性，为实验室日常安全管理提供指导和参考，对提高师生的实验室安全意识、减少安全隐患、降低事故发生率具有重要意义。

第一节　人体解剖实验室安全

人体解剖实验室具有覆盖医学类大多数专业、参与学生众多、实验教学和科学研究任务量大等特点。因此，此类实验室涉及的安全问题较多，如人体标本的收集、防腐、保存、使用、处理及伦理问题，实验室通风、冷藏等相关设备及仪器的安全运行问题，有毒、易燃试剂的管理问题，废气、废液的处理问题等，存在复杂的安全隐患与风险。

一、人体解剖实验室安全概述

人体解剖学是研究正常人体形态、结构及毗邻关系的科学，属于生物科学中形态学的范畴。恩格斯对解剖学的评价为“没有解剖学，就没有医学”。这说明了人体解剖学的重要性，表明了人体解剖学是医学后续课程的根基学科。人体解剖学注重对人体形态、结构的描述，名词较多，偏重记忆。因此，对于人体解剖学而言，实验教学极其重要，需要将书本知识与对解剖标本或模型等的观摩相结合，且要着重于对学习标本的辨认和对尸体解剖操作要领的掌握。人体解剖学作为医学领域内的一门基础课，以及医学生最早接触的医学必修课和启蒙课，具有重要的、举足轻重的作用。医学生学习人体解剖学主要以理解和掌握人体形态、结构的基本知识为主，为学习后续医学课程打下基础。

人体解剖实验室是实施正常人体解剖学实验教学、实习和探索研究的场所，医学生通过对标本或模型的观摩和对尸体的解剖，进一步理解和掌握人体各系统器官的形态、结构、位置毗邻及其联系。人体解剖学实验课程不仅能作为医学生的第一门医学基础实验课，也能培养医学生的职业素质，促进医学生实践能力、创新能力及综合素质的提高。目前，为满足临床医学和转化医学发展的需求，人体解剖实验室所承担的任务逐渐由基础医学向临床医学转变，如临床应用解剖研究、精准外科手术模拟训练和实践等。

人体解剖实验室的安全与广大师生的生命财产安全，以及学校和社会的安全稳定息息相关。做好人体解剖实验室的安全工作应做到以下几点：安全工作的执行方针必须坚持“以人为本、安全第一、预防为主、综合治理”的原则，始终将国家法律法规和国家强制性标准作为底线，要深入落实红线意识和底线思维；要建立健全实验室安全责任体系，由学校、二级部门、实验室组成三级联动体系；对实验室实行精细化管理和运行，形成完善的运行机制；应做好实验室安全宣传教育，针对可能存在的安全风险和行为进行系统性培训。

人体解剖实验室安全包括实验室建筑设施安全、环境安全、仪器设备安全、实验过程安全、尸体标本安全、生物残体及废液的处理安全、水电安全、消防安全、财产安全及人身安全等，任何安全问题均不容忽视，一经发现应立即处理。另外，还应建立健全人体解剖实验室安全准入体系，其中包括完善安全管理制度，构建安全实验环境，落实物品、捐献尸体和器官的安全准入细则，增强实验人员的安全意识，定期培训安全知识和安全技能，以增强师生对人体解剖实验室安全的认识，为顺利开展相关实验及培养广大医学生的良好职业素养奠定基础。

二、人体解剖实验室的仪器设备安全

对人体解剖实验室中仪器设备的安全管理应在满足使用要求的前提下，更注重安全可靠性，具体管理措施应参照《教学仪器设备安全要求总则》(GB 21746—2008)中的要求执行。本部分仅介绍人体解剖实验室中特殊仪器设备的安全要求。

(一)解剖台

常用的解剖台有一般解剖台、可移动解剖台或带吸附材料的可移动解剖台等，一般要求为不锈钢材质，应具备耐腐、耐磨、耐火、耐高温、防水及易清洗等特点，且能产生低温和下抽风，升降模式为手动或电动，并配有漏电保护装置。温度应维持在0 ℃以下，以冷藏标本。下抽风能减少进行标本示教或局部解剖操作时甲醛的挥发，明显降低室内的甲醛浓度。

(二)尸体冷藏冷冻柜

尸体冷藏冷冻柜主要用于冷藏为防腐而存放的尸体，应符合中华人民共和国专业标准《尸体冷藏箱》(YY 91114—1999)的要求。尸体冷藏防腐应与其他防腐手段结合，以达到防腐、防霉、防变色、防变形的效果，实现对尸体的保色、保形和自然复形。尸体冷藏冷冻柜的外壳应采用耐腐蚀的不锈钢材料，保温层应采用聚氨酯发泡材料。同时，对尸体冷藏冷冻柜应配备计算机温控系统和系统故障报警系统，如高温报警、低温报警、传感器故障报警、开门报警等。

(三)手术无影灯

手术无影灯能满足转化医学和精准医学对临床医学、基础医学教学和科研的要求，现已成为现代人体解剖实验室的基本配置，也是理想的照明设备。一般采用 LED 手术无影灯，它具有灯泡寿命长、省电、使用经济等优点。在使用过程中应注意经常检查无影灯的紧固件，定期用软布或海绵、湿布清洁，经常用软布清除前面罩玻璃表面的灰尘，用酒精、乙醚等对聚光灯外罩进行消毒或高压灭菌消毒。在无影灯灯体上严禁悬挂设备以外的其他物品，禁止非专业人员拆卸或更换滤光器，严禁打开灯头外壳。一般使用单个灯头，应尽量少用 2 个灯头重叠照明。

（四）紫外线消毒车

紫外线消毒车是医疗卫生部门、科研单位、制药、食品工业等作为杀菌和空气消毒的专用设备，采用紫外线消毒杀菌原理，能够有效杀灭微生物、蛋白酶及其他生命攸关的物质，对消毒物无损伤、无腐蚀、无污染，但过度接触会灼伤皮肤，或引起老年性白内障，甚至引起皮肤癌等，应避免直接照射人体。应选择可调节照射角度、具有定时关机等功能的紫外线消毒车。

（五）尸体转运车

尸体转运车是用于将尸库、尸体冷藏冷冻柜内的尸体转运到解剖台上的工具。实验室一般选用带有电子控制面板的运送车，这种运送车可控制升降高度，在不同的场合使用，尽可能避免与尸体直接接触。

（六）应急洗眼器

应急洗眼器用于在解剖示教过程中甲醛或含有甲醛的组织块飞溅入眼时的紧急处理，其水龙头一般采用脚踏式、肘式或感应开关，配有可调式热水。当水龙头压力超过 1 MPa 时，应及时减压。

（七）物品柜（架）

一般采用嵌墙式或挂墙式物品柜（架）。储物柜（架）应与地面保持一定间距，物品柜（架）应与墙体牢固连接，自身承载能力应充足，且横隔板可上下移动。

三、人体解剖实验室的尸体标本安全

遗体在人体解剖学教学与科学研究中起着直接教具与科研材料的作用，国内用于医学的遗体来源渠道多，如红十字会、公检法、民政（福利院）、医院、工地等，但一些遗体死因不明，用于教学时需经过严格的消毒和固定。在确保无任何安全隐患的前提下，还应注意其隐私安全，执行标准可参考《入出境尸体和骸骨卫生处理规程》（SNT 1334—2003）。

（一）尸体标本的卫生要求

尸体消毒评价标准应符合《消毒与灭菌效果的评价方法与标准》（GB 15981—1995）的规定，且致病菌不应检出。进行防腐处理后，防腐液应流遍尸体全身，将其表面皮肤处理干净，整齐缝合皮肤切口，用酒精棉球堵塞表面管孔，尸体无臭味，形态完整，表皮无脱落，裸露皮肤干燥，胸腹部体表尸斑消失、无腹水。经密闭包装的尸体应无腐败液体渗出，无臭味散出。

(二)尸体标本的处理程序

为预防致病菌的传播,减轻对尸池中的防腐液的污染,应对所有来源的尸体进行消毒和防腐等处理。尸体标本的处理程序具体如下。

1. 登记　需要登记的信息包括与尸体所系标牌编号相符的编号、身高、性别、年龄、死因、体表特征、防腐灌注时间和防腐剂的配方、存放尸池的位置等。在灌注后的尸体入池或入尸体柜前,应将标识牌固定在其腕部或踝部。

2. 消毒及防腐　一般流程包括尸体体表处理及消毒、排血、定形、固定防腐、保存、废弃物,以及实验人员、环境、器械的清毒等。

(1)尸表处理及消毒:实验人员应确保穿戴好高筒水靴、长袖乳胶套、隔离衣、口罩和帽子等防护用品后方可处理尸体。处理尸体前应将袖口和裤口捆扎牢固,以免感染传染病或宿主媒介物。处理尸体时,应用消毒剂喷洒尸体及衣物,脱掉尸体衣物后,再喷洒和擦洗体表,将表面孔道彻底清洗干净,然后用消毒棉球堵塞表面孔道以防止尸体内液体的流出。一般使用广谱杀菌消毒剂,如过氧乙酸、戊二醛、苯扎溴铵等,既可去除异味,又不破坏尸体皮肤颜色。但在消毒处理过程中应注意,消毒剂应保持在尸体表面超过 35 min,在进行尸体防腐前,不必用消毒剂冲洗。

(2)排血:对离体器官、四肢等标本或死亡时间较长,及有轻度腐败的尸体,或有特殊需要的尸体等,需进行排血处理。一般在尸体防腐固定前进行排血。处理时,将含有 4 g 枸橼酸钠的血液抗凝剂从动脉端推入,使其从静脉端流出,直至无血色的液体流出后再进行防腐灌注处理。

(3)定形:对消毒、清洗处理后的新鲜尸体或某一残肢,在防腐固定前,要根据标本设计的特殊要求,按照解剖学姿势来调整尸体姿势,将弯曲的肢体伸直,对手指可用砖头或铁块等重物压直。

(4)固定防腐:为了很好地保存整个或局部尸体,以防止其腐败,必须要进行妥善固定防腐的处理。

1)灌注方法。为延长尸体的保存时间及提高尸体的保存质量,一般采用全身灌注固定防腐,辅以局部注射防腐。全身灌注固定防腐可选用静脉输液管和输液针头灌注防腐液,通过尸体的心血管系统灌注至全身各处。灌注一般选在不影响外观、方便解剖的部位,如股动脉、肱动脉、颈总动脉、腋动脉,最常选用股动脉。如果动脉灌注困难,则可选择与上述动脉同名的静脉进行灌注。这种全身灌注采用逆向式循环,常易导致防腐液在局部充盈不充分,需要用长注射针头注射器向腹腔、胸腔、口腔、颅腔注射适量的固定防腐液。在灌注固定防腐液的过程中应进行增压处理,多采用直接注射法、吊桶灌注法和加压泵灌注法。直接注射法主要适用于婴儿尸体、离体器官和肢体的局部注射,一般用带有 12 号或 9 号针头的 50 ~ 100 mL 注射器直接注射。吊桶灌注法利用重力作用进行灌注,采用 20 L 下口瓶或用底部开口的试剂瓶,灌注高度为 1.5 ~ 2 m。加压泵灌注法是利用加压泵将灌注液通过血管切口持续灌注入标本中,可减轻技术人员的工作量,且具有过压保护功能,可防止发生血管撑破现象。

2)固定防腐剂选择。一般使用醛类防腐剂。甲醛是最常用的醛类防腐剂,无色透明,为 35% ~40% 浓度的水溶液,固定防腐时常用 10% 的甲醛溶液(实际含 4% 的甲醛）。甲醛用于防腐保存标本的历史已有百余年，其特性为使蛋白质发生不可逆变性或凝固，易溶于水，渗透力较强，组织浸泡后的收缩力降低、尸体色泽较好、经济实惠、防腐杀菌力很强，但会引起组织变硬，弹性较差，组织易于断裂，具有强烈的黏膜刺激性和一定的致癌性，且易挥发。因此，最好选用不含或少含甲醛的固定液，可添加辅助试剂，如某些盐类可减缓组织变硬，甘油可减缓尸体的干燥，乙醇能加快液体渗透且具有防霉功能等。近年来，市场上出现的新型灌注固定液已被应用于临床医生的培训和人体解剖学教学中。这类固定液具有低毒环保、广谱杀菌、成分性质稳定、渗透性较好、保存时间长、维持标本质感和颜色等优势，能有效抑制各种致病菌、腐生菌、霉菌等微生物，且对于标本的原有形状、体积、弹性、韧性和硬度的维持较好，与新鲜标本形态相近。

3）灌注液剂量。一般使用剂量是尸体体重的20%左右，成尸 10～15 L，童尸 4～10 L，婴尸、离体脏器和肢体用量以每个注射部位完全饱和为准。防腐液灌注的饱和状态应根据尸体表面的变化评判，评判方法如下：成尸灌注 6～12 h 表现为掌心饱满、腹部膨隆、口腔和鼻腔大量泡沫出现；婴尸、离体脏器和肢体表现为局部注射和大血管注射阻力较大。一般血管灌注效果优于局部注射。灌注结束后需缝合尸体防腐点切口，完成一次体表消毒，经 30～60 min 后将尸体冷藏保存于聚乙烯塑料薄膜袋或专用防水尸袋中，或浸泡保存于保存液中。

（5）尸体保存：经防腐固定后编号，一般实验用标本需要保存 1 年以上。一般采用以下 2 种保存方法。

1）冷冻法保存。冷冻环境为 -10～4 ℃，将固定后的标本用尸体袋保存，能有效维持胸、腹腔脏器的位置，以利于制作断面标本、铸型标本和透明标本，但冷冻设备能耗大、造价高。另外，新鲜尸体的保存也常用冷冻保存法，不做灌注防腐处理，使用时自然解冻，最接近新鲜标本，可模拟真实“患者”，便于临床开展手术培训时使用。但这种方法保存时间短，标本腐败较快，且存在生物安全风险。

2）浸泡法保存。保存环境为室温，用盛有防腐液的加盖尸体槽或尸池浸泡灌注固定后的尸体。浸泡保存液常用10%的甲醛溶液，或新型无甲醛环保保存液，或10%的甲醛溶液与新型灌注固定液的混合液。这种保存方式设施简单、容易维护，能持续固定标本，存放时间更长。

（6）废弃物、环境、器械及实验室人员清毒：在处理完尸体后，对废弃物、环境、器械及实验室人员需进行全面消毒。

1）废弃物处理。对尸体衣物及包装物，应烧毁处理。

2）环境消毒。使用1%的过氧乙酸或其他消毒剂进行喷雾式消毒。

3）器械消毒。使用1%～5%甲酚皂溶液或0.2%～0.4%过氧乙酸水溶液，浸泡30 min进行消毒。

4）实验室人员消毒。使用0.05%～0.1%苯扎溴铵水溶液，浸泡手部 3～5 min，洗浴冲淋全身，对更衣室进行喷雾消毒。

知识链接

甲醛泄漏事故及其危害

2012年2月15日，某大学实验室发生甲醛泄漏，事故中不少学生喉咙痛、流眼泪，感觉不适。实验室飘出白色气体，学生捂鼻、眯眼、一路小跑，师生紧急疏散。原因是做实验时教师违规离开。

甲醛能与蛋白质结合，吸入高浓度甲醛后，会出现呼吸道的严重刺激和水肿、眼刺痛、头痛，也可发生支气管哮喘。皮肤直接接触甲醛可引起皮炎、色斑、坏死。经常吸入少量甲醛，能引起慢性中毒。室内空气中甲醛含量达到0.1 mg/m^3时，人体就会感到空气中有异味和不适；甲醛含量达到0.5 mg/m^3时，甲醛就刺激眼睛、引起流泪；甲醛含量达到0.6 mg/m^3，会引发人的咽喉不适或疼痛。甲醛浓度更高时，可引起恶心、呕吐、咳嗽、胸闷、气喘甚至肺水肿。甲醛含量达到30 mg/m^3时，会致人死亡。

（三）尸体标本的使用要求

一般标本的最佳使用效果为浸泡保存1年以上。尸体入池后，应每半年全面检查1次，观察是否有霉变现象，检查保存液容量及浓度变化，发现异常情况应及时调整和处理。使用标本时，应用纱布遮住标本面部，以保护死者隐私。将标本用尸袋包裹后放于常温解剖台备用，使用完毕用保存液浸湿的棉布或保鲜膜盖住标本暂存，或者将标本置于配有升降功能的多功能解剖台内，使用时升出液面操作，结束后降入液面以下保存。也可以使用具有冷藏功能的解剖台，将标本置于尸袋中，使用前、后在低温条件下保存，以便于操作。

（四）尸体库的生物安全和管理要求

1. 消毒设施要求　这里指的主要是针对新鲜尸体进行的消毒防腐处理。新鲜尸体进入实验室后，应严格对其进行彻底消毒。一般有3次消毒程序。第1次，对实验室进出车辆、人员的消毒，在入门处设置消毒池和消毒走廊，消毒池的长度按最大车轮周长的2倍进行配置，在消毒走廊安装喷雾消毒装置；第2次，在尸体消毒处理间进行，消毒设施与第1次消毒类似；第3次，在尸体灌注处理间进行，应配置消毒池并安装喷雾消毒器械。对以上消毒程序必须制定相应的消毒规程并严格执行。

2. 尸库消毒　对尸体的消毒应安全有效。应保持尸库各功能区环境清洁，对尸库应进行例行制度化消毒，消毒应全面彻底，不留死角，对日常消毒、定期消毒和突击消毒的时间、次数、用药方法等均应建章立制。应根据不同消毒药有效成分的作用、特性、原理、使用方法，科学选择2种以上消毒药，配伍成最佳浓度的消毒剂，并定期更换消毒剂，使各种消毒剂的优势互补作用充分发挥。还应定期捕杀尸库内的老鼠，蚊、蝇等传播疾病的媒介动物，以达到充分消毒的效果。

3. 尸库管理　尸库管理应实行责任制，由专人负责，库内物品应严格执行出入库登记制度，不能随意取材。非实验室人员谢绝入内。

四、人体解剖实验室生物残体及废液的处理

根据2021年生态环境部公布施行的《国家危险废弃物名录(2021年版)》中的规定，凡列入《危险化学品目录》的化学品废弃后均属于危险废弃物。人体解剖实验室产生的生物残体及废液，大多含有甲醛、苯酚等防腐剂，这些成分属于腐蚀性有毒化学品，因此在废弃后应该按照危险废弃物处理，具体应参考以下标准执行，如《危险废弃物贮存污染控制标准》(GB 18597—2001)、《国家污水综合排放标准》(GB 8978—1996)、《大气污染物综合排放标准》(GB 16297—1996)等。

(一)危险废弃物的一般贮存要求

对危险废弃物应使用符合标准的器具，设置专门的设施或区域集中贮存。容器内应预留充分的空间，即容器顶部与液体表面之间应预留10 cm以上距离。容器上必须粘贴符合要求的危险废弃物标签，标签上应注明危险废弃物的主要成分、危险类别、化学名称、安全措施、废弃物产生单位、联系人、出厂日期等详细信息。

(二)危险废弃物的贮存容器

盛装危险废弃物的容器应当符合标准及相应的强度要求，必须完好无损，确保在放置、搬运和运输过程中不能发生泄漏、遗撒事故，容器材质和内衬材质应与危险废弃物相容，不能相互反应。液体危险废弃物贮存时，应选择开口直径小于7 cm且有放气孔的盛装桶。

(三)危险废弃物贮存设施的运行与管理

危险废弃物的情况应由危险废弃物的产生者和贮存者做好记录，须注明危险废弃物的名称、来源、数量、特性和包装容器的类别、入库日期、存放库位、出库日期及接收单位名称等信息。以上记录和货单在危险废弃物回收后应继续保留3年。贮存期间，必须定期检查所贮存的危险废弃物包装容器及贮存设施，一旦发现破损，应及时采取措施清理更换。泄漏液、清洗液、浸出液的排放必须符合《国家污水综合排放标准》(GB 8978—1996)的要求，气体导出口排出的气体经处理后应满足《大气污染物综合排放标准》(GB 16297—1996)的要求。

(四)危险废弃物贮存设施的安全防护与监测

危险废弃物贮存设施都必须设置警示标识，应参照《环境保护图形标志固体废物贮存(处置)场》(GB 15562.2—1995)标准执行，并在危险废弃物贮存设施周围设置围墙或其他防护栅栏，同时配备通信设备、照明设施、安全防护服装及工具，并设有应急防护设施。对清理危险废弃物贮存设施产生的泄漏物，均应按危险废弃物处理。危险废弃物贮存设施的监测按国家污染源管理的要求执行。

(五)危险废弃物的处理

人体解剖实验室的危险废弃物包括生物残体、废液及损伤性废弃物。

1. 生物残体的处理　生物残体可按照由国家卫生和计划生育委员会(现为国家卫生健康委员会)和国家环境保护总局(现为中华人民共和国生态环境部)共同制定的《医疗废物分类目录》中的病理性废弃物处理。暂时性贮存时，应使用专用袋将危险废弃物贮

存于低温或者防腐环境中，由殡仪馆集中焚烧处理。

2. 废液处理　按照危险废弃物的特性分类收集、贮存实验室产生的废液，非危险废弃物和危险废弃物不得混合储存，暂时存放须按照本单位规定进行，由单位统一委托有危险废弃物经营许可证的单位收集、贮存、利用、处置，严禁将其排入排水管道或者直接排放入水体。

3. 损伤性废弃物　针头、刀片等损伤性废弃物易致伤、划伤，对其应使用大小合适的利器盒盛装，并贴上注明废弃物的名称、产生单位、联系方式、危险提示等信息的标签，由所在单位主管部门统一、集中处置。

警示案例

标本管理不当引发的不良事件

2005 年 8 月 12 日，某市经济开发区兴陕路中段一垃圾箱里，群众扔垃圾时发现几具尸骨，一时谣言四起。金牛综合市场里一位饭店老板去扔垃圾时发现了尸骨，有 2 具已经干枯的脊梁骨，其中 1 具带头，另有 1 具无头的上半身尸体，看见 1 只手和指甲后，他才知是人的尸骨，赶紧打电话向该市公安局经济开发区分局报案。据他观察判断，应该是三人“被害”。该市公安局、区分局、经济开发区分局领导对现场进行勘察后，尸骨被警方带走尸检。随后，该市公安局根据尸骨情况初步判断与医学部门有关，后经大量调查，查实是某学院丢弃的。该学院一负责人接受记者采访时说，暑假期间学校实验室人员为新学期学生做标本可能“嫌麻烦”，将尸骨残体扔在了兴陕路的垃圾箱内。事前他们已与火葬场联系好了，并给实验室人员做了安排，经费也批了，谁知“下边办事人员这么不负责任”。他们将对其进行严厉处罚。

第二节　病理解剖实验室安全

病理解剖学是一门连接基础医学与临床医学的“桥梁”学科，是研究疾病状态下人体细胞、组织、器官结构特征的形态学学科。病理解剖实验室包含医学院校病理学实验室、医院病理科实验室及进行病理尸体解剖的实验室。医学院校病理学实验室是医学院校形态学实验教学的重要场所，同时可作为科研实验中实验动物的取材及切片的制作场所；医院病理科实验室是临床病理诊断的重要场所；病理尸体解剖实验室是进行疾病状态下的尸体解剖的场所，后文中将分别采用“病理解剖实验室”和“尸体解剖实验室”来代表这 2 种实验室。病理解剖实验室的危害主要包括生物危害和化学危害等，存在的安全隐患比较复杂，但由于外界对病理解剖实验室的了解程度不足，其受关注和重视程度较低。本节通过对病理解剖实验室的危害因素进行分析，提出防护措施，以提高病理解剖实验室工作人员和病理科工作人员的自身防护意识、改善职业环境，并能最大程度地降低职业危害风险。

一、病理解剖实验室的风险

由于病理实验教学、病理检验的特殊性，病理解剖实验室日常工作中涉及多种化学试剂及各类来自人体及动物的组织和体液标本，这些都导致病理解剖实验室存在的安全风险较一般实验室更为复杂。

（一）病理解剖实验室的风险来源

总体看来，病理解剖实验室风险的一般来源包括生物性因素、化学性因素和物理性因素。

1. 生物性因素　病理解剖实验室中的生物性因素主要指病原微生物对实验人员的危害和对环境的污染，病理解剖实验室接触的每一份标本都可被看作是潜在的传染源。

(1)生物性因素的来源：其包括各类新鲜组织标本、体液标本、细胞学穿刺标本及组织细胞培养标本。其中，新鲜组织标本包括术中冰冻组织、课题研究组织学标本；各种体液标本包括尿液、腹水、痰、胸腔积液、心包积液、支气管肺泡灌洗液、宫颈液基标本、纤支镜毛刷标本等。

(2)感染途径：主要包括直接接触感染、气溶胶吸入感染和实验室的二次感染。

1)直接接触感染：在病理解剖实验室各种操作(取材、细胞学穿刺、组织细胞培养等)中新鲜组织或组织液通过利器损伤造成创面接触污染或溅到操作者眼、鼻、口黏膜而导致感染。最常见的血源性感染有针头或利器损伤造成的乙肝病毒、梅毒螺旋体和人类免疫缺陷病毒等感染。

2)气溶胶的吸入。细胞学制片及组织细胞培养制片过程中烤片、吹片操作产生的气雾，术中进行冰冻切片时产生的组织碎屑升腾形成的气雾等都是气溶胶的来源。气溶胶是结核分枝杆菌最重要的传播途径，在处理肺结核患者标本时实验人员可吸入气溶胶引起实验室获得性结核病。每一空气容积传染性微滴核的数量(传染性微粒密度)和易感个体对微粒密度接触的时间决定了人是否会感染结核分枝杆菌，因此，病理解剖实验室人员感染结核病的机会比一般人群要高。

3)实验室的二次感染：是指未及时处理的组织标本、体液标本、组织细胞培养标本、操作器械等对实验人员造成的危害及对环境的污染，受上述标本污染的地面、实验台、仪器设备等也会产生二次感染，开放的污物垃圾桶等也可能造成对接触人员的二次感染，同时会造成对环境的污染。

2. 化学性因素　病理科工作人员工作中不可避免地要使用各种有毒、易挥发的化学试剂，这些化学试剂对人体存在潜在的危害。

(1)毒性试剂：病理解剖实验室中常用的试剂，如甲醛、甲醇、氨、二甲苯及免疫组化显色剂等，均有一定的毒性。甲醛对上呼吸道、眼睛和皮肤均有强烈刺激性，除使人产生头痛、流泪、咳嗽等反应外，还会对神经系统、免疫系统、生殖系统、肝、肾等产生毒害作用，并有一定的致癌作用，美国国家职业安全卫生研究所(MOSH)已将甲醛列为人体疑似致癌物。二甲苯可经呼吸道、皮肤及消化道吸收，短时间内吸入高浓度的二甲苯，会出现头晕、头痛、恶心、呕吐、四肢无力、意识模糊等中毒症状，长期接触二甲苯可引起以中枢神经系统损害为主要表现的全身性疾病。免疫组化染色最常用的显色剂是二氨基联苯胺(DAB)，其反应产物也是一种致癌的诱变剂。

(2)腐蚀性试剂：病理解剖实验室中常用的过氧乙酸、冰醋酸、乙醚、盐酸、酒精、氨水等化学试剂大都具有腐蚀性和挥发性，其与实验室人员长期接触，容易对皮肤、黏膜、神经系统、胃肠道及呼吸道造成一定的不良影响，甚至可能导致组织器官的功能紊乱。

3. 物理性因素　机械操作、温度、噪声等为常见的物理性因素。病理科工作人员在标本的取材、切片制作等过程中均有被锐器刺伤、割伤的可能，如使用轮转式或滑动式切片机，机器中的刀片较为锋利，若工作人员操作不慎可能会导致切割伤。进行包埋熔蜡、摊片、烤片时，较高的温度可造成工作人员烫伤。

(二)尸体解剖实验室的风险来源

机体死亡大部分为病理性死亡，尸体中会存在各类潜在的感染源，如病毒、细菌、真菌、衣原体、支原体、朊病毒和寄生虫等。进行尸体剖检时，行检的病理医生和技术人员暴露于感染源即面临被感染的风险。一般来说，感染性物质是通过针、手术刀等锐利的操作工具意外刺伤而进入操作者机体的，同时，病原微生物也直接通过操作者皮肤、黏膜表面的伤口进入机体。

尸检操作中会产生具有多种成分的气溶胶，如在切颅骨和椎体时会有骨尘气溶胶的产生。若使用有弹性扣盖、橡胶塞或软木塞的容器，当打开容器的盖子或塞子时，会有气溶胶的产生甚至有溅出物。结核病、狂犬病、鼠疫、军团病、脑膜炎球菌血症、立克次体病、球孢子菌病和炭疽等传染病患者身上的病原体也可能通过尸检时产生的气溶胶感染病理医生和技术人员。

二、病理解剖实验室的设施设备要求

病理解剖实验室按照从事病理诊断和教学或尸体剖验的目的不同有相应的设施设备要求，本部分内容主要介绍病理解剖实验室的设施设备要求。

(一)病理解剖实验室的设施设备要求

1. 布局和要求　实验室必须合理布局，工作区域主要分为污染区、半污染区和非污染区，应将这些区域明确分开，做到既相互联系，又互不干扰和污染。

(1)污染区：包括标本接收室、取材室、标本储藏室、细胞涂片制作室、冰冻切片室等。其污染源主要是临床送检的标本和属于危险品的化学试剂。在污染区内应安装紫外线灯等消毒装置，每天定时或即时消毒，必须设置独立的排风及排污系统，以便排放有害气体。

(2)半污染区：包括组织包埋室、切片制作室、HE染色和其他染色实验室以及一些相关技术实验室、病理诊断室、组织切片和蜡块储存室、大体标本制作室和陈列室等。其污染源主要为危险品的化学试剂。为便于有害气体的排放，在半污染区内也应安装通风设备。

(3)非污染区：包括办公室、会议室、档案室、示教室、休息室等，在其内不应有生物性(任何组织标本及体液标本)和化学性的污染物存在。在非污染区内应该安装良好的通风设施，保持室内空气新鲜。

2. 配备设施　一旦出现事故能在最短时间内进行救治和处理，使对实验室人员造成的伤害和对实验室造成的破坏降低至最低限度。

(1)基本防护用品：需配备工作衣、手套、口罩、眼镜、面罩等劳动防护用品，供实验室人员需要时使用。

(2)喷淋洗眼设备：安装紧急喷淋洗眼器，当皮肤、眼睛受污染后，可通过快速喷淋、冲洗把伤害程度降至最低限度。

(3)通风设施：安装配有标准排风系统的通风柜台，用于取材、配制和使用有毒性的化学试剂，使工作中产生的有害废气从通风柜里排走而不会散发到整个实验室。同时在实验室内应安装良好的通风设施，如排气扇(全室通风)，以将实验室中的有害废气排出。

(4)紫外线灯：对有污染物的实验室要在天花板或墙壁上固定安装紫外线灯(离地面 2.5 m 左右为宜)，以进行消毒。

(5)消防器材和设施：实验室要配备足够数量的消防器材和设施，消防器材不得移作他用，楼梯、走廊内不得堆放杂物，保证消防通道畅通。

(6)急救药箱：药箱内应包含消毒药水、止血贴等，以备急救时所用。

(二)尸体解剖实验室的设施设备要求

1. 布局和要求　尸体解剖实验室的布局及其设施设置应以为解剖实验室人员提供良好的工作环境，并具备预防感染的能力、方便操作为前提。

(1)通道设置：尸体解剖实验室一般位于地面一层，应为尸体解剖实验室人员进出设置专用通道及大门，另设置专供尸体和运尸人员进出的厅道和面对运输道路的大门，使人与尸体不共道。

(2)排水设施：除一般的地下排水设施外，为保证大量用水冲洗地面的需要，应另增设地面排水槽。

(3)房间设置：包括解剖间(必要时应专设 1 个传染病病例解剖间)、取材间、更衣间、卫生间、洗澡间、接待室等基本结构。解剖间的面积一般不应小于 40 m^2，整个尸检区域及其涉及内容均应被指定为生物危害区域并张贴适当的警告标志。

(4)排风系统：理想的尸检区域应当通风良好，具备负压气流排气系统，并包含 1 个单独的低流量隔离室。

2. 配备设施　用于尸体剖验、实验室日常消毒及污染物处理。

(1)消毒设施：紫外线灯的设计亦应根据房间的大小，以每 10 m^2设 30 W 紫外线灯为参数进行计算。解剖间及更衣间均应设置洗手池，配置安放洗手液及消毒液的设备，安装感应式或胳膊碰撞式水龙头开关。

(2)解剖床及其器材：包括不锈钢材质的解剖台、柜子、器械车、运尸车等器具。解剖台台面在满足工作需要的前提下，应越简单越好。槽式台面虽然可以有效防止水的外溅，但因为有缝隙及容易藏污纳垢，建议选择一体压模成型浅碟面设计，其可适合各种解剖需要，且一般不会积水，便于清洁和消毒。

(3)通风及排气设备：设计中心通气及换气系统，可以采用管道式中央送风及排气系统。

(4)解剖尸体时的个人装备：对于所有的尸体解剖，都需要配备个人防护设备，如刷手服、长袍、帽子、防水套袖、塑料一次性围裙、护目镜、N95颗粒面罩、鞋套、手套等。进行高风险操作时可使用防切割和防刺穿的手部保护装置(如塑料或钢手套),以减少损伤。

(5)污水排放和处理系统:可避免在尸体解剖实验室各项操作中产生的污水对环境造成污染。

(6)其他:为减少设备带来的污染,操作者可选用脚踏式或声控式录音机,以口述记录剖验所见情况。

三、病理解剖实验室的人员安全

(一)严格按照规范操作

1. 病理解剖实验室的规范操作　为降低病理解剖实验室操作者职业暴露的可能性,最大程度地降低病理解剖实验室的生物危害,病理解剖实验室操作人员必须严格按照规范操作。

(1)标本处理:手术标本、穿刺及内镜活检标本必须放置于多于组织体积4倍以上量的含10%中性福尔马林的密封容器内固定;对胸腔积液、心包积液、腹水、尿液等体液标本必须进行密封送检,需严防渗漏;对手术中的新鲜冰冻组织标本,在离体后应迅速放入标本袋内并密封;对高危传染病患者的标本,如HIV阳性患者的标本、开放性结核的痰标本,应做高危标本的标记;对法定传染病阳性患者的标本还应加贴相应的感染标识,对所有容器及指定存放地点都应有生物危害标识,同时应避免其与他人接触。细胞学制片应尽量在生物安全通风柜中进行,避免用热风吹片或酒精灯烤片而产生气溶胶造成吸入或环境污染。

(2)个人防护:口罩、帽子、鞋套、手套、防护衣是必备品,有条件者还可以配备防护眼镜、活性炭口罩等。

(3)规范操作:实验人员应掌握规范的洗手方法,增强规范安装及使用水龙头的意识。

(4)消毒处理:有效的消毒处理是病理解剖实验室规范化管理的重要组成部分,但一直是病理解剖实验室安全防护较为薄弱的环节。

1)实验室的空气消毒:在操作完成后进行紫外线消毒,紫外线灯离地面不应超过2.5 m,照射时间不应少于30 min;也可使用空气熏蒸器或循环紫外线空气消毒器进行空气消毒。

2)实验室台面、地面的消毒:可用0.1%过氧乙酸或有效氯喷洒或拖地,对实验室、办公室等场所地面要湿拖,禁止干拖干扫。拖把应专用,污染区、清洁区的拖把不得混用,拖把使用后应浸泡消毒,冲洗干净后悬挂晾干。

3)金属器械的消毒:可用2%碱性或中性戊二醛溶液浸泡2 h,冲洗后再干热灭菌或进行高压蒸汽灭菌。

4)常用仪器的消毒:冰冻切片机本身具有消毒功能(福尔马林熏蒸),可定期或必要时即时消毒。

5)贵重仪器的消毒:显微镜、离心机、天平、冰箱、通风柜、温箱等贵重仪器的消毒可用2%碱性或中性戊二醛溶液擦拭，也可用环氧乙烷。

2. 尸体解剖实验室的规范操作　为了尽量减少尸体剖验过程中被感染的风险，尸体解剖实验室内首先应该有充分的保护屏障。在尸体解剖实验室内操作时应遵循以下几点。

(1)将所有尸体视为潜在的感染源：尸检时难以确定哪些病例含有感染源，谨慎的做法是将所有尸体视为潜在的感染源。在家属签署了知情同意书的情况下，工作人员可进行包括脑和脊髓在内的完整尸检。在操作过程工作人员应采取国家疾病预防控制中心或世界卫生组织制定的标准感染控制预防措施。所有的程序都是以降低飞溅、溢出物的量，减少飞沫或气溶胶风险的操作方式来进行的。

(2)严格做好防护：除了正确的着装、屏障保护、组织固定、手部清洁、小心使用锋利的器械、设备和工作台表面的去污等基本的防护外，在尸体解剖实验室内还要求进一步地正确处理、清理溢出物，对出现的意外损伤立即治疗，出现突发事件时应立即通知安全管理、感染控制、环境健康等相关部门。

(3)助手配备：因尸体剖检过程中需要记录，如器官重量、大小和其他观察内容，为方便尸检人员操作的同时降低记录材料污染的可能，可配备一个相对“清洁的”尸检助手，帮助记录或协助拿取所需物品。

(4)剖检顺序：如果要按顺序进行多个尸检，为避免尸检人员疲惫、精力不足，应首先进行感染风险最大的尸体的解剖工作。

(5)污染仪器设备放置：所有污染的仪器设备等均应该被放置在指定区域，如尸检台、仪器台、解剖区和水槽等。记录的文书不得被污染，可将污染的文书上的信息通过拍照的方式安全转移出去。

(6)锋利器械的使用：在使用锋利的器械和针头时，尸检人员应该特别小心，尽量降低发生伤害的风险。

1)针头：在尸检过程中，尸检人员应尽可能避免使用针头，吸出液体时可使用钝针和冲洗球，禁止重复使用针头，以避免处理针头时发生针刺事故。对针头和其他锐器在使用完毕后，应当直接放进入利器盒，不应该随意放置在工作区周围。

2)刀具和剪刀：拇指、食指和中指的远端的意外自我割伤是病理医生最常见的损伤。这种类型的损伤通常发生在解剖过程中或修剪组织用于包埋时。尸检时可使用剪刀来替代手术刀，如使用钝头剪刀取出脏器。当一只手使用尖锐的器械时，另一手应该使用一个长柄的镊子固定组织，切勿用另一手直接拿或者固定组织。对于高风险的病例，可以使用钢丝手套或其他材质的防割手套。去除胸骨时应用刀具或大剪子切割肋骨、软骨交界处的肋软骨，同时应将手术毛巾放在肋骨边缘的切口上，以防止造成刮伤。使用长刀对体积大的器官进行切割时，解剖人员应使用厚海绵或纱布，以便于用非操作手稳定器官。在尸检结束缝合体壁时，应用大齿镊子或有齿钳固定皮瓣。

3. 传染病的防护　病理解剖实验室中存在着各种潜在的传染源，病理解剖实验室组织样本、解剖实验室的尸体中可能存在着大量的病原微生物。如术中冰冻新鲜组织取材遇有活动期结核病灶、梅毒、HIV及不明情况的感染性标本时极易造成操作者及环境的污染。冰冻切片制作过程中产生的细小气雾也极易播散到空气中引起实验室的污染。

一些病原微生物离体后仍可存活一定的时间，如结核分枝杆菌具有较强的抵抗力，在阴暗处可存活数周，含结核分枝杆菌的痰液小滴的尘埃在 8～10 h 后仍有传染性。有报道称结核分枝杆菌在干燥痰液中可存活 6～8 个月。因此，在新鲜组织取材时必须做好个人防护，需佩戴口罩、手套，穿防护服。取材时应尽量在生物安全柜中操作，进行冰冻切片时机器箱盖不应打开过大。进行切片时应动作轻柔以避免碎屑、气雾飞溅。操作过程中做好必要防护，如戴口罩、手套、护目镜等。切片固定时间应相对延长，工作完成后需及时清洗和更换固定瓶及固定液。工作完成后必须立即进行消毒，在全部工作结束后还应打开紫外线灯或空气熏蒸器进行空气消毒。

4. 在病理解剖实验室摄影的注意事项　无论是新鲜标本还是固定标本，都应用盘子将脏器转运至拍摄点，以保持清洁。根据需求选择原位摄影或固定后标本摄影等摄影方式，在已经确定有感染源存在的情况下对固定后的标本摄影更可取。在拍摄点需要戴清洁手套拿照相机或由另一个人拍摄，拍摄完毕后应用消毒剂消毒拍摄点。对照相机、镜头和其他拍摄设备应当使用不影响其功能的杀菌物质消毒。可采用非手动的拍摄系统以减少污染的危险，如脚控式或声控式摄影设备。

5. 应急处理　在操作过程中出现意外暴露时应立即进行处理。

(1)体表接触污染物质：当液体溅入眼、口、鼻黏膜时应立即冲洗，有条件的可使用洗眼器清除被污染物，同时应脱去防护衣、手套、口罩等以避免发生二次污染。如有手部损伤应先脱去手套(避免发生二次污染)，撤离到半污染区，由另一名实验室人员对创面进行规范处理。

(2)刺伤后的处理：如在尸检过程中不慎被刺伤，应立即采取保护措施，如清创、对创面进行严格消毒处理。若被 HBV 阳性患者的血液、体液污染的锐器刺伤时，最好在 24 h 内注射乙肝免疫高价球蛋白，同时进行血液乙肝标志物检查。

四、病理解剖实验室废弃物的处理

病理解剖实验室废弃物处理不当会造成环境污染，如将医疗垃圾和有害的化学物品直接混进生活垃圾一起处理，将实验室产生的有毒废液直接排放到普通的生活污水中，将会对环境带来较大的污染，也会对人类健康造成严重危害。病理解剖实验室应严格按照《固体废物污染环境防治法》《医疗卫生机构医疗废物管理办法》《医疗废物管理条例》和医学院校、医院的有关规定等进行各类废弃物的标识、存放和处理。

1. 危险品处理　常见的危险品主要是指具有易燃、易爆、有毒、腐蚀等性质的化学物质。病理解剖实验室用过废弃的危险品包括废液和固体试剂，对其应分别用专用的密闭无渗漏的容器收集，容器上需贴标签加以识别，并由具有相关废液处理资质的单位进行收集、处理。一些废液，如乙醇，经稀释后符合排放要求的可排入下水道。有条件的可以将废液回收循环利用，如利用 CBG 溶剂回收仪，可以将常用的二甲苯、乙醇和福尔马林等试剂回收，至少有 80% 的试剂可以重复利用，可以减少病理解剖实验室废液的产生。

2. 病理标本性废弃物的处理　病理标本性废弃物主要包括病理解剖实验室中产生的包含人体、动物成分的废弃物，主要包括：临床送检后废弃的人体组织、器官、体液、分泌物、排泄物等；医学实验动物的组织、尸体；病理切片制作过程中废弃的人体组织、病理组织蜡块等。以上物质应被置于黄色垃圾袋中(不得超过袋容积的3/4)，并用一次性锁扎紧。其他生物废弃物的操作与处置详见第五章“实验室废弃物安全”的相关内容。

3. 损伤性废弃物的处理　损伤性废弃物主要是指能引起划伤或刺伤的医疗锐器，包括取材使用的一次性刀片、细针穿刺的针头、载玻片等。此类废弃物均应被存放于损伤性废弃物专用容器内，并由单位相应主管部门收集和处理。

4. 感染性废弃物的处理　感染性废弃物包括被患者组织、体液、分泌物、排泄物污染的容器等物品和使用后的一次性医疗用品和器械等。其应由单位进行收集并统一处理。

5. 尸体解剖残余物的处理　尸检后用去污剂消毒尸体，然后用水冲洗后放于一次性防漏塑料尸体袋中。尸体袋外可放一个警示标识，以警告他人可能有液体漏出。

五、病理解剖实验室的安全管理

国家卫生部(现为国家卫生健康委员会)于2009年印发了《病理科建设与管理指南》。《病理科建设与管理指南》依据《中华人民共和国执业医师法》《医疗机构管理条例》，并结合《传染病防治法》《医疗废物管理条例》等法律法规进行制定，要求加强病理解剖实验室的建设和管理。根据病理解剖实验室的特性，可以将病理解剖实验室的安全管理分为设施和环境的管理、生物安全管理、危险化学品管理和医疗安全管理4个方面。

(一)设施和环境的管理

在病理解剖实验室内应设置危险物品存储间，并按照生物防护级别配备必要的安全设备和个人防护用品，对实验室人员进行岗前培训，保证实验室人员能正确使用各类设备。

病理解剖实验室存放和使用的化学试剂大多数都是危险品，如甲醛、二甲苯、乙醇等。此类化学试剂本身具有毒性、挥发性和易燃易爆性，因此，病理解剖实验室内应禁止明火。同时，为了改善实验室的工作环境，应加强对实验室各类硬件设施的建设和完善，如放置甲醛、二甲苯等试剂的容器，必须有盖且具有完好的密封性，使用时应注意操作，尽可能地减少容器开放的时间。设置科学合理的通风系统可有效降低甲醛等有毒有害气体在实验室空气中的浓度，可安装甲醛浓度监测仪和空气净化系统，监测实验室内甲醛的浓度，有效清除空气中的甲醛，尽量减少甲醛对实验室人员呼吸系统的刺激和损害。购置科学先进的实验仪器，如在切片制作组织脱水环节，使用全封闭式脱水机可明显减少脱水过程中有害气体的挥发。在病理解剖实验室内应提倡使用环保试剂。病理解剖实验室的紫外线灯照射强度应符合标准：使用中的灯≥70 $\mu W/cm^2$，30 W高强度新灯≥180 $\mu W/cm^2$，新购进的灯管≥90 $\mu W/cm^2$。应记录灯管照射累计时间，并有使用者签名。

(二)生物安全管理

1. 确定实验室的安全等级　在病理解剖实验室建设的过程中，均应根据单位(院校、医院等)自身情况建立相应等级的实验室，完善与该病理解剖实验室安全等级相符合的配套设施，完善病理解剖实验室生物安全的管理机制。

2. 完善管理体系　病理解剖实验室均应建立生物安全管理小组，严格执行《中华人民共和国传染病防治法》《中华人民共和国消毒管理办法》《实验室生物安全通用要求》等实验室生物安全的各项法律法规和规章制度，制定安全操作规程。可通过定期举行管理小组会议讨论实验室的生物安全问题、定期组织生物安全知识的宣传和教育、开展生物安全操作培训和考核等措施，来提高实验室人员的生物安全防范意识，完善病理解剖实验室生物安全体系的建设。

3. 加强审查　应定期审查病理解剖实验室开展的实验项目是否符合本单位的生物安全要求，对操作的生物因子进行危险度评估。定期审查病理解剖实验室突发事故应急预案，对实验室安全事件进行风险评估并提出处理和改进意见。

(三)危险化学品管理

对危险化学品的存放与使用应每月定期检查1～2次。检查登记的内容包括：使用封闭性及存放安全状态条件，如室内温度情况；各类化学品容器是否泄漏及卫生清洁的情况；实验室的通风状况；使用人签字；试剂管理员签字等。危险化学品的使用要求请参考第八章的相关规定执行。

1. 危险化学品的存放要求　对危险化学品要按无机物、有机物、药品、生物培养剂等进行分类存放；对无机物按酸、碱、盐进行分类存放；对盐类按金属活跃性顺序进行分类存放；对生物培养剂按培养菌群的不同进行分类存放。药品存放处要有分类索引卡片。对药品柜和试剂溶液均应避免阳光直晒及靠近暖气等热源。应将要求避光的试剂装于棕色瓶中并保存在暗柜中。购进试剂需要验收数量、规格、批号及有效期，试剂瓶上均应贴有清晰的标签。对无标签或标签无法辨认的试剂都要当成危险品重新鉴别后小心处理，不可随意丢弃。

2. 危险化学品的保存要求　病理解剖实验室常见的易燃易爆危险品有乙醇、二甲苯、甲醛等，该类化学品必须有独立的危险品仓库，不能整箱堆放，必须拆箱分类存放于专用的化学品防爆柜中，防爆柜外部应醒目张贴危险品标识并配备灭火装置。不要将易燃易爆药品放在冰箱内(防爆冰箱除外)。此类化学品存储量适量即可，严禁在病理解剖实验室存放大于20 L的瓶装易燃液体。病理解剖实验室常见的腐蚀化学品有盐酸、硝酸等，必须将其与碱性物质、易燃易爆物品分开存放，不能混存。应将该类物质放置于专门的强酸强碱储存柜中，柜外应张贴危险品标识。

(四)医疗废弃物管理

对病理解剖实验室的医疗废弃物应按照《医疗废物管理条例》《医疗卫生机构废弃物管理办法》等相关法律法规的要求进行妥善处理，为将操作、运输、处理废物的危险降至最低，对环境有害作用减至最小，病理解剖实验室应制定科学的废弃物管理制度，应定期对实验室的所有相关工作人员，包括运输和清洁人员等，进行培训及有效监督，确保所有人员掌握废物处理相关的安全工作方法。确保由经过适当培训的人员采用适当的个人防护装备(如手套、防护服等)来处理危险废弃物，同时指定专人负责和协调某些特定的有害废物(如感染性废物、有毒有害废液等)的管理。具体参考第五章相关内容。

(邓同兴，刘　娜)

第十一章　实验室辐射安全

随着科学技术的进步和高校的发展，越来越多的具有辐射性质的分析设备被引入实验室。这些分析设备种类多种多样，工作原理不尽相同，但本质上都属于辐射源，在不规范的操作下，极有可能给实验人员和环境带来危害。本章将概括性地介绍微波辐射、激光辐射、紫外辐射、X线辐射及电离辐射等的原理、危害机制、种类、防护法规、防护标准、防护要求、防护措施及防护方法，以期加强实验室人员和高校师生对辐射危害的认知，增强对辐射危害的防范意识，以科学的态度了解相关的辐射防护规律，遵守辐射防护的有关法律法规，正确、安全地使用放射性物质、操作射线装置。

第一节　辐射概述

一、辐射的概念和分类

自然界中的物体都以电磁波和粒子的形式时刻不停地向外传送能量，这种传送能量的方式被称为辐射。辐射的能量从辐射源向外进行直线放射。物体通过辐射所放出的能量称为辐射能。人类在20世纪末才认识到了辐射的存在。辐射按伦琴/小时计算。

辐射是能量在空间传播的过程。按照辐射的物质性质，可将其分为两大类：一类是电磁辐射，其实质是电磁波；另一类是粒子辐射，它们是一些组成物质的粒子或者原子核。电磁辐射仅有能量而无静止质量。根据频率和波长的不同，可将电磁波分为无线电波、微波、红外线、可见光、紫外线、X射线和γ射线等。粒子辐射既有能量，又有静止质量，是一些高速运动的粒子，其中包括电子、质子、α粒子、中子和带电重离子等。在实践中也常将高能的X射线、γ射线称为粒子辐射。

按照辐射作用于物质时产生效应的不同，人们将辐射分为电离辐射和非电离辐射。电离辐射又被称为核辐射，其包括宇宙射线、X射线和来自放射性物质的辐射。非电离辐射又被称为电磁辐射，其包括紫外辐射、热辐射、无线电波辐射和微波辐射等。

二、辐射对人类健康的影响

所有的辐射形式超过一定限度都可能对人体带来伤害。一般来说，非电离辐射的能量较低，不足以使被辐射物质的原子发生电离，而电离辐射有足够的能量使原子中的电子游离而产生带电离子。这个电离过程通常会引致生物组织产生化学变化，因而可能对生物构成伤害。电离辐射一般是由带电粒子、中子、X射线、γ射线引起的，非电离辐射一般是由无线电波、微波、红外线、可见光、紫外线引起的。从能量和危害的角度看，电离辐射对人类健康的影响远大于非电离辐射，但是在一般的医学、药学和化学实验室中，电离辐射通常比较少见，主要以医用X射线为主。非电离辐射在实验室中主要以微波、紫外线和激光对人类健康的影响比较明显。

第二节　微波辐射安全

随着我国科学技术的发展，微波在国防、科研和工农业生产方面的应用已越来越广泛，这对推动整个社会的发展起着促进作用。但是，微波也给人类社会带来了一种新的危险——微波辐射。

一、微波的性质

微波通常是指频率在0.3～300 GHz的电磁波，是无线电波中一个有限频带的简称，其波长为0.001～1 m，是分米波、厘米波、毫米波和亚毫米波的统称。可以产生微波的器件有很多种，但主要可以分为两大类，即半导体器件和电真空器件。

微波的主要特点是似光性、穿透性和非电离性。似光性是指微波与频率较低的无线电波相比，更能像光线一样地传播和集中；穿透性是指微波与红外线相比，照射物质时更易深入物质的内部；非电离性是指微波的量子能量还不够大，与物质相互作用时，虽能改变其运动状态，但还不足以改变物质分子的内部结构或分子间的键。微波的应用主要是利用它的这些特点。

二、微波辐射源

微波辐射源可分为高功率辐射源和低功率辐射源两类。

(一)高功率辐射源

高功率辐射源是指距辐射源100 m处主束功率密度(能量密度)达0.1 mW/cm^2或以上的辐射源，如卫星通信系统、军用探测和跟踪雷达、气象雷达、航空交通控制和航线监视雷达、FM调频广播和电视、医用透热设备(如微波理疗机)及工业加热设备等。

(二)低功率辐射源

低功率辐射源是指在距辐射源100 m处主束功率密度低于0.1 mW/cm^2的辐射源，如警用测速雷达、电话通信的微波转播系统、有线电视系统、移动电话及家用微波炉等。

三、微波辐射的危害

微波辐射是一种物理性污染源，不易被人们察觉。微波辐射对人体的伤害主要是指低强度慢性辐射对人体的影响。微波辐射可以穿透玻璃、缝隙或纤维织物等对人体造成伤害。微波辐射对人体的危害，大致可分为热损伤和非热损伤两类。

(一)热损伤

在微波高静电场的作用下，人体内组织的分子固有的或诱导产生的电偶极子由于进行高频摆动，并为克服分子阻力而消耗能量，产生热效应，由此又引发一系列高温生理反应，从而使组织、器官受损伤，这种损伤都是微波辐射热损伤，严重时可引起皮肤或人体内部组织的烧伤，甚至生命的死亡。微波辐射急性致热作用的功率密度为 20 mW/cm^2。功率密度大于 10 mW/cm^2 即有明显的热效应，功率密度为 1～10 mW/cm^2 时有弱热效应，强度低于 1 mW/cm^2 时一般不会产生热效应。

微波热效应对人体造成的危害是多方面的，主要危害有以下几点。

(1)眼睛容易受到微波损害，长时间的微波照射可导致晶状体“老化”，长期接触高强度的微波辐射，可使晶状体产生点状或片状混浊，重者可影响视力，导致白内障。

(2)中枢神经系统受微波辐射作用后，可产生头昏、头痛、心悸、乏力、记忆力减退、消瘦等症状，患者常伴有神经系统失调症状，如心动过速(或过缓)、手足多汗、心律不齐、血压偏低等。

(3)大剂量微波辐射可影响生育，使动物的卵巢发生器质性瘤变，导致早产或流产。女性若长期受微波辐射，可导致月经不调等症状。人体睾丸组织若受到较大剂量的微波辐射，可使精子存活数暂时减少或活动力降低，导致暂时性不育症。

另外，微波辐射还可使心血管系统发生血流动力学失调；可引起消化系统损伤、消化不良甚至溃疡；可损伤呼吸系统，使呼吸变慢，肺出血或充血、水肿甚至梗死；可损伤骨髓；可导致人体免疫能力的改变。强烈的微波辐射可导致皮肤内部组织发生Ⅲ度烧伤，严重时可以致死。

(二)非热损伤

微波辐射除能造成以上各种热损伤外，还可产生多种非热损伤。无论是可产生热效应的高强度微波辐射，还是无热效应的低强度微波辐射，都可产生非热效应，造成非热损伤。非热损伤具体包括以下几点。

(1)低强度的毫米波对人体虽无明显的热效应，但可使迷走神经发生过敏反应，引起心动过缓、多汗、瞌睡、血压下降等症状。

(2)微波可使人体器官产生反射性影响，如低强度(0.4～2 mW/cm^2)的微波可使耳内产生“嗡嗡声”幻听。

(3)微波可影响动物的胚胎发育，使动物后代发生畸变。

强微波辐射还可影响电子系统，损伤电子设备元器件，甚至破坏电子系统。微波对心脏起搏器等器件的工作有干扰作用，如心脏起搏器在受到微波设备影响时即可发生故障，从而给使用者带来生命危险。

四、微波辐射的安全标准

我国 1989 年制定了国家标准《作业场所微波辐射卫生标准》(GB 104360—1989)。该标准中规定微波作业人员操作位容许微波辐射的平均功率密度应符合以下规定。

1. 连续波　一日 8 h 暴露的平均功率密度为 0.05 mW/cm^2；日剂量不超过 0.4 mW/cm^2。

2. 脉冲波(固定辐射)　一日 8 h 暴露的平均功率密度为 0.025 mW/cm^2；日剂量不超过 0.2 mW/cm^2，脉冲波非固定辐射容许强度(平均功率密度)与连续波相同。

3. 肢体局部辐射(不分连续波和脉冲波)　一日 8 h 暴露的平均密度为 0.5 mW/cm²；日剂量不超过 4 mW/cm²。

4. 短时间暴露最高功率密度限值　当需要在大于 0.001 mW/cm² 辐射强度的环境中工作时，除按日剂量容许强度计算暴露时间外，还需使用个人防护，但操作位最大辐射强度不得大于 0.005 mW/cm²。

五、微波辐射的防护

实验室中产生微波辐射的主要是微波炉、微波反应器等，合格的仪器设备均不会产生微波泄漏，实验室应对此类仪器设备进行定期检查。由于微波不可见，即使是作业场所超过了容许的辐射强度，也很难察觉到，容易忽视其危险性，从而造成事故，因此，必须加强对微波辐射的安全防护。微波辐射防护的具体措施有以下几个方面。

(1)设立警戒状态：在受微波照射的不安全处所应设有明显的警示标识，如“当心微波”(图 11－1)“非实验人员禁止入内”等。

当心微波

图 11－1　微波辐射警示标识

说明：在实际应用中，本标识的背景应为黄色。

(2)建立规章制度，开展安全教育：微波操作人员必须经过必要的技术培训，掌握微波技术的基本知识，严格按照操作规程操作。

(3)评估和定期检查微波辐射设备：对各个实验室内的微波辐射设备可能造成的环境影响进行评估，对于超过我国微波辐射安全标准的实验室进行警告，并配备防护用具。必须定期检查电磁辐射设备及其环境保护设施的性能，以便及时发现隐患并采取补救措施。

(4)进行远距离遥控操作：选择合理的工作位置，尽量远离微波源，采取远距离遥控操作，应利用微波发射的方向性将工作位设于辐射强度最弱处，避免在辐射流正前方进行操作。

(5)做好职业性健康管理：准备参加微波操作的人员在就业前应接受体检，凡有严重的神经衰弱、眼睛或心血管系统疾病、血液系统疾病及内分泌失调的患者，不得从事微波工作。职业性微波操作人员应定期接受体检，一般 1～2 年进行 1 次，并建立健康检查档案。

(6)实行剂量监测：为了保证安全，应对作业场所的微波辐射强度实行定期监测。测量所用的仪器应符合国家标准，并按照国家标准规定的方法进行监测。在微波工作场所应安装微波指示器和报警器，如微波辐射强度超标，可及时发出警报。

(7)做好个人防护：微波操作人员只有穿戴好特制的屏蔽服和屏蔽用具后，方可在功率密度超0.2 mW/cm^2的高强度微波辐射环境下从事短期工作。

第三节 光辐射安全

一、光与光辐射损伤

光是一种电磁波。电磁辐射可以按照频率的不同，由低到高分为无线电波、微波、红外线、可见光、紫外线、X射线和γ射线等。

光通常指能刺激人的视觉及能用光学仪器观察到的电磁波，具有波粒二象性。波长在380～780 nm的光可为人眼感受，称为可见光。紫外线的波长在10～400 nm，红外线的波长在760～15000 nm，两者都不能为人眼看到，故被称为不可见光。不论是可见光还是不可见光，都带有能量。适度的光照对人体有益，甚至是必需的，如紫外线照射皮肤可使麦角固醇转化为维生素D，红外线能带来热量，可见光则是眼球这一感光器官赖以进化、发育和认识客观世界的要素。过强的光照射可造成光辐射损伤。光辐射损伤多发生于皮肤和眼。

二、紫外辐射安全

(一)紫外线概述

1. 紫外线的来源　太阳是地球表面紫外辐射的最主要来源。此外，众多的人工光源、电焊弧光、灭菌灯、黑光灯等均可发射出较高强度的紫外线。在生产环境中，凡是物体的温度达1200 ℃以上时，辐射光谱中即可出现紫外线。随着物体温度的升高，紫外线的波长变短，其强度增大，对机体的损害程度增大。冶炼炉(如高炉、平炉等)的炉温在1200～2000 ℃时，产生的紫外线强度不大，波长在320 nm左右。电焊、气焊、电炉炼钢的温度在3000 ℃时，可产生短于290 nm的紫外线。乙炔气焊、电焊的温度在3200 ℃时，可产生波长短于230 nm的紫外线。探照灯、水银石英灯发射的紫外线的波长为220～240 nm，氩弧焊接和等离子焊接的温度更高，产生的紫外线波长更短。生产中常见紫外线的波长为220～290 nm，除了上述生产及有关的作业、操作外，从事碳弧灯和水银灯制板或摄影工作，以及紫外线灯消毒等工作，也会受到过量紫外线照射。

2. 紫外线的分类与特点　依据紫外线自身波长的不同，可将紫外线分为长波紫外线、中波紫外线、短波紫外线三类，这三类紫外线的能量不同，对皮肤的影响也不同。

(1)长波紫外线：英文缩写为UVA，波长为320～400 nm的UVA对衣物和人体皮肤的穿透性远比UVB要强，可达到真皮深处，并可对表皮部位的黑色素起作用，从而引起皮肤黑色素沉着，使皮肤变黑，起到防御紫外线、保护皮肤的作用。因此，长波紫外线又被称为晒黑段紫外线。

(2)中波紫外线：英文缩写为UVB，波长为280～320 nm，UVB对人体皮肤有一定的生理作用，此类紫外线的极大部分被皮肤表皮所吸收，不能再渗入皮肤内部。中波紫外线又被称为晒伤(红)段紫外线。

(3)短波紫外线：英文缩写为UVC，波长为200～280 nm，是能量最高、最危险的紫外线，又被称为杀菌段紫外线。

(二)紫外线的危害

自然界中的紫外线见于太阳辐射，对人体健康起着积极作用。但如果接触过强的紫外线，则可对机体产生危害，特别是对皮肤和眼睛造成损伤。

1. 长波紫外线的危害　UVA的透射力可达人体真皮层，具有穿透力强、作用缓慢持久的特性。UVA虽然不会引起皮肤急性炎症，但它对玻璃、衣物、水及人体表皮有很强的穿透力，可以先穿透表皮到达肌肤的底层并潜伏起来，日积月累就会严重扰乱肌肤的免疫系统，造成体内氧化自由基增多、弹性组织损害，由此产生的后果是肌肤提前衰老、角质过厚、表皮粗糙、有皱纹和斑点、肌肉松弛和下垂。

2. 中波紫外线的危害　UVB的透射力可达人体表皮层，能晒伤皮肤。轻者可致皮肤红肿、疼痛；重者会产生水泡，脱皮。如果UVA和UVB照射过量，可能会引起细胞DNA突变，导致皮肤癌。

3. 短波紫外线的危害　UVC的透射力只到皮肤的角质层，有杀菌作用的同时也对人体细胞有破坏作用。短波紫外线对人体的伤害很大，短时间照射即可灼伤皮肤，长期或高强度照射还可能造成皮肤癌。紫外线杀菌灯发出的是UVC。低压灭菌汞灯含UVC较丰富，固化用高压灭菌汞灯的能量集中在280～400 nm，UVC较少。

此外，紫外辐射还会促使各种有机材料和无机材料加速化学分解和老化；加速高分子聚合物质的老化过程(UV固化技术)，促使颜料和染料物褪色；海洋中的浮游生物也会因紫外线的照射，使生长受到影响，甚至死亡；紫外辐射也是产生有害的光化学烟雾的重要因素。紫外辐射对包括人在内的各种动物、植物的生理和生长发育都会带来严重的危害和影响，应该引起人们的重视。

警示案例

天津小学生遭紫外线灯照射事件

2018年11月12日，天津市滨海新区某小学一年级某班代课老师，在早晨打开教室的紫外线消毒灯后忘记关闭，致使全班学生被紫外线灯照射9 h，眼睛和面部、颈部皮肤严重灼伤。

(三)紫外线的防护

1. 防护标准　1971年前，主要是对254 nm的灭菌汞灯制订了紫外线防护标准。此标准规定在7 h(或更短时间)内的照射剂量阈限值为0.00054 mW/cm^2(相当于13 μJ/cm^2)，24 h内的照射剂量阈限值为0.0001 mW/cm^2(相当于累积值8.6 μJ/cm^2)。

1972年，国外有的组织，如美国政府工业卫生学家会议(ACGIH)，建议规定紫外辐射的每天容许照射极限值相当于累积值3 μJ/cm^2(假设24 h内的照射效应具有加合性）。

2. 防护措施

（1）场所防护与警告装置：在紫外线灯照射区域设置防护、预警和警告装置十分必要，具体内容如下。

1）如果用手开启紫外线灯，则应将开关设在室外靠进门处。

2）对凡使用紫外线灯的实验室，应在进门上方墙上设蓝色工作指示灯，在紫外线灯工作时，指示灯应保持发亮，以示警告。

3）对凡使用紫外线灯的实验室，在室外应设警示标识，标识应字迹清晰、醒目。

4）在紫外线灯工作期间，未佩戴防护用具者切勿进入室内。

5）在紫外线闭锁场所附近应设危险警示标识（图 11－2），标明危险性质及范围，标识上字体要大，字迹要清晰、醒目。

图 11－2 紫外辐射警示标识

说明：在实际应用中，本标识的背景应为黄色。

（2）个人防护用具：灭菌汞灯主要辐射波长为 253.7 nm 的紫外线，穿透力较弱，易为普通玻璃、橡胶和多数高分子聚合物塑料所吸收。实验服等编织紧密的衣物也有防护功能，可保护皮肤不受损害。

1）眼睛的防护：对眼睛的防护需要使用防护眼镜。常见的防护眼镜有吸收式防护眼镜、中性防护眼镜、反射式防护眼镜等。吸收式防护眼镜以茶色为主，对紫外辐射的吸收率很高。中性防护眼镜常为灰色，不会改变客体的颜色，可吸收 360 nm 以下的紫外辐射。也可使用普通玻璃作防护眼镜，但应检验其吸收光谱特性，以确保良好的防护效果。在光源辐射能量较高时，宜佩戴反射式防护眼镜。在反射式防护眼镜的镜片上镀有介质膜或金属膜。介质膜可对某一较窄波段范围的辐射具有很高的反射率（常在 99% 以上）。金属膜的反射波段范围较宽，反射率可达 95% 以上。应当注意的是，防护眼镜应带遮边，以防紫外辐射由侧面侵入。如果无遮边，则有可能引起角膜炎、结膜炎。

2）皮肤的防护：手部可用布手套或橡皮手套防护，眼、头部、颈部、面部可用塑料制全面罩型防护面具防护。必要时应戴帽子，以免伤及头顶。如果需要使用防毒面罩，则应设法加以改装，使口、鼻、眼以外的其他部位也不受紫外照射。

（3）注意事项：低压灭菌汞灯可辐射 253.7 nm 以上的长波紫外线，且能透过塑料，虽所占强度比例不大，但当辐射强度高、接触时间长时，应在戴塑料防护面具之外加戴防紫外线眼镜。有些塑料，如聚甲基丙烯酸，可以透过紫外辐射，因此，对性能不明的塑料应进行紫外辐射吸收性能检查，确定对253.7 nm辐射的透过率为零时方可使用。对电光性眼炎患者可用鲜奶(如牛奶)滴眼，或先滴0.25% ~0.5%丁卡因眼药水止痛，再涂抗生素或可的松眼膏，并戴眼罩，以减少光线对眼的刺激。此外，针刺合谷、睛明、太阴等穴位也有一定的效果。

3. 仪器设备产生的紫外线的防护　使用可产生紫外线的仪器设备时应采取防护措施。

(1)焊接设备：采用自动焊接或半自动焊接时应增大与紫外辐射源的距离，做好安全卫生知识宣传教育，合理使用防护用品，电焊工与助手操作时应密切配合。电焊工及其助手必须佩戴专用的防护面罩、防护眼镜及适宜的防护手套，不得有皮肤裸露。电焊工操作时应使用可移动屏障围住操作区，以免其他工种的工人受到紫外线照射。对焊接时产生的有害气体和烟尘，应采用局部排风等措施排除。

(2)分析设备：尽量不让紫外线泄漏，对无法遮挡住的紫外线应使其反射3次以上再释放出来，漏光方向不要对准操作者。为防止臭氧，可用具有合理吸风量的风机，将灯管附近的臭氧吹洗出去。

(3)添加剂：UV光固化材料中的光敏剂、增感剂、稀释剂均为活性物质，对皮肤都有不同程度的刺激作用，使用时若碰到皮肤，应立即用肥皂清洗，特别在夏季更应及时清洗。

三、激光辐射安全

(一)激光及其特点

激光是具有相干性、单色性和一定强度的光流，是通过激发态的电子跃迁到低能级而发出的辐射能。它有可见光、近紫外和远红外的光谱(波长范围为200 ~ 1000000 nm)，其发射范围可短至10^{-12}s的单个脉冲，直到出现连续波的形式。激光的字面意思是“光通过受激发射、扩大”。激光的名称完全表达了制造激光的主要过程。激光不是天然存在的，而是人工激活特定活性物质，在特定条件下产生的受激发光。

激光的特点：具有高亮度，比太阳光还要亮百亿倍；可产生几百万摄氏度，甚至几千万摄氏度的高温；激光颜色最纯；激光方向最集中；激光相干性极好；具有良好的偏振性和高磁场强度。

(二)激光及激光器的危害

激光是在物质的分子、原子体系内，通过受激辐射，使光放大而形成一种新型光。激光损伤是由于激光的热效应、压力效应和冲击波引起皮肤组织炭化、汽化、变性而造成的烧灼性损伤和凝固性损伤。组织损伤的程度取决于激光种类、功率密度(激光束的波长和强度)、持续暴露时间、身体暴露部分、身体暴露方式及组织性质(范围、部位、厚度、色素等)。激光主要危害的组织首先是眼睛，其次是皮肤。如果辐射强度不会对眼睛产生危害，则对于其他身体组织而言将不会产生危害。

激光的危害通常分为两大类，即光危害和非光危害。激光具有单色性、发散角小和高相干性的性质，在小范围内容易聚集大量的能量，因此，不正确地使用激光设备会产生潜在的危险。另外，不同种类的激光器具有高压、有毒成分等，这使得激光器本身也会因使用不当而具有潜在危险。

1. 光危害 光危害指激光束的危害，主要是通过热效应产生的。生物组织吸收了激光能量后会引起温度的突然上升，这就是热效应。热效应损伤的程度是由曝光时间、激光波长、能量密度、曝光面积及组织类型共同决定的。一般认为，激光对人体可产生下面的影响。

(1)激光对眼睛的伤害：因为眼睛对激光比较敏感，所以眼睛是最易受激光伤害的部位，受损部位包括浅层的角膜、结膜，深层的视网膜等。

(2)激光对皮肤的伤害：与激光对眼睛的伤害相比，激光对皮肤的损伤要轻得多。激光损伤皮肤的机制主要是激光的热作用。照射皮肤的激光的功率密度与受伤害程度成正比。皮肤吸收超过安全阈值的激光能量后，受照射部位的皮肤将随剂量的增大而出现红斑、水疱、凝固、碳化、沸腾、燃烧及汽化等。激光对皮肤的损伤程度与激光的照射剂量、激光的波长、肤色的深浅、组织水分及皮肤的角质层厚薄等因素有关。如皮肤对紫外激光和红外激光的吸收率很高，这两类激光就是损伤皮肤的主要波段激光。

(3)强烈的激光辐射通常会干扰人体的生物钟：激光辐射会导致人体发生生态平衡紊乱和神经功能失调，出现头疼、乏力、困倦、激动、记忆力衰退、注意力不集中、皮肤发热、脱发、心悸、心律失常和血压异常等症状。激光辐射对脑和神经系统的影响表现为松果体素分泌减少、节律紊乱，并产生一系列临床症状。

(4)激光的危害还会通过声效应、光化学效应产生：声效应是由激光诱导的冲击波产生的，冲击波在组织中传播时会使局部组织汽化，最终导致组织产生一些不可逆转的伤害。激光的光化学效应可诱发细胞内的化学物质发生改变，从而对组织产生危害。

2. 非光危害 非光危害指激光装置带来的危害。一台激光器，尤其是一套激光加工设备，是由许多不同元件和单元构成的，例如，高压激励电源、各种折光或反光镜、运动的机械部件(如机器人或程控工件传动结构)，以及光束传输系统和强激光与工件的相互作用等，这些都是不同类型的危险源。激光装置可以通过空化气泡、毒性物质、电离辐射和电击对人体产生危害。

(1)电气危害：使用激光器时可能会产生电击。安装激光器时可能接触暴露的电源、电线等。激光器中的高压供电电源及大的电容器也有可能造成电击危害。

(2)化学危害：某些激光器(如染料激光器、化学激光器)使用的材料可能含有毒性物质，还有一些塑料光纤，在切削时会产生苯和氰化物等污染物，切削石英光纤时会产生熔融石英，这些化学物质都会对人体产生危害。

(3)间接辐射危害：高压电源、放电灯和等离子体管等都能产生间接辐射(如 X 射线、紫外线、可见光、红外线、微波和射频等)。当靶物质聚焦很高的激光能量时，就会产生等离子体并对人体产生危害，这也是间接辐射的一个重要来源。

(4)其他危害：如冷却剂危害、重金属危害、应用激光器中压缩气体的危害、失火等。

(三)实验室激光的安全防护

1. 激光的安全标准 根据激光产品对使用者的安全程度，可把激光产品的安全等级划分为四类(参照国家标准 GB 7247.1—2001《激光产品的安全》第一部分 设备分类、要求和用户指南)。

(1)1 类激光器:指在合理的、可预见的工作条件下是安全的激光器。

(2)2 类激光器:指发射波长为 400～700 nm 可见光的激光器,通常由包括眨眼反射在内的回避反应来保护眼睛。

(3)3 类激光器:又分为 3A 类激光器和 3B 类激光器。3A 类激光器:指用裸眼观察是安全的激光器。对发射波长为 400～700 nm 的激光,由包括眨眼反射在内的回避反应来保护眼睛。其他波长对裸眼的危害不大于 1 类激光器。用光学装置(如双目镜、望远镜、显微镜等)直接进行 3A 类激光器的光束内视观察可能是危险的。3B 类激光器:指直接光束内视是危险的激光器。观察漫反射一般是安全的。

(4)4 类激光器:指能产生危险的漫反射激光器。它们可能引起皮肤灼伤,也可能引起火灾。使用这类激光器时要特别小心。

2. 激光的防护 使用激光器最安全的方法是把激光束和目标置于不透明的外壳内封装起来。在工业环境中工作的激光材料加工设备,几乎都采用这一标准的安全防护措施,在这些系统中,采用连锁门、报警信号和报警灯、键锁电源开关、紧急断路器和类似的防护措施,以防止实验人员和过往人员受到电气伤害和激光辐射伤害。观察显微镜和观察部件时要加以滤光和遮挡,以防止其散射激光。对激光打靶的靶标要用屏蔽物围起来,在日常维修和调整的入口处,警报信号要明显突出,而且当门或出入口打开时,应由连锁装置来防止激光器开机。

在激光实验室内,对不同类的激光的防护要求也有不同。

(1)1 类激光器的防护:对于 1 类激光器没有特殊要求,建议不要长时间直视。

(2)2 类和 3A 类激光器的防护:对于 2 类和 3A 类激光器,要避免长时间地直视,受到瞬间(0.25 s 内)的照射可认为无损害,但是激光束不能指向人;对 3A 类激光器不能使用光学观察仪器(如双目镜、望远镜、显微镜等)进行观看。

(3)3B 类激光器的防护:对于 3B 类激光器,为避免直视激光束和控制镜反射,需要采取防护措施:只能在受控区内操作激光器;尽可能使激光束在有用光路末端终止于漫反射材料,该材料的颜色和反射率应使得光束的位置尽可能调准,且反射危害最小。3B 类激光器可见激光漫反射的安全条件:光屏到角膜的最短距离为 13 cm;要防止意外的镜反射;如果为有可能直接观看激光束或其镜反射,或不满足前述条件的漫反射时,需要佩戴防护镜。

(4)4 类激光器的防护:对于 4 类激光器,除了应全部满足 3B 类激光器的防护要求外,还必须采取进一步的控制措施:光路宜封闭,并避开操作区,激光器运行期间,只允许佩戴了合适的激光防护镜并穿有防护衣的人员进入激光器操作区;建议采取遥控操作来尽量避免实验人员直接进入激光器工作区;所安装的光路长管应做到热膨胀、振动和其他致动因素对形成光束的元件的调准无明显影响;在需要佩戴激光防护镜的区域,一定要有良好的室内照明,墙面建议做成浅色的漫反射墙面;为避免光学元件的热致畸变和固体靶标的熔化、蒸发引起火灾,应提供合适的光束终止器,最好选择充分冷却的金属或石墨靶标;对有很高功率密度的辐射,应通过多次反射吸收加以控制，且每个反射面对于入射辐射的倾斜角度，应使激光功率分散在一个较大的区域；应采取措施防止不必要的不可见远红外激光的反射，光束及标靶周围应由不透这种波长激光的材料环绕，尽可能采用局部屏蔽以减少反射辐射的程度；应对激光光路中光学元件的准直情况进行初始检查和周期检查。

另外，对于激光器本身的使用，因部分激光器（如 He－Ne 气体激光器）使用时需要加高压，所以需要保证用电安全；而对含有有毒气体、液体的激光器，必须按照相关化学安全规范执行；对于不同的激光器，必须严格按照其使用方法在确保安全的情况下开机，如 CO 激光器，必须保证其冷却水能正常循环时才能开机。

3. 激光实验室的安全管理　激光器的电源一般都是高压电，通常为数千伏到数万伏，具有很大的危险性。同时，当电压超过 15 kV 时，靶上就可能产生 X 射线，这样对人体也有危害，故而应做到以下几点。

（1）激光器操作人员必须经专门的安全教育培训，熟悉各种类型激光器可能产生的危害及应急处理方法，未经培训不得上岗。

（2）应将激光器安装在受控区内，并禁止非本室人员进入受控区。工作场所应标有“激光危险”的明显标记，以提示人们注意和离开。

（3）激光器上应安装联动装置，预警安装遥控，确保只有专门人员插入钥匙打开连锁才能启动激光器的触发系统。

（4）室内要有总电闸，每台激光器各有分电闸及地线，地面应为木板或铺绝缘橡胶。应建立严格的电器操作制度，防止触电事故的发生。

（5）室内应有运行良好的通风、干燥、防湿、排气设备，保证及时排出有毒气体。

（6）建立健全严格的工作制度，工作前检查仪器的旋钮位置，操作完成后要切断电源，严格按操作程序办事。

（7）使用激光护目镜。

（8）记录激光器运转登记日志，其项目包括开机时间、运转状况、输出功率、功率密度、关机时间等。

（9）提供激光器维修检查登记本。

（10）为保障实验室激光使用安全，必须在实验室的各条出入通道的明显位置设置相应的安全警示标识，并制订安全守则，对出入实验室的人员进行安全教育。

4. 激光辐射警示标识　为保障实验室安全，在存放激光器的实验室区域必须设置激光辐射警示标识，并可根据需要，在激光辐射警示标识下方加注文字说明（图 11－3）。

图 11－3　激光辐射警示标识

说明：在实际应用中，本标识的背景应为黄色。

激光辐射警示标识及说明标识图形的尺寸、颜色按照《激光安全标志》（GB 18217—2000）执行。对可能达到 3B 类激光辐射的场所，应设有文字说明标识，如“激光辐射　避免激光束照射”“激光工作　进入时请戴好防护镜”等。对可能达到 4 类激光辐射的场所，应设有文字说明标识，如“激光辐射　避免眼睛或皮肤受到直射和散射激光的照射”“激光工作　未经允许不得入内”等。标识及文字所用的颜色应符合《图形符号　安全色和安全标志　第5部分：安全标志使用原则与要求》(GB/T 2893.5—2020)的规定。另外，必须保证激光器上面的激光产品辐射分类标识及说明文字完好、清晰可见。

5. 实验室安全守则　在激光实验室应遵守以下安全守则。

(1)根据激光实验室的激光类别，制订并及时更新标准操作规程、应急措施和激光安全标志，提供激光安全措施指南。

(2)任何使用激光器的人员，均应熟悉有关操作程序及安全措施。

(3)在激光实验室内最好不要放置具有镜面反射的物体，如果为实验必需，则应该将其放置到合适的位置，而不能随意安放。

(4)应该在照明良好的情况下操作激光器，这样可以避免瞳孔放大，减少对眼睛的伤害。

(5)在激光器开启前，相关人员应先站到激光器背后。当激光器启动时，非直接操作者不应进入激光实验直径1 m的范围之内。

(6)进入实验室不能佩戴珠宝首饰等能产生反射并对眼睛或皮肤造成伤害的物品。

(7)切勿直视激光束的光源，身体任何部分的皮肤也不应受激光束的直接照射。

(8)绝对不可使用任何准直仪器(如望远镜或显微镜等)直接观看激光束。

(9)如果怀疑激光器存在潜在危险，一定要停止工作，然后立即让激光环境的工作者进行检查。

(10)实验完毕后应立即关闭激光器。

(11)激光器不使用时应存放在上锁的柜子内，只可由获得实验室管理员授权的人员取用。

(12)使用每一种激光器和激光设备时都应该为操作者提供最大程度的安全保护措施。一般只允许1级、2级、3A类激光器用于实验演示。使用3B级和4类激光器时，必须佩戴防护眼罩。在特定的波长和辐射能量下，应选用特定的防护眼罩。防护眼罩包括护目镜、面罩、眼镜、用特殊滤光物质或反射镀膜技术制成的专用眼罩。

6. 使用防护装备　合适的防护装备可以有效地隔离激光，减少激光造成的伤害。使用防护装备时应注意以下几点。

(1)尽可能在激光器附近使用无反射或具有吸光作用的物料，以防产生镜面反射。

(2)不能避免反射时(如在透镜面上)，应在反射面附近设置一些防护挡板，使操作者及相关人员避免受到反射的激光束的照射。

(3)防护挡板应用不易燃烧的物料制成，且要不透明及涂上暗灰色。

(4)凡接近或操作激光器并可能受到激光照射的人员，均应佩戴适当的防护眼罩。

7. 激光器的位置　恰当的位置可以减少操作失误和降低辐射的危险性，其具体要求如下。

(1)应将激光束置于操作人员视平线之上或之下。

(2)应固定激光器的位置，以免一时不慎而改变光束的方向。

(3)当激光器未对准目标时不要将其开启。切勿在激光器启动时才调准光束的方向。

8. 意外受激光照射的处理　在一些突发情况下，可按以下原则立即、妥善处理。

(1)倘若意外受到激光束的照射，应立即闭上眼睛，并把头转向别处。

(2)如果眼睛意外受到激光束照射或者怀疑会受照射，应立即向实验室管理员报告，并迅速将受照射者送医院治疗。

第四节　电离辐射安全

一、电离辐射概述

电离辐射可分为天然电离辐射和人工电离辐射。天然电离辐射是指从地球形成时就存在的电离辐射。人工电离辐射是指随着科学技术的发展，人为制造出来的放射性核素及种类繁多的加速器、射线装置所产生的电离辐射。

二、电离辐射的危害

1. 对身体的影响　电离辐射对大剂量或长时间接受照射的人员或无防护短期接受大剂量暴露的人员可造成可逆或不可逆的损伤(可观察到症状)，甚至死亡。辐射可引起各种癌症，如白血病、骨癌、肺癌及皮肤癌等，这些癌症可能在被辐射后许多年才发生。受轻度照射对身体尚未造成严重影响者，其损伤的表现为轻度的皮肤损伤、脱发、胃肠系统损伤及白内障等。

2. 对遗传的影响　电离辐射的危害可以在暴露人员的后代中观察到症状。辐射对遗传的影响包括染色体畸变和基因突变。生殖腺产生的生殖细胞在受到大剂量辐射时能发生死亡，从而损害人的生育能力，造成女性月经失调。发育期胎儿(特别是8～15周龄胎儿)暴露时，可能增加发生先天性畸形的危险，或增加以后发生精神损害或辐射诱发的癌症的危险。

警示案例

丢失探伤机放射源受照事故

2001年9月2日，某施工队完成探伤检测后，将放射源(^{192}Ir)从仪器中掉出，并遗留在工地上。一工作人员发现并拾起放射源(^{192}Ir)，与之近距离接触数小时后，发现右大腿有较大面积的充血性红斑。其于当晚入院治疗，最终被诊断为轻度骨髓型急性放射病、全身多部位严重放射损伤、右大腿放射性溃疡。此次事故中放射源失控达16 h，受到不同程度照射影响的人员达到25人。

三、影响辐射生物学作用的因素

影响辐射生物学作用的因素主要有两类：一类是与辐射有关的物理因素；另一类是与生物体有关的生物因素。

1. 物理因素　物理因素主要是指辐射类型、辐射能量、吸收剂量、剂量率、照射方式等。不同类型的辐射引起的生物学效应有所不同。α射线的电离密度大，γ射线的穿透能力强。一次大剂量照射与相同剂量下分次照射产生的生物学效应是不同的。分次越多，间隔时间越长，生物学效应越小。在相同剂量条件下，剂量率越大，生物效应越显著。局部照射和全身照射带来的生物学效应也不一样，照射剂量相同时，受照射面积越大，产生的生物学效应就越大。

2. 生物因素　生物因素主要是指生物体对辐射的敏感性，不同生物种系的 LD_{50}（50%死亡所需的吸收剂量）也不同，种系的演化程度越高，其对辐射的敏感性就越高。如人的 LD_{50} 约为4.0 Gy，而大肠埃希菌的 LD_{50} 约为56 Gy。生物个体的发育阶段不同，辐射敏感性也不相同。幼年时的辐射敏感性要比成年时高。不同细胞、组织和器官对辐射的敏感性也不一样。人体的乳腺、肺、胃、结肠和骨髓对辐射比较敏感，其次为甲状腺、晶状体、性腺等，最不敏感的为肌肉组织和结缔组织。

四、电离辐射的防护原则

为了限制电离辐射对人体的有害影响，应该控制使用放射性同位素，并遵守相应的国家标准。辐射防护的管理需要遵循以下几项原则。

（1）设置电离辐射警示标识，如图11－4为“当心电离辐射”的警示标识。

图11－4　电离辐射警示标识

说明：在实际应用中，本标识的背景应为黄色。

（2）尽可能缩短辐射暴露的时间。

（3）尽可能增大与辐射源之间的距离。

（4）隔离辐射源。

（5）用非放射测量技术来取代放射性核素。

五、电离辐射的防护措施

电离辐射的辐射源包括密封放射源、放射性物质和射线装置等。放射实验室的工作人员在生产、销售和使用辐射源的过程中，很难不受到辐射源的照射。照射分为外照射和内照射。外照射是指辐射源在体外对人体的照射：内照射是指进入人体内的放射性核素作为辐射源对人体的照射。为减少辐射源对人体的照射，最大程度地降低射线引起的辐射危害，应采取的防护措施主要包括以下几个方面。

1. 时间防护　不论何种照射，人体受照射累计剂量的大小与受照射时间的长短成正比。接触射线的时间越长，放射危害就越严重。尽量缩短从事放射性工作的时间，可以达到减少受照射剂量的目的。实验人员可以通过下列方法来减少在放射性物质操作过程中暴露的时间。

(1)不使用放射性核素来进行新技术操作和不熟悉的技术操作。

(2)操作放射性核素时，要从容、适时，不能急躁。

(3)确保在使用完后，立即将所有的放射源回收并储藏好。

(4)清除实验室内的放射性废弃物的周期要短。

(5)在辐射区或实验室停留的时间应尽可能地短。

(6)进行必要的训练以最有效地安排时间，并对与放射性材料有关的实验操作进行适当计划。

2. 距离防护　某处的辐射剂量率与距辐射源的距离的平方成反比，距辐射源的距离越远，该处的剂量率越低。所以，在工作中要尽量远离辐射源，以达到防护的目的。在实践中，可以采用各种不同的装置和机械方法来增加操作人员与辐射源之间的距离，如使用长柄的钳子、镊子、螺丝钳及远程操作移液器等。

3. 屏蔽防护　在辐射源与实验室的操作人员或其他人员之间放置用于吸收或减弱辐射能量的防辐射屏蔽设施，因为射线穿过原子序数大的物质时会被大量吸收，这样到达人体部分的辐射剂量就会减少，有助于控制实验人员的辐射暴露。防辐射装置材料和厚度的选择取决于射线的穿透能力，1.3～1.5 cm 厚的丙烯酸树脂屏障、木板或轻金属可以屏蔽高能量的 α 射线，而高能量的 γ 射线和 X 射线则需要高密度铅才能屏蔽。

4. 使用替代方法　当有其他技术可用时，不宜使用放射性核素。如果没有替代方法，则应使用穿透力最弱或能量最低的放射性核素。

第五节　医用 X 射线安全

X 射线实际上是一种波长极短、能量很大的电磁波。X 射线具有穿透性。人体组织间有密度和厚度的差异，当 X 射线透过人体的不同组织时，被吸收的程度不同，经过显像处理后即可得到不同的影像。

一、X 射线概述

(一)X 射线装置

X 射线装置包括诊断 X 射线机、治疗 X 射线机、工业探伤 X 射线机、X 射线分析仪等，其在医学、农业、工业等行业都有应用，尤其是在医学领域中的应用最为广泛和常见。

(二)X 射线的产生

产生 X 射线的最简单的方法是用加速后的电子撞击金属靶。在撞击过程中，电子突然减速，其损失的动能会以光子形式放出，形成 X 光光谱的连续部分，通过加大电压，电子携带的能量增大，则有可能将金属原子的内层电子撞出。于是内层形成空穴，外层电子跃迁回内层填补空穴，同时释放出波长在0.1 nm左右的光子。由于外层电子跃迁放出的能量是量子化的，所以放出的光子的波长也集中在某些部分，形成了X光谱中的特征线，这被称为特性辐射。射线机的核心部分是X射线管，阴极是钨制灯丝，阳极是根据应用需要由某种材料(如钨、钼等)制成的靶。当接通阴极钨丝的电源后，灯丝加热，发射热电子。在阳极和阴极间电场的加速下，高速电子流轰击阳极靶物质产生X射线。X射线机的管电压、管电流和阳极靶物质是影响X射线强度的直接因素。

(三)X射线的硬度和强度

1. X射线的硬度　X射线的硬度是指X射线的穿透本领，代表着X射线的质。它取决于X射线光子能量的大小。对于一定的吸收物质来说，X射线被吸收越少则穿透量越多，此时X射线就越硬。波长大于0.5 nm的X射线被称为软X射线。波长小于0.1 nm的X射线称为硬X射线。硬X射线与波长长的(能量小的)γ射线范围重叠，两者的区别在于辐射源，而不是波长：X射线光子产生于高能电子加速，γ射线则产生于原子核衰变。医学上用管电压来衡量X射线的硬度。

2. X射线的强度　X射线的强度是指单位时间内通过与射线方向垂直的单位面积的能量，表示X射线量的多少。一般通过调节管电流(改变光子数目)来控制X射线的辐射强度。医学上用管电流的大小来反映X射线的强度，用管电流的毫安数与辐射时间的乘积来衡量总辐射的能量(即X射线的量)。

二、X射线的危害

穿透力强是X射线的典型特征。当X射线照射在物质上时，仅一部分被物质吸收，大部分经由原子间隙穿过，表现出极强的穿透力。X射线的波长越短，光子的能量就越大，穿透力就越强。另外，X射线还有电离作用。X射线可以使得原子核外电子脱离原子轨道而产生电离，从而会使物质发生化学反应(若在有机体内则可发生各种生物效应)。其生物效应主要表现在，当有机体受到X射线照射时，其细胞会受到抑制、破坏甚至死亡，致使机体发生不同程度的生理、病理和生化等方面的改变，如导致脱发、皮肤烧伤、视力障碍、白血病等，尤其是会引起癌症(如肺癌)等。此外，在人体受到X射线危害时，可能没有引起自身的病变，但可引起基因的改变，从而遗传给后代。

三、X射线的防护原则

根据X射线诊断照射的特点，对其的防护工作应贯彻以下原则。

(一)X射线检查的正当化与最优化

X射线检查是医生有意识地施加给患者或受检者的X射线照射。这种照射是有一定危害的，但受照射者又是在X射线检查中的直接受益者。因此，对X射线检查应当贯彻实践正当化与防护最优化的原则。实践正当化是指所带来的好处大于损害。防护最优化是指要使好处超过损害的幅度最大。

(二)X射线的防护应兼顾全面

在进行X射线检查的过程中，处在X射线辐射场内的有X射线工作者和受检者，有时还有教学、实习人员或患者的携扶人员等，他们都可能受到不必要的X射线照射。因此，在设计防护设施或采取防护措施时，必须全面照顾，使他们都得到足够的防护。

（三）固有安全防护为主与个人防护为辅

对X射线检查的防护措施，大致可分为以下两种类型

1. 固有安全防护　例如，充分利用射线机本身的防护性能和X射线机房及机房内的安全防护设施。

2. 个人防护　个人防护是由X射线工作者自身行动决定的防护，如使用个人防护用品、延长操作距离、缩短照射时间等。

为了对诊断X射线进行有效的防护，应重点做好固有安全防护。个人防护作为一种辅助手段，可以弥补固有安全防护不能解决的问题。两者相结合，就能达到满意的防护效果。但当某些X射线机使用单位缺乏较完善的固有安全防护设施时，则个人防护将成为一种主要的防护手段。

（四）合理降低个体的受照射剂量和全民检查的频率

在一般的X射线检查过程中，受检者受照射的剂量并不大，但接受检查的人数很多，即检查频率很高，可导致全体居民的剂量负担很大。因此，欲降低X射线检查对全民的辐射危害，应从合理降低每次检查的个体受照射剂量和减少不必要的X射线检查两个方面加以控制。

（傅　岩，袁俊斋）

第三篇 管理篇

第十二章　实验室安全管理工作要点

教育部每年都组织开展高校教学、科研实验室安全检查，检查的依据是“高等学校实验室安全检查项目表”。该表2021版的内容包括安全责任体系、安全规章制度、安全宣传教育、安全检查、实验场所、安全设施、基础安全、化学安全、生物安全、辐射安全与核材料管制、机电等安全、特种设备与常规冷热设备安全等12大类、49小类、153项条款(见附录1)。本章将每一个实验室安全检查条款作为一个实验室安全管理的知识点来进行释读分析，明确实验室安全工作的要求、重点及检查中发现的常见安全隐患，以期给高校的实验室安全管理工作提供指导和借鉴，提高安全管理的精细化程度，减少安全隐患，降低事故发生的风险。

第一节　安全责任体系

在高等学校实验室安全工作的落实与开展过程中，建立实验室安全责任体系是第一要务。实验室安全管理制度及要求的落实和实现要求明确各级管理者的职能和责任，并建立相应的管理机构和管理体系。本节包括学校层面的安全责任体系、院系层面的安全责任体系、经费保障、队伍建设、其他等5个方面，涉及15项实验室安全检查条款，提出落实安全管理责任体系、人员和经费保障、采用信息化手段管理、做好安全工作档案归档等方面的具体要求，以夯实实验室安全工作的基础，为高校教学、科研工作保驾护航。

一、学校层面的安全责任体系

(一)设立校级实验室安全工作领导机构

【工作要点】

高校党政主要负责人是学校安全工作的第一责任人。分管高校实验室工作的校领导应协助第一责任人负责实验室的安全工作，是实验室安全工作的重要领导责任人。

学校应设立校级实验室安全工作领导机构，该机构的机构负责人(主任)应由校级主要领导或委托分管校领导担任，副主任可由校级领导或主要职能部门负责人担任。学校的相关职能部门应参与该机构，并有明确的机构职责。该机构的办公室应设在学校的主管职能部门处，以作为实验室安全的日常管理机构。

学校应有正式发文的校级实验室安全制度，其内容包括实验室安全的法人责任、党政同责、领导机构人员的组成、实验室安全管理的职责或内容等。

【安全隐患】

(1)学校设立了校级实验室安全工作领导机构，但是实验室安全工作的第一责任人不是校领导。

(2)学校没有正式发文的校级实验室安全制度；或有正式发文，但是没有设立校级实验室安全工作领导机构的内容；或未明确相关职能部门的工作职责及分工。

(二)设立明确的实验室安全管理职能部门

【工作要点】

学校须有1个处级职能部门主管实验室安全工作，其他相关职能部门分工合作。主管职能部门负责全校实验室安全工作的推进，监督、检查实验室安全工作的落实。

【安全隐患】

(1)未设立实验室安全管理职能部门，将实验室安全工作放到其他处室管理。

(2)有多个部门管理实验室安全工作，缺少主管职能部门，各部门在实验室安全管理工作中相互推诿、相互扯皮，使得实验室安全工作的开展不能做到统筹协调。

(三)学校与院系签订实验室安全管理责任书/告知书

【工作要点】

学校与院系签订实验室安全管理责任书/告知书，由学校实验室安全第一责任人或授权的分管校领导签字，并盖学校公章，院系单位由第一责任人签字，并盖院系公章。档案或信息系统里有现任学校领导与院系领导签字盖章的安全责任书/告知书。

实验室安全管理责任书/告知书中要有明确的实验室安全管理的内容及要求。针对不同院系涉及的实验学科大类不同的情况，实验室安全管理责任书/告知书的条款应有区别。

【安全隐患】

(1)档案或信息系统未有现任学校领导与院系领导签字、盖章的实验室安全管理责任书/告知书。

(2)学校与院系签订了实验室安全管理责任书/告知书，但是主管实验室安全工作的校领导没签字，而是由职能部门负责人代签。

(3)责任书上未盖学校公章和院系公章。

(4)院系领导让分管负责人签字，第一责任人未签字。

二、院系层面的安全责任体系

(一)二级单位党政负责人作为实验室安全工作的主要领导责任人

【工作要点】

院系党政负责人为实验室安全工作的主要领导责任人。

【安全隐患】

院系党政领导人不是实验室安全工作的主要领导责任人。

(二)成立院系级实验室安全工作领导小组

【工作要点】

院系应成立实验室安全工作领导小组，该领导小组应有明确的岗位职责。由院系党政主要领导作为该领导小组的负责人并任组长，由分管实验室安全工作的负责人任该领导小组的副组长。该领导小组的成员包括研究所、教研室、实验室负责人，院系实验室安全秘书等。该领导小组的设立须有正式文件批准，并盖院系公章。

根据“谁主管，谁负责，管业务必须管安全”的原则，院系分管实验室的负责人应该分管实验室安全工作。如果存在多位院系负责人分管实验室的情况，应明确主要责任人。原则上建议由分管实验室日常运行、维护的分管领导分管实验室安全工作。院系在成立实验室安全工作领导小组后应将其在院系网站上公布。

【安全隐患】

(1)院系未成立院系级实验室安全工作领导小组，或已成立但是机构职责不明晰。

(2)成立院系级实验室安全工作领导小组的文件未盖章、未执行。

(3)批准院系级实验室安全工作领导小组设立的文件为电子版，未形成盖院系公章的正式文件。

(4)成立院系级实验室安全工作领导小组后未在院系网站上发布。

(三)建立院系实验室安全责任体系

【工作要点】

建立院系实验室安全责任体系，院系下的研究所、教研室、实验室等机构应有安全责任人和管理人，所有的实验室房间都要有明确的安全责任人。

【安全隐患】

(1)院系未建立本单位的实验室安全责任体系，缺乏具体落实、责任到人的文件和制度。

(2)实验室房间未落实具体的实验室安全责任人。

(四)签订实验室安全管理责任书

【工作要点】

院系与所辖各实验室负责人、实验用房负责人及每一位使用实验室的教师逐级签订实验室安全管理责任书，切实将实验室安全责任落实到位、落实到人。

【安全隐患】

院系未逐级签订实验室安全管理责任书，或已签订实验室安全管理责任书，但是责任书的内容不全面，缺乏针对性和可操作性。

三、经费保障

(一)学校每年有实验室安全常规经费预算

【工作要点】

学校每年都要有实验室安全常规经费预算，有财务预算审批凭据。学校经费预算的用途主要包括安全检查、安全培训、实验室危险废弃物处置、应急物资配备等。

【安全隐患】

(1)学校未安排实验室安全常规经费预算。

(2)学校已安排实验室安全常规经费预算，但经费预算过少，不能保障实验室安全管理工作的有序开展。

(二)学校有专项经费投入实验室安全管理工作

学校有专项经费投入实验室安全管理工作，重大安全隐患整改经费能够落实。

【工作要点】

学校有专项经费投入实验室安全建设与管理工作，重大安全隐患整改经费能够落实，应有相关文件或财务凭证等资料证明经费使用。专项经费是相对于常规经费来说的，是根据实验室安全建设需要增设的专项经费，例如，专门用于实验室通风系统建设、实验室监控系统建设、实验室安全信息化建设的经费，专门用于购买危险化学品专用试剂柜、药品柜、气瓶柜、通用防护装备及个人防护装备等的经费。对于上级督查、学校自查发现的重大安全隐患，学校要及时落实专项经费进行整改。

【安全隐患】

(1)近几年，学校没有安排专项经费用于实验室安全管理工作。

(2)对于上级督查、学校自查出的重大安全隐患，没有投入专项经费落实整改，隐患整改未形成闭环管理。

(三)院系有自筹经费投入实验室安全建设与管理

【工作要点】

院系有自筹经费投入实验室安全建设与管理。院系自筹经费是院系从本单位经费中自行安排用于实验室安全建设与管理的经费，主要用于实验室安全培训、安全隐患整改，以及安全设施安装或改造等。

【安全隐患】

(1)院系没有投入经费用于本单位的实验室安全建设与管理。

(2)院系经费严重不足，不能满足本单位基本实验室安全业务的开展。

四、队伍建设

(一)学校应根据需要配备专职或兼职的实验室安全管理人员

【工作要点】

理(除数学外)、工、农、医等类院系应设专职实验室安全管理人员，协助分管实验室安全工作的负责人做好实验室安全管理工作；文、管、艺术类、数学等院系应有兼职实验室安全管理人员。学校应积极推进专业的实验室安全队伍建设，保障队伍稳定和可持续发展。

【安全隐患】

(1)院系没有设专职或兼职的实验室安全管理人员。

(2)院系有实验室安全管理人员，但是未开展工作。

(3)院系的专职实验室安全管理人员，兼顾大量教学、科研、行政等其他工作，没有精力投入实验室安全工作。

(二)有实验室安全督查/协查队伍

该队伍可由教师、实验技术人员组成，也可以由有相关专业能力的社会力量组成。

【工作要点】

实验室安全督查/协查队伍有成立文件或聘用文件，并有经费保障，以确保督查/协查组正常开展工作。主管部门要定期与督查/协查队伍成员交流，统一规范实验室的安全督查/协查工作。每一次督查/协查活动要有文字、照片等记录。对督查/协查工作要及时总结，协助发布通报，督促整改。

【安全隐患】

(1)学校成立了实验室安全督查/协查队伍，但成立文件或聘任文件不规范。

(2)督查/协查队伍未开展工作，没有开展督查活动的记录，或记录不完整。

(三)各级主管实验室安全的负责人、管理人员及技术人员到岗1年内须接受实验室安全培训

【工作要点】

学校、主管职能部门、院系、实验室分管实验室安全的负责人、管理人员及技术人员上岗1年内应接受实验室安全管理培训，并取得培训合格证/结业证或学时证明。

【安全隐患】

学校没有安排各级主管实验室安全的负责人、管理人员及技术人员及时参加各级各类实验室安全培训，这些人员没有参加培训的佐证材料和培训合格证书。

五、其他

(一)采用信息化手段管理实验室安全

【工作要点】

学校要建立实验室安全信息管理系统和监管系统。实验室安全信息管理系统和监管系统应包括院系单位、实验室房间、人员、安全风险点与防控、安全检查、安全考试与准入等信息与功能。实验室安全信息管理系统能有效运行，有各种统计功能，信息要及时更新。对危险化学品的采购、储存要实行信息化管理。学校应利用实验室安全监控和门禁等现代化手段，实现实验室智能化管控。

【安全隐患】

(1)学校未建立实验室安全信息管理系统和监管系统。

(2)学校建立了实验室安全信息管理系统和监管系统，但是系统运行不正常，信息更新不及时，没有在实验室安全管理中发挥作用。

(二)建立实验室安全工作档案

【工作要点】

根据高校实验室安全检查项目表的规范分类，建立实验室安全工作档案。归档文件包括责任体系、队伍建设、安全制度、奖惩制度、教育培训、安全检查、隐患整改、事故调查与处理、专业安全、其他相关的常规或阶段性工作归档资料等。档案分类规范合理，有总目录和分盒目录，并归档装盒，便于查找。

学校和院系都要建立完善的实验室安全工作档案。其中，对院系的实验室安全管理制度、领导机构设置、年度工作报告等重要的实验室安全工作档案，应报学校主管部门备案。

【安全隐患】

(1)学校未建立规范的实验室安全档案，上级检查时，不能提供重要的实验室安全

工作档案。

（2）档案盒没有总目录、分盒目录，目录无序号，档案资料缺乏系统性、完整性，查阅不方便。

第二节　安全规章制度

实验室安全规章制度是实施一切实验室安全管理行为的依据。健全的制度能保证实验室安全管理有法可依、有章可循，能有效加强实验室的安全管理，提高管理工作的效率，是衡量安全管理质量的重要标准。本节包括实验室安全管理制度 1 个方面，涉及 3 项实验室安全检查条款，明确了校级、院系级实验室安全管理体系的异同和侧重点，对实验室安全管理制度的建立提出了具体的指导建议。

实验室安全管理制度

（一）校级《实验室安全管理办法》

【工作要点】

学校需制定、及时修订《实验室安全管理办法》，并正式发文。其内容一般应包括实验室安全组织体系及职责、制度建设、安全教育、实验室准入管理、危险化学品安全管理、生物安全管理、辐射安全管理、水电安全管理、仪器设备安全管理、机械加工安全管理、实验室废弃物安全管理、实验室安全检查与隐患整改、实验室安全事故处理与奖惩等方面。《实验室安全管理办法》是全校实验室安全管理的纲领性文件，各校可根据自身的特点将有关内容进行细化、具体化，另行制定实验室安全管理规定或实验室安全管理细则。

【安全隐患】

（1）未建立实验室安全管理制度，或制度未及时更新。

（2）已建立实验室安全管理制度，但是制度落实不够，未实现隐患排查整改的闭环管理。

（二）校级实验室安全管理细则

校级实验室安全管理细则一般包括实验室安全检查制度、安全风险评估制度、危险源全周期管理制度、实验室安全应急制度、奖惩与问责追责制度和安全培训制度等管理细则。

【工作要点】

1. 安全定期检查制度　学校应建立健全实验室安全检查和隐患排查治理制度，内容包括隐患排查、登记、报告、整改等方面的规定，对查出的隐患实行“闭环管理”，严格落实整改措施、责任、资金、时限和预案“五到位”等。对存在重大安全隐患的实验室，应当立即停止实验室的运行直至隐患彻底整改消除。实验室安全检查要突出重点，应加强对化学、生物、辐射、机械、电器等危险源的定期检查。

2. 安全风险评估制度　实验室对所开展的教学、科研活动要进行风险评估，并建立实验室人员安全准入和实验过程管理机制。实验室在开展新增实验项目前必须进行风险评估，明确安全隐患和应对措施。在新建、改建、扩建实验室时，学校应当把安全风险评估作为建设立项的必要条件。

3. 危险源全周期管理制度　学校应当对危险化学品、病原微生物、辐射源等危险源建立采购、运输、存储、使用、处置等全流程全周期管理制度。采购和运输必须选择具备相应资质的单位和渠道，存储要有专门的存储场所并严格控制数量，使用时应由专人负责发放、回收，并有详细的记录，对实验后产生的废弃物要统一收储并依法依规科学处置。实验室应对危险源进行风险评估，建立重大危险源安全风险分布档案和数据库，并制订危险源分级分类处置方案。

4. 实验室安全应急制度　学校要根据专业特点和风险统筹制定实验室安全事故应急预案，并定期开展应急演练；对实验室专职管理人员定期开展应急处置知识学习和应急处理培训，配齐配足应急人员、物资、装备和经费，确保应急功能完备、人员到位、装备齐全、响应及时。实验室突发事件应急预案应具有较强的实操性，且在适当范围内公开。

5. 实验室安全奖惩与问责追责制度　学校依据有关法律法规及时修订实验室安全奖惩制度。依据学校《实验室安全管理办法》，明确各级管理人员的责任，严肃查处玩忽职守、失职渎职等行为，对发生安全责任事故的单位和个人依规追责，情节特别严重的移交司法机关处理。对为实验室安全工作作出突出贡献的单位、实验室和个人进行表彰奖励。

6. 实验室安全培训制度　按照“全员、全面、全程”的要求，制定全覆盖的实验室安全培训制度。对风险较高的专业，开设有学分的安全教育课程。建立实验室人员安全培训机制，进入实验室的师生必须先进行安全技能和操作规范培训，未通过考核的人员不得进入实验室进行实验操作。要把安全宣传教育作为日常安全检查的必查内容，对安全责任事故一律倒查安全教育培训责任。

【安全隐患】

(1)未建立实验室安全检查制度，或有制度，但未及时更新；已建立安全检查制度，但未实行隐患整改的闭环管理。

(2)未建立实验室安全教育与安全准入制度，或制度未及时更新；已建立安全准入制度，但内容不规范，未实现全覆盖(如对短期外来人员)。

(3)未建立重大危险源分布档案和相应数据库。

(4)未制定实验室突发事件应急预案；或实验室突发事件应急预案不能覆盖学校所有的实验室安全风险，实验室突发事件应急预案的实操性不强，未公开。

(5)未制定实验室安全奖惩制度；或虽有奖惩制度，但颁布以来从未执行过；奖惩制度条款只有责任追究，没有奖励内容。

(6)未建立实验室安全培训制度，或已建立制度，但内容不规范，未实现培训全覆盖。

(三)院系级实验室安全管理制度

院系建有具有学科特色的实验室安全管理制度，该制度包含院系的安全检查、值班值日、实验风险评估、实验室准入、应急预案、安全培训等管理制度。

【工作要点】

1. 具有学科特色的实验室管理制度　院系应制定适合本单位的实验室安全管理制度，突出学科特色，细化管理要求。具有学科特色的实验室管理制度主要包括危险性实验安全实验指导书、仪器设备安全操作规程等。院系也可执行学校的实验室安全管理办法，但要对涉及学科特殊要求的安全规定进行补充。

2. 安全检查与值日值班制度　院系结合实际需要制定适合本单位的实验室检查、值日值班制度，根据危险源的风险程度确定实验室安全检查的频次及要求。院系的党政领导应带头参加实验室的安全检查、值班工作，并做好记录。每个实验室都应做好卫生安全值日工作，并做好记录。

3. 设备的安全操作规程　对实验室涉及安全隐患的设备(如高温、高速、高压、强磁、低温等设备)要制作安全操作规程。安全操作规程的内容主要包括操作程序步骤、安全注意事项，必要时增加个人防护要求、设备维护保养、事故预防措施等内容。安全操作规程应张贴在设备旁边的显著位置，以方便操作时参考。

4. 危险性实验风险评估制度　院系应建立危险性实验风险评估制度。实验室在开展危险性实验前应对其进行安全风险评估，从新设备、材料、方法、人员、环境的角度明确安全风险点、防护措施和应急措施。院系和实验室根据评估结果确定安全教育或培训的内容，只有接受了安全教育培训的实验人员才允许开展实验。

5. 学科应急预案　院系应制定体现学科特色的、具有操作性的应急预案，配备相应的应急设备和应急物资，开展应急预案的学习和演练。

【安全隐患】

(1)院系未制定适合本单位的实验室安全管理规定；或没有针对学科特色的安全规定进行补充。院系实验室安全管理规定不够完善，可操作性不强。

(2)院系未结合实际需要制定安全检查、值班值日制度；实验室无卫生值日值班工作记录。

(3)院系未对风险较高的仪器设备制定安全操作规程；或有安全操作规程，但内容不全，指导性不强，如缺少安全注意事项、张贴的位置不合理等。

(4)未建立危险性实验的风险评估制度；或有危险性实验风险评估制度，但未执行。未依据风险评估结果开展有针对性的教育培训和准入管理。

(5)未建立具有学科特色的应急预案；或建立了应急预案，但应急预案内容不全，修订不及时，操作性不强，且未开展应急预案的学习和应急演练。

第三节　安全宣传教育

实验室安全宣传教育是保证实验室安全的关键措施，不仅能使个人终身受益，同时也能促进社会安全文化的建设。这就需要学校建立全员、全方位、全过程的安全教育体系，积极营造良好的实验室安全文化氛围。本节包括安全教育活动、安全文化等2个方面，涉及8项实验室安全检查条款，对实验室安全课程开设、教育培训、应急演练、考核准入，以及安全文化建设等方面提出了具体的要求，对于学校安全教育活动的开展、安全文化氛围的营造具有重要的指导意义。

一、安全教育活动

通过系统的实验室安全教育活动，培养实验人员的安全意识、安全技能和安全防范能力，是确保实验人员、财产安全的前提。

(一)开设实验室安全必修课或选修课

【工作要点】

开设实验室安全必修课或选修课是提高师生实验室安全能力和水平的重要任务。对于化学、生物、辐射等高风险的相关院系和专业，要开设有学分的安全教育必修课；鼓励其他专业开设安全教育选修课。学校应建立完备的实验室安全准入教育课程体系，实验室安全课程的教学内容应覆盖实验室安全的通识教育、专业安全防护、基础设施使用、环境保护及健康防护等方面。学校应按照必修课、选修课或培训的方式，将实验室安全准入教育纳入人才培养方案。

实验室安全准入教育应分级分类实施。危险源较多、安全隐患较大的院系(如药学系、医学检验系等)应开设必修课，实验室安全培训不低于1学分，即16学时；其他院系可开设选修课，也可采用培训方式进行。实验室安全通识教育培训不能低于4学时。学校、院系应加强实验室安全课程建设，培养、配备合格的师资讲授课程。院系应根据自身实验室的特点制定《实验室安全教育大纲》，编写安全课程学案。实验室应编制《实验室安全操作规程》或《实验室安全手册》，并实施培训。

【安全隐患】

(1)涉及化学、生物、辐射的专业未开设安全教育必修课。

(2)未编写或未选用适合本专业特色的实验室安全教育教材。

(3)受学分、师资和场地等限制，安全课程覆盖率偏低。

(二)开展校级安全教育培训活动

【工作要点】

每年要开展全校教职工和学生安全教育培训活动。学校应制订年度安全培训计划，并严格落实。学校应将实验室安全教育纳入教职工继续教育范围，将学生的安全教育培训与实验室准入教育进行有机结合。实验室安全培训包括高校自行开展的培训、国家有关部门和学术团体开展的培训等。

【安全隐患】

(1)学校未制订年度实验室安全培训计划；或有计划但未严格落实。

(2)实验室安全教育培训记录不完善，无佐证材料。

(三)院系开展专业安全培训活动

【工作要点】

院系应建立实验室安全准入制度，结合专业和学科特点开展安全培训活动，如危险化学品安全、生物安全、特种设备安全等。院系应积极发挥教授在专业安全培训方面的作用，特别是教授对所带领的科研团队涉及的实验室安全风险，要担负起责任。

院系应加强对实验人员的培训，认真执行实验室安全准入制度。

【安全隐患】

(1)院系未建立实验室安全准入制度；或已建立，但未实行。

(2)安全风险高的专业和学科未开展有针对性的安全培训活动。

(3)未参加国家有关部门要求的相关专业培训，如辐射安全、生物安全、特种设备安全等专业培训。

(四)开展结合学科特点的应急演练

【工作要点】

学校、院系应结合学校的实验室安全事故应急预案，制订年度应急演练计划并实施，每年开展实战应急演练不少于1次。学校、院系应根据实验室的特点开展应急演练，如危险化学品泄漏、消防演练、实验室安全事故应急救援等应急演练。

【安全隐患】

(1)学校没有根据实验室特点制定应急预案。

(2)学校在制定应急预案后，未进行有效的演练，不能提供实际演练的支撑材料。

(3)学校仅开展消防演练，未开展其他专项演练。

(五)组织实验室安全知识考试

【工作要点】

1. 实验室安全知识考试系统　学校应建立符合本校特点的实验室安全知识考试系统。实验室安全知识考试系统具有针对不同专业、不同人群的考试功能。实验室安全知识考试系统可以包括学习、模拟考试、网上测试等模块。学校应对学习内容及题库及时进行更新。

2. 实验室安全题库建设　学校应组织建设实验室安全题库，也可通过采购定制的方法建立题库。题库内容包含通识类安全知识和各专业学科分类安全知识、安全规范、国家相关法律法规、应急措施等。

3. 实验室安全学习考试　新教职工、新生及外来人员均需参加实验室安全学习考试。一般90分为考试合格。学校对考试合格者发放合格证书。学校应制订新入职教职工、新生安全学习与考试的相关规定，有实施考试的记录(包括合格证书发放记录和考试统计表)。

【安全隐患】

(1)学校未建立实验室安全考试系统。

(2)实验室安全题库的内容不符合学校的实际情况，试题未按不同专业和人群特色进行设置。

(3)学校未开展新教职工入职培训和新生入学教育，未开展实验室安全考试。

(4)学校开展了考试，但实验室安全考试合格线设置偏低，有关安全考试的记录不完整。

二、实验室安全文化

实验室安全文化是校园文化建设的重要组成部分，对师生实验室安全文化的培育是构建成功、有效实验室安全管理系统的基础。实验室安全文化可从理念、制度、行为及环境等方面影响师生员工，使其树立“以人为本、安全第一”的责任和意识，使师生对安全的重视变为主动的、内在的需要，自觉建立安全、健康、环保的实验室环境。

(一)建设有学校特色的安全文化

【工作要点】

学校应定期召开实验室安全工作会议，开展“实验室安全活动月”活动。学校、院系的网站应设立实验室安全宣传、经验交流等栏目。学校主管部门的网站应有实验室安全管理、安全宣传栏等。院系的网站应公开院系实验室安全领导小组、安全责任人等信息，并有实验室安全工作的通知和实验室安全活动的报道。

【安全隐患】

(1)学校近2年没有召开实验室安全工作会议。

(2)学校未开展全校性的实验室安全培训、“实验室安全活动月”等活动。

(3)学校、主管部门、院系的网站无实验室安全管理栏目。

(4)学校、主管部门、院系的网站设置了实验室安全管理栏目，但信息未能及时更新，没有实验室安全工作的通知、实验室安全活动的报道。

(二)编印学校《实验室安全手册》

【工作要点】

学校应编印适合本校特点的《实验室安全手册》。该手册应简洁明了、图文并茂。学校要将《实验室安全手册》发放给每一位师生和进入实验室的外来人员。实验室安全主管职能部门要有院系《实验室安全手册》的领取记录。

【安全隐患】

(1)学校没有编印《实验室安全手册》。

(2)学校已编印《实验室安全手册》，但院系没有按要求发放，无发放记录。

(三)创新宣传教育形式，加强安全文化建设

【工作要点】

学校通过多种形式开展实验室安全宣传与文化活动，例如，通过微信公众号、安全工作简报、安全文化月、安全专项整治活动、实验室安全评估、安全知识竞赛、微电影等方式，加强实验室安全宣传。

学校还可以通过其他方式开展安全宣传与文化活动，例如，实验室安全专题讲座、实验室安全事故应急演练、实验室安全警示教育展、实验室安全活动月等活动，提高师生的安全防范意识和防范能力。学校应利用网络、微信公众号、微信小程序、手机APP等现代多媒体技术，在节假日、重要活动节点，对师生进行安全提醒、提示，对师生开展实验室安全知识宣传。

【安全隐患】

(1)学校未开展相关实验室安全宣传与文化活动。

(2)实验室安全活动无相关记录，或记录不完整。

(3)学校未充分利用现代信息技术开展实验室安全宣传、提示、反馈等。

第四节　安全检查

实验室安全检查是了解、检验实验室安全工作是否规范有效的重要措施，同时，通过安全检查可以及早发现安全隐患，及时进行有效的整改，有效防范实验室安全事故的发生，确保实验室安全。本节包括危险源辨识、安全检查、安全隐患整改、安全报告等4个方面，涉及12项安全检查条款，提出了实验室危险源辨识、安全检查、安全隐患整改的工作内容和要求，可为实验室安全检查工作的开展提供指导。

一、危险源辨识

危险源是可能导致人身伤害和(或)健康损害的根源、状态、行为，或其组合。学校、院系应建立危险源分布清单，对涉及危险源的高危场所应有明确的警示标识，对重要危险源做好风险评估和应急管控。

(一)学校、院系层面建立危险源分布清单

【工作要点】

学校、院系应进行实验室危险源辨识并建立危险源分布清单。实验室危险因素包括物的因素、环境的因素、人的因素。危险源分布清单涉及的危险因素主要包括危险性设备和危险性物质。危险源分布清单的内容需包括单位、房间、类别、数量、责任人等信息。实验室危险源主要包括(但不限于)管制化学品、易燃易爆化学品、易燃易爆和有毒气体、放射性物品、病原微生物、辐射、激光、强磁、强电、高温或超低温、高压、高速运动等。

【安全隐患】

(1)涉及危险源的实验室未建立危险源分布清单。

(2)实验室危险源分布清单的内容不完整。

(3)学校、院系对危险源的辨识不全，忽视了潜在的危险源。

(二)对涉及危险源的实验场所应有明确的警示标识

【工作要点】

学校、院系对涉及危险化学品、病原微生物、放射性同位素、强磁等高危场所应有显著、明确的警示标识。警示标识是提醒人们对周围环境或操作引起注意，以避免发生危害的标识。警示标识分图形标识、警示语句、警示线和告知卡等类型。学校、院系对实验室门口和房间内的危险源必须有必要、明确的警示标识。

【安全隐患】

(1)学校、院系在涉及危险源的场所未贴安全警示标识。

(2)学校、院系在涉及危险源的场所已张贴安全警示标识，但不符合国家标准，张贴不规范。

(3)高危场所安全警示标识不全。

（三）制定针对重要危险源的风险评估和应急管控方案

【工作要点】

实验室有针对本室重要危险源的风险评估和应急管控方案，并报学校或院系备案。首先，对实验室进行危险源辨识，并找出重要危险源；然后，对实验室涉及的重大危险源进行安全风险评估；最后，根据危险源的特点，编制应急处置措施办法，并进行相关演练，同时上报学校或院系备案。

风险评估工作的内容：鉴定使用或制造物质的危害；评估有关危害造成实际伤害的可能性及严重程度；决定采用何种控制措施，从而把风险降低到可以接受的程度。风险评估主要采用安全系统工程的方法，如预先危险性分析法、故障模式及影响分析法、事故树分析法等，也可采用 LEC（危险等级划分）法和化学品安全技术说明书等方法。

【安全隐患】

（1）实验室启用前未做危险源风险评估，无应急管控方案。

（2）实验室有应急管控方案，但未进行相关演练，或应急管控方案无实操性。

（3）实验室的风险评估报告和应急管控方案未报学校或院系备案。

二、安全检查

实验室安全检查包括校级和院系级定期/不定期检查、针对高危物品的专项检查和实验室房间的自我检查等。

（一）学校层面开展定期/不定期检查

【工作要点】

学校要建立由校级领导、实验室管理职能部门和相关部门（保卫处）、院系领导和实验管理人员组成的实验室安全检查/督查队伍。学校应结合本校的具体情况制订适合本校实际的可操作的实验室安全检查指标、标准，每年初制订实验室安全检查计划，明确检查内容和范围。学校层面的定期/不定期检查每年不少于 4 次，每次检查都要有文字记录、照片并归档。

建议学校通过基于移动互联网的安全管理系统进行实验室安全检查。信息化管理系统的应用有利于管理过程留痕，也有利于实现网格化、扁平化管理，提高实验室安全管理的效率。

【安全隐患】

（1）学校未制订实验室安全检查年度计划，全年检查的次数少于 4 次。

（2）实验室安全检查走过场，只注重形式，不注重内容和效果。

（3）无实验室安全检查记录，或记录不规范。

（二）院系层面开展定期检查

【工作要点】

院系要建立一支固定的实验室安全检查队伍，根据实验室危险源的分布情况，定期进行全面检查和抽查（重点部位必查，一般部位抽查），有计划、有重点地进行专项检查。院系应建立实验室安全月检查制度，检查频次每月不少于 1 次，并记录存档。院系应建立详细的实验室安全工作检查台账，记录检查和问题整改情况，检查结果要有通报，检查和整改的文件要有相关人员签字。

【安全隐患】

(1)院系无实验室安全工作计划，未进行实验室安全定期检查。

(2)院系的实验室安全检查走过场，存在形式主义。

(3)院系无实验室安全检查记录，或记录不规范。

(三)针对高危实验物品开展专项检查

【工作要点】

院系应每年有计划地针对高危实验物品(包括剧毒品、病原微生物、放射源等)进行专项检查。

1. 剧毒品的专项检查　其主要包括剧毒品场所、采购、储存、发放、使用、处置等方面情况。

2. 病原微生物专项检查　其主要包括实验室有关的资质证明、文件，生物安全组织机构，生物安全管理责任体系、有关规章制度的建立，生物安全防护措施，实验室应急管控预案，菌(毒)种和样本的贮藏与管理，实验室人员生物安全知识培训，实验室各类记录和档案，实验室废弃物管理等方面的情况。

3. 放射源专项检查　其主要包括放射源储存、暂存场所及设施条件、放射源应用现状、辐射安全管理、辐射安全管理系统数据使用等情况。

【安全隐患】

(1)院系没有制订实验室安全专项检查活动计划，或有计划未执行。

(2)院系对高危实验物品的相关设施建设不达标，存在安全隐患。

(3)实验物品申购审批程序不健全，存在非法私自购买或委托他人购买的现象。

(4)未建立高危实验物品相关使用、管理等台账。

(四)实验室应对每个房间建立自检自查台账

【工作要点】

每个实验室应建立安全自检自查制度，做好实验室每日安全自查。实验室应建立详细的值日台账，值日人员应记录实验室每天发生的安全问题及处置情况，以及对室内电气、电线和卫生检查的情况，并记下日期和签名确认，也可通过电子信息系统建立电子台账。最后离开实验室的人员应检查水、电、气阀及门窗的关闭情况，并在室内张贴相关提醒标识。

【安全隐患】

(1)实验室未落实安全管理责任或落实不到位。

(2)实验室未建立安全自检自查制度，未做到每日安全检查。

(3)最后离开实验室的人员离开实验室时未关闭水、电、气阀等开关，未锁门窗。

(4)实验室无安全检查及整改记录。

（五）安全检查人员应配备专业的防护和计量用具

【工作要点】

1. 安全检查人员规范　安全检查人员要佩戴标识，“安全检查人员标识”可以是红袖章、胸卡等。安全检查人员要配备照相设备，用于现场取证留存。

2. 安全检查人员的个人防护　安全检查人员进入化学、生物、辐射等实验室时要穿戴必要的防护装备。安全检查人员应按照实验室相应的防护要求进行防护，不得以检查为由不遵守防护规定。

3. 辐射场所检查　安全检查人员检查辐射场所时要佩戴个人辐射剂量计，个人辐射剂量计是用来监测每个受核辐射照射的实验人员在工作时所受辐射计量的仪器。常用的个人辐射剂量计有个人剂量笔、胶片剂量计和热释光剂量计。

4. 配备测量用具　条件许可的实验室，应为安全检查人员配备必要的测量、计量用具(如电笔、万用表、声级计、风速仪等)。学校应逐步配备这些设备，以便检查人员可以随时监测实验室的各种安全隐患。

【安全隐患】

(1)安全检查人员未佩戴必要的标识；安全检查人员未配备照相工具，现场不能拍照取证留存。

(2)安全检查人员进入风险高的实验室时，未按照有关标准配备必要的个人防护用具，或选择错误的防护用具类型；安全检查人员未接受相关培训，错误穿戴个人防护用具。

(3)检查人员进入辐射场所时未佩戴个人辐射剂量计。

三、安全隐患整改

安全管理要形成闭环，其中安全隐患整改是关键。

（一）对检查中发现的问题应以正式形式通知到相关负责人

【工作要点】

对检查中发现的问题应以正式形式通知被检查实验室及院系相关负责人，并规范存档。对检查发现的安全隐患，能及时整改的应即刻整改，需要时间整改的应限期整改。整改通知的方式可以采用多种形式，如在校园网上发布公告、发布实验室安全简报、发放书面或电子的整改通知书等。整改通知书应包含检查时间、被检查的实验室、问题描述、整改要求及完成时间、职能部门盖章等内容。整改通知书要送达被检查院系的办公室，需要由负责人签收。院系要对整改资料进行规范归档。

【安全隐患】

(1)安全检查流于形式，以口头反馈为主，未形成书面材料。对存在问题的整改要求没有正式、及时地反馈给被检查的实验室及院系相关责任人。

(2)整改通知书只送达实验室学生，未送达被检查院系的办公室。整改通知书包含的要素不全。

(3)对安全检查中发现的问题以口头形式告知，处理与否未检查，处理结果未存档。

(二)院系应对问题隐患进行及时整改

【工作要点】

1. 安全隐患整改报告　院系对发现的安全隐患要进行限期整改，相关实验室或个人必须按规定的期限进行整改，并撰写整改报告。整改报告的内容要明确，要有前后对比的照片。整改报告应在规定时间内提交学校主管部门。学校主管部门要认真核查整改报告，必要时到现场察看安全隐患的整改情况，确保安全隐患整改到位。

学校在检查时发现实验室有严重的或院系一时无法解决的安全隐患时，应建立院系、主管部门和职能部门(包括保卫处、后勤保障部)联动的安全隐患处理机制，确保检查发现的安全隐患能够得到及时处理。学校对实验室安全检查、整改通知书、整改报告应规范存档。学校要制订实验室安全管理奖惩办法，对未能按期整改的单位和个人应给予相应的惩罚。

2. 重大隐患处理　如实验室存在重大安全隐患，实验人员应当立即报告给实验室负责人，立即停止实验活动，以防止发生安全事故。实验室应组织专业人员采取措施对重大隐患进行风险化解，重大隐患整改完成后方能恢复实验活动。

【安全隐患】

(1)院系未有落实安全隐患的整改措施，未真正落实整改。院系未对整改报告进行归档，或归档的报告内容不全。

(2)院系在发现重大隐患后未采取相应的防范措施，实验室仍照常进行实验活动；或重大隐患尚未全部完成整改，实验室已恢复开展实验。

四、安全报告

学校在完成实验室安全检查后要发布安全通报，及时报送到相关责任人，确保整改落实。

(一)学校有定期/不定期的安全检查通报

【工作要点】

学校要建立实验室安全检查通报制度，定期/不定期地编制实验室安全检查通报，每年不少于4次。学校应将实验室安全检查通报及时报送到相关领导、责任单位和责任人手中，明确工作职责，落实安全责任。实验室安全检查通报的发布形式有以下几种。

1. 在校园网上公布　对实验室安全检查通报可酌情在学校网站主页、实验室管理部门网站上进行公示。

2. 以正式文件形式公布　对实验室安全检查通报可通过学校或部门文件的形式发布，也可以多部门联合发文(如保卫处和实验室管理部门联合发文)的形式公布。

【安全隐患】

(1)学校没有建立实验室安全检查通报制度。

(2)实验室安全检查通报工作流于形式，未明确隐患整改责任人。

（二）院系有实验室安全检查及整改记录

【工作要点】

院系要按照学校的实验室安全检查的内容，结合自身实验室的特点，定期/不定期地进行实验室安全检查，每月不少于1次。实验室安全检查记录完整、规范，有检查现场照片，有安全检查人员签字。院系对实验室检查记录要妥善存档。

【安全隐患】

（1）实验室安全检查记录不完整、不规范，无检查现场照片。

（2）对实验室安全检查记录未妥善存档。

第五节　实验场所

保持良好有序、整洁卫生的环境条件是安全开展实验的空间保障，是做好实验室安全工作的基础条件。本节包括场所环境、卫生与日常管理、场所其他安全等3个方面，涉及13项实验室安全检查条款，提出了实验场所警示标识、空间布局、消防、水电与管线、噪声与振动等方面的规范要求，明确了实验场所安全管理的基本要素，为实验场所安全管理的规划设计、安全设施设备安装及日常安全管理提供了依据和指导。

一、场所环境

实验场所环境符合安全要求，是确保实验室安全的基础。

（一）在实验场所内应张贴安全信息牌

【工作要点】

每个房间门口应张贴有安全信息牌。安全信息牌要覆盖所有实验室。安全信息牌上的信息应全面，其应包括安全风险点的警示标识、安全责任人、涉及危险的类别、防护措施和有效的应急联系电话等，并根据实验人员、风险点的变化及时更新。实验室管理部门应对安全信息牌的内容进行审核。

【安全隐患】

（1）实验室安全信息牌未覆盖全部实验室。

（2）实验室安全信息牌上的信息不全面，或与实验室内所涉及风险点的信息不相符。

（3）实验室安全信息牌上未注明实验室安全责任人的有效应急联系电话。

（二）实验场所应具备合理的安全空间布局

【工作要点】

1. 紧急出口　单层超过200 m^2的实验楼层应至少具有两处紧急出口，并保持通畅。单间面积75 m^2以上的实验室要有2个独立出入口，以保证应急事件中人员的安全疏散。

2. 走廊　实验楼大走廊应保证留有大于2 m净宽的消防通道，严禁在走廊放置设备使其净宽小于2 m。在确保实验楼单边走廊2 m净宽且通过学校核准后，可以在其内单边放置冰箱等设备，但要确保安全。不得在实验室走廊放置电阻炉、烘箱等加热设备和机床、摇床等机械运动设备，以免对人体造成伤害。

3. 操作区高度　学校应有实验室修缮改建规章制度，不得随意改变实验室布局。在实验室内不得随意搭建阁楼，实验室操作区层高不低于 2 m。

4. 实验室人均面积　理、工、农、医类实验室人均面积应不小于 2.5 m^2。实验室人均面积应不低于指标要求。仪器较多的实验室（尤其是放有高温设备的实验室）应有更大的空间。

【安全隐患】

(1) 实验楼或实验室紧急出口、安全出口和疏散门的数量不足。在紧急出口、安全出口和疏散门处未设置安全警示标识或标识不清；有 2 个门的实验室，其中 1 个门被封堵。

(2) 在走廊放置设备后其净宽小于 2 m；在走廊放置设备没有经过审批核准，或报批核准记录不完整；在走廊放置加热或机械运动类设备；对在走廊放置的冰箱等仪器设备未做安全保护，如冰箱未上锁。

(3) 学校未制定实验室修缮改建规章制度，管理不到位；在实验室内私自搭建阁楼，或未按规定程序报批并获得核准。

(4) 实验室师生人数多，实验空间拥挤，人均实验面积低于指标要求。

(三) 实验室消防通道通畅，公共场所不得堆放仪器和物品

【工作要点】

实验室消防通道的设计应考虑宽度，尽量减少突出墙体的物体，以确保消防通道通畅。在实验室消防通道、公共场所内不应堆放仪器设备、电瓶车、杂物等，以确保进行紧急疏散时消防通道通畅。

【安全隐患】

(1) 在实验室消防通道内放置杂物、电瓶车等。

(2) 在实验室大厅等公共场所内未经允许堆放大量杂物。

(四) 实验室建设和装修应符合消防安全要求

【工作要点】

1. 实验操作台　实验操作台应由合格的防火、耐腐蚀材料制作而成。对实验室操作台应根据实验室特性选择合适和合格的材料，如理化板、陶瓷板、不锈钢、环氧树脂、大理石等。

2. 承重载荷　仪器设备安装应符合建筑物的承重载荷。建筑物都有一定的承重载荷，安装仪器设备时应考虑楼板的跨度、厚度、混凝土强度、配筋，经过载荷验算后才能确定是否符合安装条件。对载荷验算不符合条件的建筑物，在安装仪器设备前要进行加固。

3. 实验室吊顶　对有可燃气体的实验室不设吊顶。可燃气体泄漏后易聚集在实验室上方，如果设置了吊顶，易造成吊顶上方可燃气体聚集，引起火灾、爆炸等安全事故。

4. 及时清除废弃设施　对废弃不用的配电箱、插座、水管、水龙头、网线、气体

管路等应及时拆除或封闭。在实验室功能改变后应及时拆除与实验室不匹配的设施设备。在进行现场检查时，如果发现出现实验室功能调整或改建，应重点检查实验室功能与基础设施的匹配性，尤其要重点检查废弃不用的配电箱、插座、水管、水龙头、网线、气体管路等是否已被拆除。

5. 实验室门　实验室门上有观察窗。在涉及安全风险的实验室的门上应设有观察窗，观察窗必须为密封结构，不能人为遮挡，所用玻璃应为钢化玻璃。对涉及安全风险的实验室门应设置外开，在应急状况下不阻挡逃生路径。

【安全隐患】

(1)涉及化学实验的操作台台面不具备抗腐蚀性能；摆放高温设备的操作台台面不耐高温；操作台承载不够，导致其使用寿命缩短或损坏。

(2)安装仪器设备时未考虑楼面承重载荷。

(3)对涉及或可产生可燃气体的实验室安装了吊顶。

(4)未及时对已经不用、废弃的设施设备进行有效处理或拆除。

(5)在涉及安全风险的实验室的门上未设置观察窗，或有观察窗但被人为遮挡；将涉及安全风险的实验室的门设置向内开启；在实验室出门处设置复杂的开门装置(如指纹识别等)，延迟逃生时间。

(五)实验室所有房间均应配有应急备用钥匙

【工作要点】

实验室应急备用钥匙或门禁通卡需集中存放、专人管理，应急时方便取用。每间实验室都要有1把备用钥匙，备用钥匙应集中管理，以备紧急时使用。在进行安全检查时，应检查备用钥匙的存放点。存放点要求设置合理，方便应急时取用。若实验室更换门锁，应及时更新备用钥匙或及时授权。

【安全隐患】

(1)未建立实验室应急备用钥匙或门禁通卡集中管理制度；对实验室应急备用钥匙未设专人管理，使用不规范。

(2)实验室应急备用钥匙不全或未及时更新；门禁通卡未及时更新授权，不能打开每间实验室。

(3)备用钥匙或门禁通卡存放点设置不合理，应急取用不方便。

(六)实验设备需做好振动减振和噪声降噪

【工作要点】

1. 设备振动　对实验室容易产生振动的设备，需考虑采取合理的减振措施。存放容易产生振动的公共设施的房间不宜与实验室、学术工作室、学术活动室及阅览室相临。安装在楼层或顶层的空调机组、排风机房等，在其设备的基础部位应有减振措施。

2. 电磁辐射　产生电磁辐射的仪器设备应符合《电磁环境控制限值》(GB 8702—2014)的有关规定。对易对外产生磁场或易受磁场干扰的设备需做好电磁屏蔽。

3. 噪声防护　实验室内的噪声一般不高于55 dB(机械设备的噪声一般不高于70 dB)。噪声大的仪器设备应安装在有隔音设施的空间内，不应影响实验室的正常使用。有产生噪声的公共设施的房间不宜与实验室、学术工作室、学术活动室及阅览室相临，否则应采取隔声及消声措施。

【安全隐患】

(1)对容易产生振动的设施设备未采取有效的减振措施。

(2)对产生电磁辐射的仪器设备未安装电磁屏蔽装置；或有电磁屏蔽装置但未正确使用。

(3)实验设备老化、维修不及时、噪声超标；对噪声超标的实验室未采取降噪措施。

(七)实验室水、电、气管线布局合理，安装施工规范

【工作要点】

1. 管线工程　进行实验室水、电、气管线安装时，选择符合要求的合格产品。实验室水、电、气管线的设计、施工符合建筑设计规定和安装施工规范。

2. 管道供气　采用管道供气的实验室内的输气管道及阀门无破损现象，并有明确的标识。

3. 可燃气体管道　高温、明火设备的放置位置与气体管道有安全间隔距离。合理布置输送氢气、甲烷、乙炔等可燃气体的管路，将其与高温、明火设备分开布置，并保持一定的安全距离。

【安全隐患】

(1)实验室水、电、气管线布局不合理且影响使用。排水系统管道未结合实验室功能考虑耐酸、碱腐蚀因素，未考虑有机溶剂对材质的溶解。

(2)气体管道阀门存在破损或老化现象，未及时更换；气体管路未有明确标识。

(3)可燃气体管道与高温设备(如加热设备)紧邻；可燃气体管道与明火设备(如煤气灯)紧邻。

二、卫生与日常管理

实验室要加强卫生与日常管理，实行卫生安全值日制度。

(一)实验室分区应相对独立、布局合理

【工作要点】

有毒有害实验区应与学习区明确分开，合理布局。学校应重点关注化学、生物、辐射、激光等类别的实验室的布局。

【安全隐患】

(1)在实验室内未设置学习区，有毒有害实验区与学习区混用。

(2)在实验室内设置了学习区，但学习区与实验区未能在物理空间上相互独立。

(二)实验室环境应整洁、卫生、有序

【工作要点】

1. 物品摆放与卫生状况　院系应建立完善的实验室环境卫生等管理制度，并严格执行。实验室物品摆放应整洁、卫生、有序，定期进行打扫清理，确保卫生状况良好。对器皿、试剂、材料分类存放，标示清楚，使其易于查找和使用。实验人员要养成良

好的实验习惯，不随意放置实验用品，实验完毕后将物品归位。在实验室内可进行必要的提醒和提示。

2. 不放无关物品　实验室内无废弃物品，不放无关物品，如电动车、自行车等。应严格限制无关物品进入实验室，如电器、交通工具等。尤其应严禁电动车利用实验室电源进行充电。

3. 不在实验室睡觉过夜　实验人员应避免长时间在实验室内学习和工作，不能将实验室作为休息区或“宿舍”，除非实验需要外，不准在实验室内过夜。

4. 严禁饮食和吸烟　严禁在实验室内(特别是实验操作区)存放食物；严禁在实验室内进行做饭、饮食等生活行为，以免发生误服中毒事件；严禁在实验室内吸烟以免发生火灾、爆炸等事故。

5. 可燃性蚊香　化学类、生物类实验室经常存放较多的可燃物质，为避免火灾的发生，不准在实验室内使用可燃性蚊香。在其他实验室内如需使用蚊香，必须使用带有金属底盘的蚊香，以消除可能发生的火灾隐患。

【安全隐患】

(1)院系未制定实验室环境卫生等管理制度，或有制度但未执行。实验人员未定期打扫实验室，实验室卫生脏乱差；实验室内物品摆放杂乱无章，化学试剂未分类存放；实验用品随意放置，用后未能归位。

(2)废旧物品随意放置或集中在实验室内存放；废旧物品阻塞消防通道，占据太多实验室空间，造成实验室空间拥挤，不利于实验操作，容易造成操作失误而引发安全事故。实验室内存放较多的无关物品，有电动车充电现象。

(3)实验人员长时间在实验室内工作和学习，将实验室作为“宿舍”，在实验室内休息和睡觉过夜；实验人员在实验室内存放食物，有做饭、饮食的行为。

(三)实验室有卫生安全值日制度

【工作要点】

实验室负责人应制定卫生安全值日制度，值班人员每天做好实验室卫生与安全管理工作，发现安全隐患及时反馈给实验室负责人，以及时进行安全隐患整改。实验室负责人应制作科学、适用的实验室卫生安全检查记录表，做好每天卫生安全值日记录。

【安全隐患】

(1)无实验室卫生安全值日制度，或实验室负责人未参与制定实验室卫生安全值日制度。

(2)日常检查不严肃，流于形式，无实验室卫生安全检查记录表或该记录表过于简单。

三、场所其他安全

各院系要在学校实验室管理部门对实验室进行备案、登记成册，对危险性实验室配备急救物品，对废弃的实验室同样应落实安全防范措施。

（一）每间实验室均有编号并登记造册

【工作要点】

实验室房间号要有统一的编排规则，做到有序、便于记忆和管理。房间号的标识位于显著位置、清晰可见。各院系的实验室要在实验室管理部门备案、登记成册。备案内容包括实验室名称、所在楼号、所在楼层、所在房间号、使用状态、实验室负责人姓名及联系电话等。

【安全隐患】

(1)实验室房间编号混乱，不利于记忆和管理。

(2)各院系的实验室没有在实验室管理部门备案、登记成册；或已备案，但备案信息不全。

（二）危险性实验室应配备急救物品

【工作要点】

实验室应根据实验内容配备急救药箱，配备的药箱不上锁，药品在保质期内，放置于显著位置并有明显标识。一般应按照化学类、生物类、机电类急救药箱来配备。经常检查和补充药品以确保药品种类完备、质量合格，确保药品能满足紧急使用的需求，检查和补充药品后应做好记录。

【安全隐患】

(1)危险性实验室内未根据实验室工作内容设置急救药箱。

(2)危险性实验室内有急救药箱，但药箱的摆放位置不当或对其上锁，不利于紧急情况下使用。

(3)未定期检查药箱内的药品，药品不全或过期，无法满足紧急使用的需求。

（三）对废弃的实验室有安全防范措施和明显标识

【工作要点】

安全检查要关注实验室的运行情况。对废弃不用的实验室，同样要加强安全管理，并根据实验室的具体情况明确实验室安全负责人，落实安全防范措施。对安全隐患突出、隐患较大的废弃实验室和设备应有明显的标识，并及时停用和拆除。对安全隐患较大的实验室和设备在拆除前应进行安全性论证，并制订相应的安全防范措施，由专业人员组织实施拆除。

【安全隐患】

(1)对废弃不用的实验室及设备无安全防范措施和安全负责人；实验人员私自启用已废弃不用的实验室或设备。

(2)对安全问题突出、隐患较大的实验室或设备进行拆除前未开展论证，或论证不充分，拆除过程中无专业人员组织实施。

第六节　安全设施

实验室环境保护、安全防护、应急救护和日常管理是实验室安全的基础条件。本节包括消防设施、应急喷淋与洗眼装置、通风系统、门禁监控、实验室防爆等5个方面，涉及11项实验室安全检查条款。提出了安全设施的配备、正确使用与管护要求，为实验室安全提供了基本的设施保障。

一、消防设施

消防设施是提高防御火灾能力的重要保障，保持其良好的状态，关系到能否及时预防火灾，能否及时有效控制、消灭火灾，能否为人员疏散和灭火救援行动提供帮助。

(一)实验室应配备合适的灭火设备，并定期开展使用训练

【工作要点】

1. 灭火设备　具有潜在火灾危险的实验室应配备合适的灭火设备，如烟感报警器、灭火器、灭火毯、消防沙、消防喷淋装置等。灭火设备安装位置规范，种类配置正确。灭火器应放置在实验室出口的醒目位置，定期进行维护管理，确保正常有效、方便取用。实验室应配备灭火毯。灭火毯可用于油锅着火时灭火，或披在身上用于火灾逃生。有机化学实验室应配备消防沙。消防沙可用于扑灭油类制品、易燃化学品着火。危险性实验室应配备烟感报警器、消防喷淋装置。大型仪器室应配备二氧化碳灭火器，机房应配备七氟丙烷灭火器。

2. 合格灭火器　灭火器在有效期内或压力指针在绿色区域，安全销(拉针)正常，瓶身无破损、腐蚀。压力指针在红色区域时应及时更换，确保灭火器处于工作状态。灭火器应放置在通风、干燥、清洁及取用方便的地点，以防喷嘴堵塞、灭火器发生锈蚀。启用后的灭火器必须更换。

3. 消防训练　实验室应定期开展消防设备、灭火器的使用训练。师生应熟悉各种消防设备、物品，尤其是灭火器的性质、适用范围和使用方法。师生应熟悉紧急疏散路线及火场逃生注意事项。消防设备、物品只能扑救初期火灾，一旦发现火势蔓延，实验人员应紧急撤离，并拨打“119”报警。

【安全隐患】

(1)灭火设备的类型与燃烧物质的性质、条件和现场不符；灭火设备处于损坏和过期的状态；灭火器放在不易取出的地方，如放置在柜子上、隐蔽的角落等处。

(2)灭火器瓶有破损或发生严重生锈，未及时更换；灭火器过期或压力不足，不能正常使用。

(3)实验人员未掌握灭火器、灭火毯等消防设备的使用方法；实验室未开展灭火器等消防设备的使用训练；实验人员对紧急疏散路线及火灾逃生注意事项不熟悉。

(二)紧急逃生疏散路线通畅

【工作要点】

1. 紧急逃生疏散路线图　在实验楼的显著位置张贴有紧急逃生疏散路线图，该路线图应包括当前位置、逃生路线指示及出口等信息。紧急逃生疏散路线图显示的信息应清晰易懂，逃生路线应有2条(含)以上，路线与现场情况相符合。

2. 紧急照明灯　实验楼的主要逃生路径上(如人口密集的室内、楼梯间、疏散通道和出口处)应有足够的紧急照明灯和灯光疏散指示标识；紧急照明灯的电源的连续供电

时间不应小于0.5 h。实验室工作人员应定期对紧急照明灯进行巡检和维护，确保其功能正常。

【安全隐患】

(1)实验楼内未张贴逃生疏散路线图；或者已张贴逃生疏散路线图，但位置不醒目。

(2)逃生疏散路线图未按相关标准制作，显示的信息不清晰、不全面。逃生疏散路线图的信息与实际情况不符。

(3)在实验楼的主要逃生路径上未配备足够的紧急照明灯；紧急照明灯不能正常工作。

二、应急喷淋与洗眼装置

应急喷淋与洗眼装置是在有毒有害危险实验环境下使用的应急救援设施，要保证其安全有效及正确使用。

(一)在存在可能受到化学和生物伤害的实验区域，需配置应急喷淋和洗眼装置

【工作要点】

从事化学类、生物类实验的场所需配备应急喷淋与洗眼装置，并有显著的引导标识。每个楼层应按需配备合适数量的应急喷淋与洗眼装置，在走廊上应有明显的引导标识。有条件的学校可以在每个实验室配备应急喷淋与洗眼装置。应对实验人员进行充分的知识及操作培训，使其熟练掌握应急喷淋与洗眼装置的使用方法。

【安全隐患】

(1)化学类、生物类实验楼未配备应急喷淋与洗眼装置。

(2)化学类、生物类实验楼已配备应急喷淋与洗眼装置，但在走廊上未有明显的引导标识。

(二)应急喷淋与洗眼装置安装合理并能正常使用

【工作要点】

应急喷淋与洗眼装置的安装地点与实验操作区之间的通道通畅，距离不超过30 m，步行10 s即可到达。应急喷淋与洗眼装置的安装位置合适，应与危险实验室在同一楼层，最好可直线到达，畅通无障碍。对于危险系数较大的实验室可单独在室内安装应急喷淋与洗眼装置，还可以在走廊上安装。在走廊上安装也可以不做排水口(因为只有紧急状况下才使用)。应急喷淋与洗眼装置的拉杆位置合适，方向正确，以用右手拉动顺手、够得着为宜。

应急喷淋与洗眼装置的水管总阀应处于常开状态。应急喷淋与洗眼装置周围、喷淋头下方无障碍物，确保畅通无阻。应急喷淋与洗眼装置是专业的救援设施，有严格的技术指标和安装要求，不能以普通淋浴装置替代应急喷淋与洗眼装置。应急喷淋与洗眼装置应接入生活用水管道，水量、水压适中(喷出高度8~10 cm)，水流畅通平稳。

【安全隐患】

(1)应急喷淋与洗眼装置的安装地点距实验操作区的距离太远；应急喷淋与洗眼装置的安装地点与实验操作区之间的路径不畅通，不能直线到达；应急喷淋与洗眼装置

的安装位置不合适、数量少，例如，楼层面积大，只在厕所安装1个应急喷淋与洗眼装置。

(2)应急喷淋与洗眼装置的拉杆位置不合适，不方便进行应急喷淋操作；出水阀拉杆的安装方向为反向(正确方向为向下拉出水)。

(3)应急喷淋总阀关闭，拉不出水；应急喷淋与洗眼装置附近有杂物堆积，在紧急状态下无法顺畅使用。

(三)定期对应急喷淋与洗眼装置进行维护

【工作要点】

定期检查维护应急喷淋与洗眼装置，建议每月检查1次，并做好记录。检查内容：出水是否通畅、水质是否清洁、装置是否破损。检查记录表应挂在应急喷淋与洗眼装置附近，记录完整，并有检查人签名。

【安全隐患】

(1)对应急喷淋与洗眼装置缺少定期检查、维护，未有检查记录表。

(2)应急喷淋与洗眼装置不出水，或出污水；应急喷淋与洗眼装置破损后未能及时修复。

三、通风系统

通风系统主要解决的是工作环境所带来的实验人员的身体健康和劳动保护的问题。

(一)在有需要的实验场所内应配备符合设计规范的通风系统

【工作要点】

1. 通风系统配置　对存在危险气体暴露的实验室场所应配备符合要求的通风系统；对建设了排风系统的实验室应安装新风系统。应根据通风系统排出的有害物质的种类、性质以及阻力损失大小来选择管道风机的材质。例如，用于输送含腐蚀气体的空气时，管道风机需防腐；在可燃气体场所使用时，应采用防爆风机；用于输送含尘量较高的空气时，应用耐磨风机。

2. 通风系统的安装要求　实验室的通风系统运行正常，柜口面风速为0.3~0.7 m/s(通常设置为0.5 m/s)。对通风系统要定期维护、检修，并做好记录，以使其保持良好的运行状态。排风机应设在建筑物之外，排除有害气体的风机不能安装在室内。在排风机吸风侧的管段处应设消声装置，屋顶的风机应固定、无松动，对其应设减振装置，以使其无异常噪声。

【安全隐患】

(1)对存在危险气体暴露的实验场所没有配备符合要求的通风系统；可产生腐蚀气体的实验场所的管道风机未采用防腐材料；在使用可燃气体的场所未采用防爆风机。

(2)实验室通风系统不能正常运行；柜口面风速不在规定范围内；对通风系统未定期维护、检修，无维护、检修记录；屋顶风机固定不牢、有噪声。

(二)通风柜配置合理、使用正常、操作合规

【工作要点】

1. 通风柜尾气处理　根据需要在通风柜的管路上安装有毒有害气体的吸附或处理

装置(如活性炭、光催化分解装置、水喷淋装置等)。

2. 使用通风柜的情形　任何可能产生高浓度有害气体而导致个人暴露或产生可燃、可爆炸气体或水蒸气而导致积聚的实验，都应在通风柜内进行。

3. 通风柜的规范使用　进行实验时，可将玻璃视窗开至距台面10～15 cm，保持通风效果，并保护操作人员胸部以上部位。玻璃视窗的材料应是钢化玻璃。

4. 通风柜的安全使用　实验人员在通风柜内进行实验时，应避免将头伸入调节门内；不可将一次性手套或较轻的塑料袋等留在通风柜内，以免堵塞排风口。

5. 通风柜的物品放置　通风柜内放置的物品应距离调节门内侧15 cm左右，以免掉落。

【安全隐患】

(1)未在通风管路上安装有毒有害气体的吸附或处理装置，或已安装，但未及时更换活性炭、吸收液等介质，排风系统排出的有害物质浓度不达标。

(2)风险实验未在通风柜内进行，或在未开启的通风柜内进行。

(3)使用通风柜不规范，例如，将头伸入通风柜内；将较轻的纸张、塑料袋留在通风柜内，阻塞排风口；在通风柜内放置大量物品。

四、门禁监控

实验室门禁智能管理系统和视频监控系统可有效避免实验室管理过程中的各种隐患，提高实验室的综合管理水平和管理效率。

(一)重点场所需安装门禁和监控设施，并有专人管理

【工作要点】

1. 重点场所　在剧毒品、病原微生物、放射源存放点等重点场所应安装门禁和监控系统，以有效地避免实验室管理过程中的各种隐患。

2. 门禁检查　实验室有门禁和监控设施运行状态检查制度，设施运行良好，有检查记录。

3. 专人管理　有专人管理门禁，特殊场所监控应与学校安保监控系统相连。

【安全隐患】

(1)重点场所未安装门禁和监控设施，或已安装，但监控不到位，存在图像模糊、辨识不清等问题。

(2)无专人管理门禁，特殊场所监控未与学校安保监控系统相连。

(二)门禁和监控系统运转正常，与实验室准入制度相匹配

【工作要点】

1. 监控和记录要求　监控不留死角，摄像头应为标清以上，图像清晰可辨，建议视频记录存储时间大于1个月。要有日常管理记录，人员出入记录可查，必要时24 h值守。

2. 门禁与准入匹配　实验室对门禁系统实行授权管理，门禁系统要与实验室准入制度相匹配，以实现对人员的有效管理。

3. 门禁应急管理　门禁系统应有断电应急预案，如果遇火灾事故或毒气蔓延而停

电时，电子门禁系统应是开启状态，或由内向外方便打开，不影响应急逃离。

【安全隐患】

(1)监控没有实现全区域、全过程、全覆盖，存在盲区。

(2)视频记录的存储时间少于1个月。

(3)实验室未实行门禁管理或未实行准入制度。

(4)门禁系统未设立断电应急预案，电子门禁系统在停电时处于关闭状态。

五、实验室防爆

运行环境中存在易燃易爆体的实验室，必须满足安全实验室防爆规范要求。

(一)有防爆需求的实验室需符合防爆设计要求

【工作要点】

1. 防爆设施要求　防爆实验室应按照防爆要求进行设计，安装有防爆开关、防爆灯等，并按要求配置防爆柜、防爆冰箱等。使用气体或产生气体的实验室应安装必要的气体报警系统、监控系统、断电应急系统及断水应急系统等。

2. 可燃气体实验室的防护要求　对于会产生可燃气体或水蒸气的装置，应在其进、出口处安装阻火器。应加强实验室内的通风，以使爆炸物的浓度控制在爆炸下限值以下。

【安全隐患】

(1)防爆实验室未按照防爆要求进行设计，未安装防爆开关、防爆灯等，未安装必要的气体报警系统、监控系统等。

(2)实验室有产生可燃气体或水蒸气的装置，但在其进、出口处未安装阻火器；未对实验室内进行通风，爆炸物的浓度未控制在爆炸下限值以下。

(二)应妥善防护具有爆炸危险性的仪器设备

【工作要点】

使用仪器设备时，若在实验过程中有爆炸的危险，应当对仪器设备安装合适的安全罩，以进行防护。

【安全隐患】

没有对有爆炸危险的仪器安装合适的安全罩，起不到防护作用。

第七节　基础安全

确保实验室基础安全是师生顺利完成各类教学、科研活动的前提和保障。基础安全管理规范是做好实验室安全管理的基础。本节包括用电用水基础安全、个人防护、其他等3个方面，涉及7项实验室安全检查条款，提出了做好用水用电安全、个人防护及实验室安全的常见要素等注意事项，为学校开展实验室的基础安全检查和管理提供了依据和指导。

一、用电用水基础安全

为保证用电用水基础安全，实验室的水电设施要符合规定，实验人员要掌握用水用电常识，合理用水用电。

(一)实验室用电安全应符合国家标准(导则)和行业标准

【工作要点】

1. 用电功率匹配　实验室的电容量应根据实验室用电设备的用电量来综合考虑，所设计的电容量应大于实验室的总用电量。实验室插头、插座的用电负荷不能超过允许的最大用电负荷。实验室配电装置的维修维护、升级改造应由专业的电工来实施，实验人员不得私自改装，扩充配电箱，增加多联插座。电源插座要固定在符合规范的位置，发现其松动时应及时报修。

2. 漏电保护　实验室应配备符合要求的空气开关和漏电保护器。对个别电气设备应单独配备空气开关和漏电保护器。空气开关和漏电保护器的选用和安装要与用电设备的用电负荷匹配，以满足有用电故障时的分断要求。

3. 合理布线　实验室进行布线、新接电线电缆、安装插座等要经后勤保障部门核准，并请专业人员完成，不得私自乱拉、乱接电线电缆。实验室布线及电器安装必须符合安全规定。实验室工作人员发现使用老化的线缆、花线和木质配电板等安全隐患，应及时更换整改。

4. 插座、接线板的使用要求　实验室内的插座、接线板应使用符合国家质量认证的合格产品，在使用过程中发现其有烧焦变形、破损时应立即更换。接线板串联供电容易导致有限的接触面积发热而产生安全隐患。大功率仪器设备必须使用专线供电，禁止用多个接线板串接供电。不宜将接线板直接置于地面。接线板被直接置于地面时，容易因为地面潮湿、粉尘等原因导致短路，同时，置于地面的电线易绊倒实验人员并引起事故。

5. 电线绝缘处理　禁止任何带电体裸露，对不可避免的裸露部分用绝缘胶布进行妥善处理，确保电线接头绝缘可靠，无裸露连接线。当电线走明线时，需要用电线线槽和盖板等对其加以防护。在易受机械损害的场所内应用钢导管对线缆进行保护。

6. 大功率电器的使用要求　实验室应加强对大功率(1200 W 以上)仪器设备的用电管理。大功率仪器设备(包括空调等)应使用专用插座和保护装置，禁止使用一般的接线板供电。实验人员离开用电现场或电气设备长期不用时，应切断总电源。对需要 24 h 使用的大功率仪器设备应有专人值守，以随时掌握用电安全情况。

7. 充电器(宝)的使用要求　充电完成后，应及时切断充电器(宝)的充电电源，否则易造成触电、火灾、爆炸等安全事故。给手机、充电宝等电器充电时，人员不应远离充电设备，以便发生异常能及时处理。在无人监管的状态下，实验人员应切断充电器(宝)的充电电源。

8. 及时断电　实验结束，仪器设备使用完毕后应及时断电。实验室工作人员应在实验室的显著位置张贴“用电后及时断电”等提示语。

【安全隐患】

(1)实验室设计的电容量与实际仪器设备的总用电量不匹配；实验室未配备符合要求的空气开关和漏电保护器；实验室已安装空气开关和漏电保护器，但不能对其安装处的预期短路电流进行分断。

(2)实验室工作人员未遵守管理要求，私自改装插头、插座；电源插座松动，未及时报修；实验室内的插座、接线板使用“三无”产品；插座、接线板出现烧焦变形、破损时未及时更换。

(3)存在乱拉电线的现象，电线存在年久失修的问题；串联多个插线板，为多个仪器设备工作；大功率仪器 24 h 不间断供电，未安排专人值班；手机、充电器(宝)充电完毕未及时拔出；在无人监管的状态下，给充电器(宝)进行长时间充电；实验结束后，未及时断电。

(4)在水槽附近安装电源插座时，未设防护挡板或防护罩，未有警示标识；潮湿、积水的地面有电源插座；将电源接头用普通胶布做绝缘保护；对有源接线的部位未做绝缘处理。

(二)给水、排水系统布置合理，运行正常

【工作要点】

1. 用水设施完好　用水设施出现问题后应及时维修。水槽、地漏及下水道堵塞应及时疏通。水龙头、阀门、上水管、下水管无破损，做到不滴、不漏、不放任自流。

2. 连接管完好　对实验室内的各连接管应定期检查、维护疏通，并做好记录。对于橡胶管连接处宜用金属卡加固。各类连接管(特别是冷却冷凝系统的橡胶管接口处)无老化、破损。若连接管发生老化、破损，应及时更换。

3. 总阀管理　在各楼层及实验室的各级水管总阀处需有明显的标识。实验室工作人员应清楚所在楼层及实验室的各级水管总阀的位置，一旦发生水管破裂跑水能及时关闭总阀。实验室工作人员应定期检查水管总阀的完好情况。

【安全隐患】

(1)实验室工作人员在用水设施设备出现滴水、漏水或堵塞问题时不能及时发现，及时报修。

(2)对连接管处未用金属卡扣进行加固，水压过高时易导致脱落；实验室工作人员未定期检查连接管，连接管出现老化时未能及时更换。

(3)实验室工作人员离开实验室时未关闭水龙头，导致水资源浪费；水龙头漏水，未得到修理。

(4)实验室工作人员对实验室楼层的总阀及各分级总阀的位置完全不清楚，在发生水管破裂时不能及时关掉总阀。

二、个人防护

个人防护是指在实验过程中用以防护人体不为环境中的不良因素(如粉尘、有害气体、生物病原体等)所危害的一种措施。

(一)实验人员需配备合适的个人防护用品

【工作要点】

1. 防护服　凡进入实验室的人员应根据危险源的种类穿着质地合适的实验服或防护服。未穿符合要求的实验服或防护服的人员不得进入存在对人体造成伤害的危险源的实验室。

2. 其他防护用品　进入实验室的人员应按需要佩戴防护眼镜、防护手套、安全帽、防护帽、呼吸器或面罩(呼吸器或面罩应在有效期内，不用时应密封放置)等。

3. 佩戴隐形眼镜的注意事项　空气中的腐蚀气体、飞溅出的腐蚀性化学试剂及高温环境都会对隐形眼镜造成腐蚀溶解，从而对佩戴者的眼睛造成损伤。进行化学、生物安全和高温实验时，实验人员不得佩戴隐形眼镜。

4. 配饰着装要求　实验人员在操作机床等旋转设备时，为避免服饰、头发卷入机器对人体造成损伤，不允许穿戴长围巾、丝巾、领带等，也不允许佩戴吊坠、项链、手链等首饰。

5. 非实验区安全规范　穿着化学、生物类实验服或戴实验手套出入非实验区会使附着在实验服或实验手套上的化学试剂、细菌污染非实验区环境。穿着化学、生物类实验服或戴实验手套的实验人员不得随意进入会议室、办公室、休息室、餐厅、电梯等非实验区。戴实验手套的手不得接触门把手、电梯按钮等实验环境以外的其他物体。

【安全隐患】

(1)实验人员未穿防护服或实验服进入实验室进行实验；实验人员所穿的防护服与危险源的种类不符；实验人员未正确穿着防护服，如卷起袖子、敞开衣襟。

(2)实验人员未佩戴与风险因素相匹配的防护眼镜；实验人员在进行可能对眼睛造成损害的实验时，未佩戴安全防护眼镜；防护眼镜数量不足，不能满足专人专用的要求；实验人员进行化学、生物安全和高温实验时佩戴角膜接触镜。

(3)实验人员在操作旋转设备时，穿戴长围巾、领带、长裙、吊坠等服饰或饰品；实验人员在操作旋转设备时，未戴帽或未将长发束于帽内。

(二)个人防护用品分散存放，存放地点有明显标识

【工作要点】

在紧急情况下需使用的防化服等个人防护用品应分散存放在安全场所，以便于取用。存放防护用品的地点应选择在环境干燥、密封的场所，且应离使用地点较近。存放个人防护用品的地点应有明显标识，应注明防护用品的种类、数量、有效期等信息。

【安全隐患】

(1)个人防护用品未按实验室要求存放在指定位置。

(2)个人防护用品存放在不易取用的地方，存放地点没有明显的标识。

(三)各类个人防护用品的使用有培训及定期检查维护记录

【工作要点】

1. 个人防护用品的使用培训　制订防护用品使用培训计划，定期对师生进行个人防护用品的使用、维护等方面的培训，并做好培训记录。

2. 个人防护用品的管理　建立健全个人防护用品的管理制度，定期对个人防护用品的存放和使用情况进行检查，并做好检查记录。

3. 个人防护用品的管理　对个人防护用品进行定期维修、维护，并做好记录，定期检测个人防护用品的性能和效果，对于损坏、失效的防护用品应及时更换，确保防护用品安全有效。

【安全隐患】

(1)未开展个人防护用品使用培训。

(2)未对个人防护用品进行定期维修、维护，无相关记录。

(3)未及时更换损坏、失效的防护用品。

三、其他

(一)进行危险性实验(如高温、高压、高速运转等实验)时必须有两人在场

【工作要点】

1. 危险性实验要求　进行安全风险较高的实验(如高温、高压、高速运转、含有毒化合物、含传染源等实验)，须有两人或两人以上实验人员在场。进行危险性实验时，不得在实验结束前擅自离开实验岗位，如需离开应暂停实验、终止实验，或请熟悉实验情况的人员代替做实验。

2. 通宵实验审批制度　实验室应建立健全通宵实验审批制度。实验人员在进行通宵实验前，需经过主管安全的教师或导师核准通过，并做好备案登记。进行通宵实验时必须有两人或两人以上实验人员在场。

【安全隐患】

(1)实验人员独自进行危险性实验，无其他人在场。

(2)进行危险性实验时，实验人员未做好记录或记录不完整。

(3)进行通宵实验前未履行审批程序。

(二)实验台面整洁、实验记录规范

【工作要点】

1. 实验台面整洁　实验室的仪器设备、化学试剂、物品等应合理存放，摆放整齐，避免杂乱无序。实验结束后，应将仪器设备、化学试剂、物品等回归原位，并将实验室卫生打扫干净，保持实验室卫生及实验室台面整洁卫生。

2. 实验记录规范　实验时必须做好实验记录，记录内容包括实验时间、实验内容、实验人员等信息，并由参与实验的人员签字。

【安全隐患】

(1)实验室台面物品摆放杂乱无章，实验室环境卫生差；实验结束后，物品随意摆放。

(2)实验时未做好实验记录，或记录不完整。

第八节　化学安全

危险化学品涉及面广、种类繁多，具有爆炸、易燃、毒害、腐蚀等危险特性，对环境和健康极具危害，因此，危险化学品被公认是风险最高和防控最难的一类安全因素。本节包括危险化学品购置、实验室化学品存放、实验操作安全、管制类化学品管理、实验气体管理、化学废弃物的处置管理、危险化学品仓库与废弃物贮存站、其他化学安全等8个方面，涉及27项实验室安全检查条款，对实验室危险化学品的管理提

出了具体的、有效的管控方案，可为实验室的危险化学品管理提供技术指导，确保实验室危险化学品使用安全。

一、危险化学品购置

危险化学品购置是公安机关严管的内容，申购人、相关院系对危险化学品购置管理要予以重视，应按照规定的程序购置。

（一）危险化学品采购应符合要求

【工作要点】

学校应建立危险化学品采购管控程序，对实验室采购化学品进行有效的监督。学校需向具有生产经营许可资质的单位购买危险化学品；购买危险化学品时，学校要查看相关供应商的经营许可资质证书，并保留复印件存档。学校要对危险化学品供应商的资质进行审核，对供应商的资质、品目、服务进行有效监管。实验室要根据学校要求限量购买危险化学品，不允许实验室超量采购。

【安全隐患】

(1)学校从无资质的供应商处采购危险化学品。

(2)实验室超量采购危险化学品，且对其存放不规范。

(3)实际购买的危险化学品与采购报销发票品名不一致。

（二）剧毒品、易制毒品、易制爆品、爆炸品的购买程序合规

【工作要点】

1. 管制类危险化学品的采购　学校应建立管制类危险化学品采购管控程序，并严格执行。管制类危险化学品购买前应经学校审批，报公安部门批准或备案后，向具有经营许可资质的单位购买。学校职能部门应保留资料、建立档案，对管制类危险化学品的的流向、存量、使用方向建立动态管理台账。对管制类危险化学品存量要严控，实验室应按最小需求量或审批量，从具有危险化学品采购资质的单位采购，不得随意采购、超量储存。实验室不得私自从外单位获取管制类危险化学品，也不得随意将自制的管制类危险化学品转移到其他实验室或校外。实验室要保存好向上级主管部门的报批记录和学校的审批记录。

2. 管制类危险化学品的验收　学校应建立对管制类危险化学品的验收管理制度，应有专人负责按照合同要求进行检查验收，验收时严格核对管制类危险化学品的名称、数量、包装、安全标签、安全技术说明书等，经验收合格后方可入库。学校对管制类危险化学品的验收要特别严格，应有规范的验收记录并存档，有条件的学校应使用信息化手段进行管理，对管制类危险化学品在最小包装容器上加贴实行电子标识，以便实现从领用到报废全生命周期的信息化管理。对库存的管制类危险化学品应定期检查，发现其品质变化、包装缺损、渗漏、稳定剂短缺时应及时处理。

【安全隐患】

(1)学校未建立管制类危险化学品采购审批程序，或程序执行流于形式。

(2)学校未建立有效的管制类危险化学品管理机制，未建立动态管理台账。

(3)实验室未经过学校审批违规采购，或私自从外单位获得管制类危险化学品。

(4)学校对危险化学品未进行验收，无验收记录或记录不完整。

(5)实验室对库存的危险化学品的品质变化和包装破损未及时处理。

(三)购买麻醉药品、精神药品等前应向食品药品监督管理部门申请

【工作要点】

需要采购麻醉药品、精神药品开展实验、教学活动的，学校应当向政府食品药品监督管理部门报批，经报批同意后向定点供应商或者定点生产企业采购。学校应建立麻醉药品、精神药品采购管控程序，对其流向、存量、使用方向建立动态管理台账。学校职能部门应有专人负责麻醉药品、精神药品的申报，并保留资料、建立档案、长期保存。学校应有符合存储麻醉药品、精神药品要求的专用场所。

【安全隐患】

(1)学校对麻醉药品和精神药品管理重视不够、审批不严、档案管理不到位、不准确掌握存量信息。

(2)实验室未经过学校审批违规采购、超量存储麻醉药品和精神药品，对其使用管理控制不严格。

(3)学校无麻醉药品、精神药品的专门存储点。

(四)保障化学品、气体运输安全

【工作要点】

校园内的运输车辆、运送人员、送货方式等符合相关规范。危险化学品的运输应采用符合相关法律法规的专用车辆，应当根据危险化学品的危险特性采取相应的安全防护措施，车上应配备必要的应急处理器材和防护用品。危险化学品的运送人员应当了解所运输的危险化学品的危险特性及其包装物、容器的使用要求和出现危险情况时的应急处置方法。运送、装卸危险化学品时应当根据危险化学品的危险特性采取相应的安全防护措施，并规范操作。

【安全隐患】

(1)采用普通车辆运送危险化学品。

(2)供应商装卸危险化学品时安全防护措施不足、操作不规范。

二、实验室化学品存放

(一)对实验室内的危险化学品建有动态台账

【工作要点】

1. 台账管理　实验室应建立本实验室危险化学品目录，以及动态使用台账，实现危险化学品存储、领用、处置全生命周期的管理。动态台账应主要体现“某一危险化学品何时进货、进货量多少、何时何人用了多少、还剩余多少、何时用完”。对每一种危险化学品要单独记录，账实相符。实验室对危险化学品的动态管理可借助危险化学品管理系统等信息化手段来实现。

2. MSDS　实验室应放置一些危险程度高的化学品的 MSDS 或安全周知卡，以方便查阅。MSDS 是化学品生产商和进口商用来阐明化学品的理化特性(如 pH 值、闪点、

易燃度、反应活性等）及对使用者的健康（如致癌、致畸等）可能产生的危害的一份文件。MSDS有16个方面，实验人员往往不需要了解全部内容。安全周知卡是简化版的MSDS，一般包括品名、危险性、理化性质、预防措施、应急处理、安全储存、废物处置等，安全知识要素简明扼要，便于掌握。

3. 过期药品处理　实验室应定期清理过期药品，无过期药品累积现象。化学试剂不像药物一样标明“有效期”，但是一些使用过的化学试剂由于接触空气、转移时污染等情况，会随着放置时间增加而“变质”或降低纯度。化学试剂长期存放，由于存放环境不当，或化学试剂溢出，会使包装腐蚀、破损或标签模糊、脱落，形成较大的安全隐患。定期清理过期的化学药品非常重要。建议对放置5年的化学试剂不再留存。

有一些特殊的有机溶剂（如醚类、四氢呋喃和某些非芳香族不饱和环烃）接触空气时容易形成有机过氧化物。有机过氧化物对热、振动和摩擦极为敏感，极易分解，且易燃易爆。因此，这些化学品一旦开瓶使用，就不能在实验室存放过长时间。对这类化学品开瓶使用后要标明打开日期，一般在6个月后不能用于浓缩、蒸馏等操作。学校或院系应建立化学试剂共享机制，做好化学试剂共享流通，有效减少实验室的过期化学试剂量。

【安全隐患】

（1）实验室未建立本实验室的危险化学品目录，以及动态使用台账。

（2）实验室未收集危险程度高的化学品的MSDS或安全周知卡；危险化学品管理人员和使用者不了解MSDS，对危险化学品危害的认识较为片面。

（3）实验室对长期存放的化学试剂未清理；一些化学试剂的标签模糊、脱落；一些易生成过氧化物的化学试剂（如乙醚、四氢呋喃等）在开瓶启用超过6个月后仍被用于加热、浓缩等操作。

久置存放的四氢呋喃引起爆炸事故

某校在读博士生在准备取用一单口烧瓶中久置未用、干燥处理过的四氢呋喃时，刚一拔磨口空心塞就发生了爆炸，导致其满脸血肉模糊。原因分析：四氢呋喃属于易生成过氧化物的环醚类溶剂，如果离生产时间过长或久置不用，由于瓶口与磨口空心塞有空隙，其挥发醚类在此处累积并逐渐形成过氧化物，打开瓶口（即公母件接口之间摩擦）时即可发生爆炸。瓶内空间达到爆炸极限，极少的过氧化物经摩擦都会起爆整瓶的四氢呋喃，所以取用时一定不要振动，要采取措施，如将瓶口倒过来，让内部溶剂润湿瓶口以溶解并冲淡过氧化物，并做好防爆准备，然后，在其中加入还原剂以除掉生成的过氧化物。

（二）化学品有专用存放空间并科学、有序存放

【工作要点】

1. 存放通用要求　实验室要有专用于存放化学试剂的空间（如储藏室、储藏区、储

存柜等），该空间应通风、隔热、避光、确保安全。试剂柜中不能有电源插座或接线板。有机溶剂储存区应远离热源和火源；对易泄漏、易挥发的试剂应保证充足的通风。

2. 分类存放要求　危险化学品应有序分类存放。实验室应对危险化学品配备必要的二次泄漏防护、吸附或防溢流功能。试剂不得叠放，有配伍禁忌的化学品不得混存，固体、液体不混乱放置，氧化和还原化学品不得混放，装有试剂的试剂瓶不得开口放置。实验台(架)若无挡板不得存放化学试剂。

依据《化学品分类和危险性公示通则》(GB13690—2009)，可将危险化学品分为物理危害、健康危害和环境危害三大类。其中物理危害分为16项，健康危害分为10项，环境危害分为2项。一种化学品可能有一种或几种危害，在分类存放时应按照其程度较高的一种危害进行。危险化学品分类存放的原则是将不相容的化学品分开存放。不相容化学品一旦混合，就会发生剧烈反应，如出现产热、着火、爆炸、降解、生成有毒有害物质等。不相容化学品存放在一起即使盖子是密封的，少量逃逸出的气体也会发生有害反应，甚至火灾，也可能因打破瓶子而导致事故。不得将不相容的、相互作用会发生剧烈反应的化学品混放。

3. 防泄漏要求　对在实验室存放的化学试剂应配备必要的二次容器作为防泄漏装置，也可配备具有隔离作用的二次包装，有效控制不相容的化学试剂的相互作用和反应。玻璃干燥器可作为隔水的二次容器，来储存遇水反应的活泼金属或氢化物。玻璃干燥器内应放置干燥硅胶并做好密封。

【安全隐患】

(1)化学试剂被杂乱地放置在实验台(架)上，或被堆放在通风橱中；实验室没有采用合适的储藏柜存放化学品；化学试剂靠近加热设备，或被放置在水池边，或被放置于地面；化学试剂被放置在过道、实验室门口等位置，阻碍消防逃生通道。

(2)化学品分类存放不规范，未按照化学品本质危险属性(配伍禁忌)有序分类存放，各类化学试剂混放在一起。例如，氧化剂和还原剂被存放在一起、酸和碱被存放在一起等。

(3)实验室对所存放的化学品未采取必要的防泄漏措施。

(三)实验室内存放的危险化学品总量符合规定要求

【工作要点】

1. 存量限制　实验室内存放的危险化学品总量原则上不应超过100 L或100 kg，以降低实验室风险。对于危险性较大、容易造成重大伤亡事故的易燃易爆化学品，存放总量不应超过50 L或50 kg，且单一包装容器不应大于20 L或20 kg，提倡尽可能减少存量。易燃易爆化学品的存量超过一定量时，应存放在防火柜中或安全罐中，以防止实验室火情蔓延至易燃易爆化学品存放点而引发爆炸事故。

2. 大包装储罐风险控制　实验室大量使用或产生易燃易爆化学物质时，应考虑其火灾危险性。火灾危险性是依据物质本身的化学性质及数量等因素来划分的，分甲、乙、丙、丁、戊五类。单个实验装置存在10 L以上甲类物质储罐，或20 L以上乙类物质储罐，或50 L以上丙类物质储罐时，需对其加装泄漏报警器及通风联动装置。报警和通风系统联动可以第一时间降低可燃气体的浓度(注意风机应使用防爆风机，对储罐附近的电器应做防爆处理)。

【安全隐患】

(1)实验室易燃易爆化学试剂储量超过50 kg,未存放在合规的防火柜中。

(2)实验室防火柜未得到相关认证,却大量放置易燃品,存在一定隐患。

(3)在储存易燃、可燃化学品的大型储罐附近未安装泄漏报警装置,没有安全警示标识。

(4)对储罐附近的电气设备未做防爆保护。

(四)化学品标签应显著、完整、清晰

【工作要点】

化学品包装物上应有符合规定的化学品标签。化学品标签应包括化学品名称、浓度、危险性说明、危险象形图、供应商信息等重要信息。

当将化学品由原包装物转移或分装到其他包装物内时,对转移或分装后的包装物应及时重新粘贴标识。配制的试剂、反应产物等应标贴有名称、浓度或纯度、责任人、日期等信息。实验人员发现化学品包装异常应及时检查验证,不准盲目使用。

当化学品原标签脱落时应及时粘贴,标签模糊、腐蚀后应及时补上。如果发现化学品标签不完整且不能确认,则需将其以废弃化学品进行处置,或采用技术手段加以定性分析确认后再贴好完整标签。

【安全隐患】

(1)化学品标签脱落、被腐蚀后,未及时张贴新标签,导致此化学品成为风险较大的未知化学品。

(2)由于标签不完整而产生的废弃化学品被倒入废液桶,与其他化学废弃物混合产生较大安全隐患,或直接导致事故。

(3)对实验室配制的溶液、样品等没有及时张贴规范的标签。

(4)使用饮料瓶存放试剂、样品,且未及时张贴规范的标签。

三、实验操作安全

(一)制定危险实验和危险化工工艺指导书、各类标准操作规程(SOP)、应急预案

【工作要点】

1. 实验指导书　对于危险性的实验、工艺应组织有专业背景和实验经验的教师进行风险评估,编写《实验指导书》或《实验安全操作规程》,其内容包括风险控制措施和应急处理方法。实验室应将《实验指导书》《实验安全操作规程》放在方便取阅处或挂在墙上,并做好实验人员培训。实验操作要严格按照《实验指导书》《实验安全操作规程》进行。

2. 应急预案　实验室应建立针对特殊危险实验的应急预案,并将其放在方便取阅之处。本应急预案是指具有明显专业学科专题特色的应急预案,而非通用的应急预案。实验人员应充分了解特殊危险实验的风险,熟悉应急处理流程与方法,同时做好应急救援设施和物质准备工作。

【安全隐患】

(1)开展危险性实验、工艺无《实验指导书》或《实验安全操作规程》；有《实验指导书》或《实验安全操作规程》，但放在不易取用的地方，不方便查阅；实验人员未按照《实验指导书》或《实验安全操作规程》的要求，违规开展实验。

(2)对危险性实验无相应的应急预案和处理措施；制订的应急预案是通用的，而不是针对特殊、危险实验的；实验人员未通过专门培训，不熟悉实验操作流程，不能辨识实验中存在的危险因素。

(二)危险化工工艺和装置应有自动控制和电源冗余设计

【工作要点】

对危险性实验的工艺、装置应进行风险分析，制订安全操作规程和工艺控制指标。针对涉及危险化工工艺、重点监管危险化学品的反应装置，应设置自动化控制系统以避免人为误操作。涉及放热反应的危险化工工艺生产装置如需连续供电，应对其设置双重电源供电或控制系统，且应配置不间断电源。

【安全隐患】

(1)实验室未对需重点监管的、危险性较高的工艺或装置进行安全风险评估。

(2)实验室未对涉及危险化工工艺、重点监管危险化学品的反应装置按需设置自动安全控制系统(如超限报警、机电连锁互锁、过载保护等)，或安全控制系统不能正常工作。

(3)对需连续供电的实验装置未设置双重电源供电或控制系统，未做到不间断供电。

(三)做好有毒有害废气的处理和防护

【工作要点】

可产生有毒有害废气的实验必须在通风橱中进行，同时在实验装置尾端应配有气体吸收装置，进行尾气的第一级处理，以减少废气中排放的有害成分。通风橱位置设置合理，面风速控制在 0.3～0.7 m/s，一般以 0.5 m/s 为宜。正确使用通风橱进行实验，实验装置应放在通风橱内部，离通风橱边缘至少 15 cm。进行涉及有毒有害废气的实验时，实验操作人员应做好个人防护，配备合适、有效的呼吸器。

【安全隐患】

(1)对于产生有毒有害废气的实验室未设置通风系统。

(2)有实验室通风系统，但设计不合理，通风效果差；或者通风橱不能正常使用。

(3)有污染的实验未按规范在通风橱内进行，造成房间、楼道异味强烈。

(4)实验操作人员个人防护不到位，呼吸器的选用、佩戴不规范。

四、管制类化学品管理

管制类化学品主要包括剧毒化学品、易制爆化学品、易制毒化学品三类。另外，国家对麻醉药品和精神药品也实行管制。

（一）对剧毒化学品执行“五双”管理，技防措施符合管制要求

【工作要点】

1. 剧毒品的保管要求　对剧毒品应实行“五双”管理。对剧毒品应配备专门的保险柜并固定。对剧毒化学品必须实行双人双锁保管制度（不允许 1 个人同时掌握 2 把钥匙或密码）。剧毒化学品应当在专用场所单独存放，不得与易燃、易爆、腐蚀性物品等一起存放。对剧毒品应有专人管理并做好贮存、领取、发放等情况登记，登记资料应至少保存 1 年。剧毒品的专用场所应配备监控与报警装置（与公安系统或校园总监控系统相连）。防盗安全门应符合《防盗安全门通用技术条件》（GB 17565—2007）的要求，防盗安全级别为乙级（含）以上；防盗锁应符合《机械防盗锁》（GA/T 73—2015）的要求；防盗保险柜应符合《防盗保险柜》（GB 10409—2001）的要求；监控管控应执行公安部门的要求。

2. 剧毒品的使用要求　实验室使用剧毒化学品必须执行“双人监督使用”原则，即须有 2 人同时在场；实验室剧毒品台账应详细记载每一次使用的品种、用途、称量值、使用人、复核人等信息，而且有双人签字，记录应长期保存，并按要求上报公安部门。实验室使用剧毒化学品时应设置相应的防毒或隔离操作等安全设施，同时应制定本单位的事故应急预案，并定期组织演练。

3. 剧毒品的处置要求　对剧毒品的处置应建有规范流程，处置废弃剧毒化学品应按照《国家危险废弃物名录》分类和地方有关法规进行申请，由具有专业资质的企业执行。严禁将废弃剧毒化学品与非危险性废弃物或一般危险废弃物混合收集、储存、处置。废弃剧毒物品、容器（包括闲置）均应有登记信息，双人管控，储存和处置有双人签字，处置流程可追踪溯源。

【安全隐患】

（1）剧毒品存放区的安全设施不足，如剧毒品存放房间门锁不符合要求，无专用防盗保险柜。

（2）对剧毒品的监督管理不严，剧毒品使用未执行“五双”管理；发放、使用剧毒品的记录不够完整，或没有长期保存。

（3）将剧毒化学品混入一般危险废弃物收集、贮存、处置；对盛装过剧毒品的空试剂瓶随意处置。

（二）麻醉药品和第一类精神药品管理符合“双人双锁”，有专用账册

【工作要点】

对麻醉药品和第一类精神药品，使用单位应当设立专库或者保险专柜储存；专库应当设有防盗设施，并安装报警装置；专库和专柜应当实行双人双锁管理制度，配备专人管理，并建立专用账册。药品入库双人验收，出库双人复核，做到账物相符。专用账册的保存期限应当自药品有效期期满之日起不少于 5 年。

【安全隐患】

实验室对麻醉药品和精神药品未按要求进行存储，存储场所、使用记录、处置记录不规范。

(三)易制爆化学品存量合规、双人双锁

【工作要点】

实验室存放易制爆化学品时应单独设置存放场所，在存放场所出入口应设置防盗安全门，或将易制爆化学品存放在专用储存柜内；储存场所的防盗安全级别应为乙级(含)以上，符合双人双锁管理要求，并安装机械防盗锁。机械防盗锁应符合《机械防盗锁》(GA/T 73—2015)的规定。对易制爆化学品应按照化学品的危险属性分类存放。对易制爆化学品应指定专人保管，做好领取、使用、处置记录。

【安全隐患】

易制爆化学品存储库房管理不规范，未按照其本身的危险属性分类存放，柜子未上锁，未按要求记录使用情况。

(四)易制毒化学品储存规范、台账清晰

实验室使用易制毒化学品的，应单独设置专库或者专柜储存；专库应当设有防盗设施，专柜应当使用保险柜；应实行分类存放，指定专人保管，做好领取、使用、处置记录，防止丢失和被盗。对第一类易制毒化学品、药品类易制毒化学品应实行双人双锁管理，账册保存期限不少于2年。

【安全隐患】

(1)易制毒化学品储存不规范，柜子未上锁；将不同的易制毒化学品存放在一个柜子中，没有按照化学品的本质危险性进行分类存放。

(2)对第一类易制毒化学品未执行“五双”管理，未按要求做好领取、使用、处置记录。

(五)爆炸品单独隔离、限量存储，使用、销毁按照公安部门要求执行

【工作要点】

1. 爆炸品的存储　使用爆炸品的学校必须建设符合国家有关标准和规范的爆炸物品专用仓库；该仓库有具备相应资格的安全管理人员、仓库管理人员，实验人员也应经过充分的培训。

2. 爆炸品的使用　应健全爆炸品的安全管理制度、岗位安全责任制度、操作规程。使用爆炸品时应当如实记载领取、发放的品种、数量、编号，以及领取、发放人员姓名。领取爆炸品的数量不得超过实际需求量，如有剩余必须立刻清退回库房。领取、发放爆炸品的原始记录应保存备查。如实验室需要暂存爆炸品，要严格限制其存放量，且应提供充足的安全防护措施。进行有爆炸品的实验操作时，实验室应提供符合标准的专用设备，设置警示标识，并安排警戒人员，实验人员应保持安全距离。

3. 爆炸品的销毁　实验结束后，实验人员应当及时检查、排除未使用的爆炸品。对剩余的爆炸品应登记造册，需处理时应报所在地县级人民政府公安机关组织监督销毁，有销毁记录。

【安全隐患】

(1)实验室爆炸品储量大，储存不规范，没有单独存放。

(2)没有购买、使用、销毁爆炸品的记录。

(3)爆炸品的使用人未经过充分培训，无有效监管，操作失误易产生安全事故。

五、实验气体管理

实验室使用的气体通常被储存于气瓶内。这些气体有些属于可燃气体、助燃气体、有毒气体等，在使用过程中存在大量的不安全因素，需对气瓶进行安全使用与管理。

(一)从合格供应商处采购实验气体，建立气体钢瓶台账

【工作要点】

实验室应从合格供应商处采购实验气体，建议采用招标方式遴选入围供应商，实行相对集中采购。气瓶应由具有特种设备制造许可证的单位生产，进口气瓶应经特种设备安全监督管理部门认可。气瓶应在规定的检验合格有效使用期内。气瓶外表面应无裂纹、严重腐蚀、明显变形及其他严重外部损伤缺陷。实验室应建立气瓶台账。

【安全隐患】

(1)实验室从无资质的供应商处采购实验气体。

(2)气瓶无定期检验合格标识，或有效使用期已过。

(3)实验室未建立统一的气瓶台账。

(二)气体的存放和使用符合相关要求

【工作要点】

1. 气瓶存放要求　危险气瓶存放点应保持通风，并远离热源、避免曝晒，地面平整干燥；对危险气瓶应配置气瓶柜、气瓶防倒链、气瓶防倒栏栅；可燃气体、助燃气体与明火的距离，以及两种气瓶之间的距离一般不得小于10 m，上述距离难以达到时应采取必要的防护措施；空瓶与实瓶应分开存放，并有明显标识。

2. 存放限量　压缩气体属于一级危险品，应尽量减少存放在实验室的气瓶数量；实验室无大量气瓶堆放现象；每间实验室内存放的氧气和可燃气体均不宜超过1瓶，其他气瓶的存放，应控制在最小需求量；一个实验室内不同设备使用同种气体时，建议通过气路建设来减少气瓶数量；实验室外的气瓶不得放在走廊、大厅等公共场所。

3. 剧毒、易燃易爆气体的存放　涉及使用剧毒、易燃易爆气体的场所，气瓶应尽量放在室外。对于存放少量危险气体的实验室应配有通风设施和相应的气体监控和报警装置等，张贴必要的安全警示标识。

4. 可燃气体存放　氢气、一氧化碳、烃类等可燃气体的气瓶与氧气等助燃气体的气瓶不能混放在一起。氧气或其他强氧化性气体气瓶的减压阀、瓶体不应沾染油污或其他可燃物，否则容易引起火灾。

5. 独立气瓶室　实验室应建有独立的气瓶室；气瓶室应远离火源、热源，保证通风，避免曝晒；气瓶室应配备安全设施，有专人管理，有使用记录，涉及危险气体的应有监控设备。气体管路要有标识、编号，去向明确。气瓶储存放置应排列整齐，标识明确，不得混放。

【安全隐患】

(1)气瓶存放点离热源、火源太近。

(2)对气瓶未做防倒固定；或有防倒链不用，而用普通绳子当链子。

(3)对有毒气瓶未张贴安全警示标识。

(4)对室内放置的氢气瓶没有配置安全气瓶柜，没有安装报警装置。

(5)气瓶室无专人管理和使用记录；气瓶混放，标识不清。

(三)在较小密封空间使用可引起窒息的气体的要求

在较小密封空间使用可引起窒息的气体时，需安装有氧含量监测，设置必要的气体报警装置。

【工作要点】

因实验条件所限，在较小密闭空间内存放大量惰性气体(如氦气、液氮、氩气、氮气等)或液氨、二氧化碳时，应防止大量泄漏或蒸发导致缺氧，需加装氧含量检测报警装置，对仪表应定期检查。对使用惰性气体的实验场所，若常在人员较多，也应根据实际情况评估是否加装氧含量检测报警装置。

【安全隐患】

(1)气体监控报警装置类型选择不正确，安装位置不正确，不能起到防范效果。

(2)对存放大量惰性气体的密闭空间，未加装氧含量检测报警装置。

(四)气体管路和气瓶连接正确、有清晰标识

【工作要点】

1. 气体管路　气体管路连接要正确，有多根气体管路时需编号、标识明确。管路材质选择要合适，危险气体应使用金属管，金属管应无破损或老化现象(特别需要注意的是，乙炔气不可使用铜管传输)。对存在多条气体管路的房间应张贴详细的管路图，对用于连接气瓶的减压器、接头、导管和压力表应涂以标记，并用在专一类气瓶上。可燃气气路末端做燃烧使用时，在气路近末端的位置应安装阻火器。气体管路连接好后，必须首先进行检漏，确保不漏气才可开展实验，后续应定期进行气体泄漏检查。可用肥皂水或检漏仪检验气体管路是否漏气，严禁用明火试漏。

2. 气瓶标识　实验室未使用的气瓶应有气瓶帽。气瓶中的气体是明确的，无过期气瓶。对气瓶应确认为“满”“使用中”“空”3 种状态。气瓶颜色清晰，符合《气瓶颜色标志》(GB /T 7144—2016)的规定，气体名称清晰无误。气瓶有定期检验合格标识，且标识清晰，有效使用期应满足使用期限，不得使用过期气瓶。状态标识是指“满”“使用中”“空”，应标记在气瓶上(可挂牌或贴纸)。

3. 气瓶阀门关闭　对高压气瓶上选用的减压器要分类专用，安装时螺扣要旋紧，防止泄漏。开、关减压器和总阀时动作必须缓慢。开启时应先旋动气瓶开关总阀，后开减压器。关闭时切不可只关减压器，不关总阀。不得将气瓶完全用空(尤其是对乙炔气瓶、氢气瓶、氧气瓶)，一般要保留 0.05 MPa 以上(氢气瓶应保留 2 MPa，其他可燃性气体应剩余 0.2 ~0.3 MPa)的残余压力，以防重新充气时发生危险。

【安全隐患】

(1)气体管路没有标识，或标识不明确，去向不清；气体管路连接混乱、标识不清；气体管路材质选择不当，存在破损或老化现象；气体管路连接好后未检漏，后续也未定期进行气体泄漏检查。

(2)大量实瓶、空瓶等被乱堆乱放，气瓶无状态标识，不知是“满”还是“空”；

“满”的气瓶未带气瓶帽。

(3)实验结束后只关减压器，不关总阀；可燃气体被完全用空，没有余压。

六、化学废弃物的处置管理

对实验室产生的化学废弃物及过期不再使用的危险化学品不能随意丢弃和排放，应按照一定的程序处理，否则既会污染环境，又可能造成严重的安全事故。

(一)实验室应设立化学废弃物暂存区

【工作要点】

实验室应设置化学废弃物暂存区，化学废弃物原则上应存放于本实验室的暂存区内。暂存区应保持良好的通风条件，危险废弃物应单层码放，并远离火源、热源，避免高温、日晒和雨淋。存放两种及以上不相容的实验室危险废弃物时，应分不同区域暂存，间隔距离至少10 cm。在实验室暂存、储存危险废弃物的房间内或储存点处必须张贴“危险废弃物”警示标识。在暂存区应按要求建设防溢洒、防渗漏设施(如防漏容器)。实验室工作人员应对暂存区的包装容器和防漏容器的密闭、破损、泄漏及标签粘贴等情况进行定期检查，并做好检查记录。实验室内不要大量存放化学废弃物，若有应及时清运。

【安全隐患】

(1)实验室未设置化学废弃物暂存区，或有暂存区但不符合安全要求。

(2)实验室未分类分区存放不相容的危险废弃物；危险废弃物暂存点未张贴“危险废弃物”警示标识。

(3)暂存区有化学废弃物堆积现象，化学废弃物未能被及时清运。

(二)实验室内应规范收集化学废弃物

【工作要点】

1. 化学废弃物的分类收集　实验室应按照与处置化学废弃物的公司的约定，配备化学废弃物分类容器，并明确告知实验人员遵照执行。对危险废弃物应按化学特性和危险特性在实验室内用不同的容器对化学废弃物进行分类收集与存放、贴好标签。应避免将易产生剧烈反应的废弃物混放在一起。

2. 化学废弃物的包装　废弃的化学试剂不能混合，要独立包装，尽量用原瓶装，保留原标签，并将瓶口朝上放入专用的固废箱中。对于危险性较大的液体废弃物，应加外层容器防护，并应特别注意运输安全。对酸、碱废液可以在保证安全的前提下做中和处理。对针头、刀片等利器废弃物应放入利器盒中收集，再装在废弃物专用塑料袋中。对废液应分类装入专用的废液桶中。废液桶应满足耐腐蚀、抗溶剂、耐挤压、抗冲击的要求。

3. 化学废弃物的标签　学校统一印制化学废弃物标签。标签内容包括废弃物的类别、危险特性、主要成分、产生部门、送储人、日期等信息。要求实验室如实填写必要的内容，防止乱填写或不填写。在所有的实验室危险废弃物收集容器上应粘贴专用的标签。

4. 实验室废弃物不与生活垃圾混放　实验室废弃物与生活垃圾的容器应分开，并有明显标识。不将实验室废弃物丢入生活垃圾桶，也不将生活垃圾丢入实验室废弃物容器，保证化学实验固体废弃物和生活垃圾不混放。清洗实验室瓶子时，应先将其中的内容物转移到废液收集桶中，尽量倒干净。不得向下水道倾倒废旧化学试剂和废液。严禁将实验室的危险废弃物直接排入下水道，严禁将其与生活垃圾、感染性废弃物或放射性废弃物等混装。

【安全隐患】

(1)实验室只有1个垃圾桶，不同废弃物被混装在一起；分类收集化学废弃物的容器不明确，未贴标签；危险性较大的废弃物被混装在一起，如硫酸、硝酸、盐酸等被倒在一起。

(2)废弃的化学试剂没有标签，对包装液体玻璃瓶没有外加保护容器。

(3)学校未印制统一的化学废弃物标签；学校有统一标签，但实验室未认真填写信息；实验室未贴废弃物标签或信息不全，到中转站时一片混乱。

(4)因学校未落实化学废弃物处置的合理途径，实验室将化学废弃物倒入下水道或丢入生活垃圾桶，将锐器废弃物随意丢弃在生活垃圾桶中。

(三)化学废弃物的转运应合规

【工作要点】

委托有危险废弃物处置资质的专业厂家集中处置化学废弃物，对委托合同及处置单位的资质应存档备查。向校外转运化学废弃物之前，贮存站必须妥善管理实验室危险废弃物，采取有效措施，防止废物的扩散、流失、渗漏或者发生交叉污染。

【安全隐患】

(1)学校与没有危险废弃物处置资质的企业签订合同，让其处置化学废弃物。

(2)实验室在转运前不能妥善管理废弃物，造成废弃物扩散、流失、渗漏。

(四)学校应建设化学废弃物贮存站并规范管理

【工作要点】

学校对化学废弃物贮存站应有具体的管理办法和安全应急预案，并将贮存站安全运行、实验室危险废弃物出站转运等日常管理工作落实到相关人员的岗位职责中；转运人员应使用专用运输工具，运输前根据运输废物的危险特性，应携带必要的应急物资和个人防护用具，如收集工具、手套、口罩等；贮存站管理员应做好实验室危险废弃物情况的记录；进行实验室危险废弃物的校外转运时，相关人员必须按照国家有关规定填写危险废弃物电子或者纸质转移联单，任何单位和个人未经许可不得非法转运。

【安全隐患】

(1)学校未制定化学废弃物管理办法和安全应急预案，贮存站管理责任不明晰。

(2)实验室无废弃物贮存转运记录；实验室危险废弃物转运不合规。

七、危险化学品仓库与废弃物贮存站

学校建有危险化学品仓库、实验室化学废弃物贮存站，对化学废弃物进行集中定点存放。

【工作要点】

1. 有规范的危险化学品仓库和化学废弃物贮存站　危险化学品仓库、实验室化学废弃物贮存站应有通风、隔热、避光、防盗、防爆、防静电、泄漏报警、应急喷淋、安全警示标识等管控措施，符合相关规定，有专人管理。

2. 危险化学品仓库的消防设施设备　消防设施符合国家相关规定，正确配备灭火器材，如灭火器、灭火毯、沙箱、自动喷淋装置等。对有易燃易爆试剂的房间应安装防爆电器(如照明灯、开关、换气扇、空调等)，安装24 h监控系统并与学校消防控制中心联动。应急喷淋装置应安装在室外方便操作处。

3. 实验楼内的暂存库　对于没有危险化学品仓库的学校，可以在实验楼内设暂存库。若仓库或贮存站在实验楼内，必须有警示、通风、隔热、避光、防盗、防爆、防静电、泄漏报警、应急喷淋等管控措施。暂存库的面积不超过30 m^2。暂存库不能设在地下室内。楼内暂存库内的危险化学品存放分区规范，附近不得有热源。

4. 危险化学品存放分区科学　对仓库内的化学品应按照配伍禁忌原则分区分类、规范存放，不得混放。危险化学品和废弃物不能存放在同一区域，以免混淆。物品叠放不能过高，整箱试剂的叠加高度应不大于1.5 m。

【安全隐患】

(1)实验室没有规范危险化学品仓库，找一间房间就当危险化学品仓库使用；危险化学品仓库出入不畅通；将防火安全等级不够的建筑物、集装箱用来长期存放危险化学品或危险废弃物。

(2)危险化学品仓库的安防、消防设施不完善，消防救援器材配备不足；没有监控系统，或有监控系统，但未与学校消防控制中心联动；应急喷淋装置离危险化学品仓库较远，或被杂物阻挡。

(3)在实验楼内的小型暂存库内，物品很多、分区不科学；在地下室设立危险化学品暂存库，并且分区随意；危险化学品公司随意找个房间，就当仓库使用，收货发货。

(4)实验室未按照分类规则，随意放置危险化学品；仓库房间数较少，无法做到科学合理地分区；大桶试剂、废弃物被放在较高的位置，不利于搬动，隐患大。

八、其他化学安全

(一)配制试剂需要张贴标签

【工作要点】

1. 规范试剂标签　在配制试剂、合成品、样品等的容器上应张贴统一的试剂标签，且信息明确。标签的信息包括名称或编号、浓度、责任人、日期、存放条件等。要求实验室工作人员如实填写标签上必要的内容，禁止乱填写或不填写。

2. 不提倡使用饮料瓶存放试剂、样品　不提倡实验室使用饮料瓶存放试剂、样品，如确需使用，必须评估其风险及质量保证，特别是其材质是否与样品发生作用，以确保保存安全。如确需用饮料瓶存放试剂、样品，要撕去其原包装纸，并贴上统一的试剂标签。标签上的信息应至少包括名称或编号、浓度、责任人、日期、存放条件等。

【安全隐患】

(1)学校没有印制统一的试剂标签；学校有统一的试剂标签，但标签信息不全；实验室的试剂标签五花八门，填写的信息简单随意。

(2)在配制试剂、合成品、样品等的容器上未贴试剂标签；在配制试剂、合成品、样品等的容器上贴了统一的试剂标签，但信息填写不完整；在配制试剂、合成品、样品等的容器上同时贴有多个试剂标签，试剂标签被多次涂改。

(3)实验室直接使用带原包装纸的饮料瓶存放试剂、样品；存放试剂、样品的饮料瓶已撕去原包装纸，但无试剂的相关信息；直接在存放试剂、样品的饮料瓶原包装纸上改写试剂信息；存放试剂、样品的饮料瓶上原包装纸和试剂标签同时存在。

(二)不使用破损量筒、试管、移液管等玻璃器皿

【工作要点】

量筒、试管、移液管等玻璃器皿破损后应及时废弃，防止继续使用造成割伤。

【安全隐患】

量筒、试管等玻璃器皿破损后仍继续使用。

第九节　生物安全

实验室生物安全是高校实验室安全管理的重点和难点。在实验操作中会接触到各种生物体、病原体等(尤其是病原微生物)，这使得实验室的生物安全具有看不见、摸不着的特点。本节包括实验室资质、场所与设施、病原微生物的采购与保管、人员管理、操作与管理、实验动物安全、生物实验废弃物处置等 7 个方面，涉及 16 项实验室安全检查条款，主要从国家相关安全法律法规的落实、病原微生物的安全管理、生物安全防护、生物废弃物处置等方面提出了意见、建议和要求。

一、实验室资质

生物安全实验室应具有相应的生物安全等级资质，实验室生物安全防护级别应与其拟从事的实验活动相适应。

(一)开展病原微生物实验研究的实验室，应具备相应的安全等级资质

【工作要点】

根据实验室的生物因子的危害程度和采取的措施，可将生物安全防护水平分为 4 级。其中，1 级防护水平最高，4 级防护水平最低。在具体实践中，常以 BSL－1、BSL－2、BSL－3 和 BSL－4 表示实验室相应的生物安全防护水平，以 ABSL－1、ABSL－2、ABSL－3和 ABSL－4 表示涉及从事感染动物活动的相应生物安全防护水平。

BSL－3/ABSL－3、BSL－4/ABSL－4 实验室应经政府部门批准才能建设；BSL－1/ABSL－1、BSL－2/ABSL－2 实验室由学校建设后，从事人间传染的病原微生物相关工作的实验室应当向所在地区的市级政府卫生主管部门备案，从事动物传染病病原微生物相关工作的实验室应当向所在地区的市级人民政府兽医主管部门备案。

实验室所编制的各种认可、活动资格授权和备案的文件必须带文号，资格证书、

报备资料应存档，保管完善。

【安全隐患】

（1）学校的 BSL－1/ABSL－1、BSL－2/ABSL－2 实验室没有到所在地区的市级人民政府卫生主管部门和兽医行政主管部门备案。

（2）学校完成备案的实验室没有清单，备案完成后相关文件与资料保管不完善，后续管理没有达到相应要求。

（二）在规定等级实验室中开展涉及病原微生物的实验

【工作要点】

实验人员应按《人间传染的病原微生物名录》对应的实验室安全级别进行致病性病原微生物研究。

1. 第 1 类和第 2 类病原微生物实验活动管理　开展未经灭活的高致病性病原微生物（列入 1 类、2 类）相关实验和研究，必须在 BSL－3/ABSL－3、BSL－4/ABSL－4 实验室中进行。

在未经灭活的第 1 类和第 2 类病原微生物相关实验和研究中，涉及的实验材料包括实验室纯培养物、感染动物材料、各种临床材料、采集的野生动物材料、采集的环境材料等。未经灭活的第 2 类病原微生物相关实验和研究应在 BSL－3/ABSL－3 实验室中进行，但应注意在实验室操作的实验材料的量，如果是“大量”样本操作，应在 BSL－4/ABSL－4 实验室中进行。如果实验涉及气溶胶操作，如大量液体样本离心、气溶胶动物感染等实验操作，应在 BSL－4/ABSL－4 实验室中进行。

在 BSL－3/ABSL－3 和 BSL－4/ABSL－4 实验室进行未经灭活的第 1 类和第 2 类病原微生物相关实验和研究时，实验用的病原微生物种类和实验内容应与生物安全认可和实验活动资格批准的一致。如果不一致，应当依照国务院卫生主管部门或者兽医主管部门批准的执行。在 BSL－3/ABSL－3、BSL－4/ABSL－4 实验室开展的实验和研究应有记录可查。

2. 第 3 类和第 4 类病原微生物实验活动管理　开展低致病性病原微生物（列入 3 类、4 类），或经灭活的高致病性感染性材料的相关实验和研究，必须在 BSL－1/ABSL－1、BSL－2/ABSL－2 或以上等级实验室中进行。

开展第 4 类致病性病原微生物实验，必须 BSL－1/ ABSL－1 或以上等级实验室中进行。开展第 3 类致病性病原微生物实验和研究，必须在 BSL－2/ ABSL－2 或以上等级实验室中进行。BSL－2/ ABSL－2 实验室可以开展“灭活的第 1 类和第 2 类病原微生物”实验活动，完成实验后必须做好对病原微生物种类、来源和灭活方法的记录，以便溯源。

【安全隐患】

（1）在 BSL－1/ABSL－1 生物安全实验室进行第 3 类病原微生物实验。在 BSL－2/ABSL－2 实验室进行第 2 类病原微生物实验。

（2）未经省级以上政府主管部门批准，擅自在 BSL－3/ABS－3、BSL－4/BSL－4 实验室开展高致病性病原微生物实验。

（3）实验室对实验研究中的高风险评估不足，特别是对有“大量”操作材料和气溶胶操作的高风险评估不足；实验记录信息不足，特别是实验室废弃物处置、实验材料去向等记录信息不全，不能溯源。

(4)在非生物安全等级实验室开展第4类、第3类病原微生物相关实验活动；实验记录信息不全，特别是灭活的第1类和第2类病原微生物的来源和种类、实验室废弃物处置、实验材料去向等记录信息不全。

二、场所与设施

生物安全实验室的安全防范设施应达到生物安全实验室要求，并配备相应的符合要求的生物安全设施。

(一)实验室安全防范设施

实验室安全防范设施应达到相应生物安全实验室要求，各区域分布合理、气压正常。

【工作要点】

1. 实验室的建筑要求　实验室选址、设计和建造应符合国家和地方建设规划、生物安全、环境保护和建筑技术规范等规定和要求，符合《生物安全实验室建筑技术规范》(GB 50346—2011)的要求。

2. 实验室的进入要求　BSL-2/ABSL-2及以上安全等级实验室应设门禁管理和准入制度。涉及生物安全的实验室应有专门的准入制度，明确相关准入要求。实验室要有进出控制措施，例如，设置门禁系统等，保存出入记录与使用记录，可追溯进入人员。涉及生物安全的实验室要张贴生物危害标识，并标明生物危害类型、负责人姓名、联系方式等信息。

3. 实验室的防盗和报警要求　从事病原微生物实验的实验室应具备病原微生物储存的能力。对储存病原微生物的场所或储柜应配备防盗设施，并安装监控报警装置，最好还有温度监测与控制措施。

4. 病原微生物的保藏要求　实验室在涉及病原微生物的实验结束后，应及时销毁病原微生物及相关材料。无病原微生物保藏资质的学校不能长期保藏病原微生物，更不能对外销售、赠送病原微生物。

【安全隐患】

(1)学校的BSL-2/ABSL-2实验室有关生物安全的设施不能达到规范要求；实验操作区没有配备洗眼装置或洗眼装置设置太远，且无引导标识等。

(2)无专门的准入制度，或准入制度不合理、不完善，无门禁等进出控制措施；无出入记录与使用记录，或记录不完善，达不到可溯源的要求；实验室无生物危害标识，或标识信息不全。

(3)保管病原微生物菌的实验室未实行双人双锁管理，缺乏安全保存能力，相应的设施设备缺乏，达不到规定要求。

(4)实验室无病原微生物保藏资质，却未将病原微生物及相关材料进行及时销毁。

（二）配有符合相应要求的生物安全设施

【工作要点】

1. 生物安全柜的管理要求　涉及病原微生物的实验，包括生物技术（如基因工程等）实验室，都要配有Ⅱ级生物安全柜（应能正常运行）。生物安全柜要有安装验收检测报告，每年应对其进行检测并保存检测报告。

Ⅱ级生物安全柜有 A_1、A_2、B_1、B_2 4 种类型，分别适用于不同的场所。Ⅱ级 A_1 型生物安全柜一般不要求连接外排风管道。Ⅱ级 A_2 型生物安全柜应有向实验室外排风的软连接管道（非气密性连接）。Ⅱ级 B_1 型生物安全柜应有向实验室外排风的硬连接管道（气密性连接）。Ⅱ级 B_2 型生物安全柜与实验室外部应有两个管道连接：一个是向安全柜送风的管道（气密性连接），有送风机；另一个是向实验室外排风的管道（气密性连接），有排风机。

2. 压力蒸汽灭菌器的管理要求　实验室应配有压力蒸汽灭菌器，并定期监测其灭菌效果。BSL－1/ABSL－1 实验室、BSL－2/ABSL－2 实验室所配备的压力蒸汽灭菌器可以在建筑物内，也可以在实验室内。BSL－3/ABSL－3 实验室的压力蒸汽灭菌器应配置在实验室内。对容积大于或者等于 30 L 的压力蒸汽灭菌器应定期进行检测，检测报告应存档。实验室应有压力蒸汽灭菌器的安全操作规程，并将其张贴于墙上。压力蒸汽灭菌器的使用记录完整，该记录应包括灭菌内容、灭菌时间、使用压力、保压时间、灭菌人等信息。

3. 应急安全设备的管理要求　实验室应配备适当的消防设施，如灭火器、灭火水管等。灭火器应在有效期内，并放置在适当的位置，以便于使用。灭火水管应设置有专用水管接口，并保证有水。在 BSL－3/ABSL－3 实验室中应配备有应急电源，断电后应保障重要设备至少能工作 30 min。在 BSL－1/ABSL－1 实验室、BSL－2/ABSL－2 实验室中，若有重要设备（如重要菌毒种保存冰箱、重要细胞培养箱等），则需要配备应急电源。对不能长时间停电的其他设备也需要配备应急电源。应在 BSL－1/ABSL－1 实验室、BSL－2/ABSL－2 实验室内的合理位置配置应急淋浴及洗眼装置。

4. 传递窗的管理要求　在 BSL－1/ABSL－1 实验室、BSL－2/ABSL－2 实验室内原则上可不设传递窗；在 BSL－3/ABSL－3 实验室、BSL－4/ABSL－4 实验室内必须设置传递窗。在传递窗内不允许长时间放置物品。传递窗应具备互锁功能，具有气密性，具备对物品表面消毒的功能。

5. 预防有害生物的管理要求　对于采用自然通风方式的 BSL－1/ABSL－1 实验室、BSL－2/ABSL－2 实验室，应安装纱窗，防止飞虫进入实验室；对采用中央送风系统的 BSL－1/ABSL－1 实验室、BSL－2/ABSL－2 实验室，必要时可以安装纱窗。BSL－1/ABSL－1 实验室、BSL－2/ABSL－2 实验室应有防止小型啮齿动物进入实验室的装置，例如，在合理位置安装挡鼠板等。

【安全隐患】

（1）在涉及病原微生物的实验室内用超净工作台替代生物安全柜；将不同类型的Ⅱ级生物安全柜进行混用，或超出其等级范围使用；在生物安全柜内存放大量实验器材；生物安全柜无安装验收检测报告，无年度检测报告；在实验结束后，没有对安全柜进行必要的清洁和消毒。

(2)压力蒸汽灭菌器摆放的位置不合理，周边有太多的杂物，有气瓶等危险物品；压力蒸汽灭菌器未定期检验或无定期检验记录，无使用记录，或记录信息不完整；容积大于 30 L 的压力蒸汽灭菌器的操作者没有上岗证。

(3)实验室的消防设备放置的位置不合理，取用不方便；重要菌毒种保存冰箱、重要细胞培养箱等重要设备没有应急电源；应急喷淋装置位置较远、缺水、无检修记录。

(4)传递窗中有物品长期放置；传递窗中用于表面消毒的紫外线灯已经失效；传递窗不具备互锁功能；传递窗内有污染时，未及时清理和消毒。

(5)BSL－1/ABSL－1 实验室、BSL－2/ABSL－2 实验室的纱窗安装不全，无防鼠进入实验室的装置。

三、病原微生物的采购与保管

采购或自行分离高致病性病原微生物菌(毒)种时，应办理相应的申请和报批手续；对高致病性病原微生物菌(毒)种应妥善保存和严格管理。

(一)采购或自行分离高致病性病原微生物菌(毒)种的要求

采购或自行分离高致病性病原微生物菌(毒)种，应办理相应申请和报批手续。

【工作要点】

1. 对病原微生物菌(毒)种供应商的要求　采购病原微生物应从有资质的单位购买，该单位应具有相应的合格证书。

有资质出售病原微生物菌(毒)种的单位包括：①国家指定的菌(毒)种保藏中心；②国家指定的专业菌(毒)种保藏机构；③行业部门指定的菌(毒)种保藏中心、机构；④省(自治区、直辖市)指定的保藏机构；⑤获得国家认证并具有相应合格证书的其他菌(毒)种保藏机构。

具有合格证书是指：①通过国家或行业部门的认证、认可等，并具有合格证书；②具有国家、行业部门或省(自治区、直辖市)指定菌(毒)种保藏机构的行政批文。

2. 高致病性微生物菌(毒种)采购的管理要求　采购高致病性微生物应按照学校流程审批，报行业主管部门批准。学校要制定采购高致病性病原微生物菌(即第 1 类和第 2 类病原微生物)(毒)种或样本的采购、使用管理制度和采购审批程序，并指定专门管理机构和人员管理具体事务。实验室在采购申请经学校审批通过后，应按照《病原微生物实验室生物安全管理条例》的规定，向省(自治区、直辖市)行政部门提交申请材料。如需要国务院行政主管部门审批的，在获得省(自治区、直辖市)卫生行政部门出具的初审意见后，将初审意见和申报材料上报国务院行政主管部门审批。校内要留存有申请和审批的记录。

3. 高致病性微生物菌(毒)种包装运输的管理要求　高致病性病原微生物菌(毒)种或样本在转移和运输之前要按照要求进行规范化包装。运输高致病性病原微生物菌(毒)种或样本的容器、包装材料应当达到国际民航组织《危险物品航空安全运输技术细则》(Doc 9284 包装说明 PI 602)规定的 A 类包装标准，符合防水、防破损、防外泄、耐高温、耐高压的要求，并应当印有国家卫健委规定的生物危险标签、标识、运输登记表、警告用语和提示用语等。

运输高致病性病原微生物菌（毒）种或样本，应当经省（自治区、直辖市）级以上卫生行政部门批准，未经批准，不得运输。申请在省（自治区、直辖市）行政区域内运输高致病性病原微生物菌（毒）种或样本的，由省（自治区、直辖市）卫生行政部门审批。申请跨省（自治区、直辖市）运输高致病性病原微生物菌（毒）种或样本的，应当将申请材料提交运输出发地省（自治区、直辖市）卫生行政部门进行初审。对符合要求的，省（自治区、直辖市）卫生行政部门应当在3个工作日内出具初审意见，并将初审意见和申报材料上报国务院卫生行政部门审批。

【安全隐患】

（1）供应商无病原微生物菌（毒）种的出售资质或资质不健全；采购的病原微生物菌（毒）种不具有指定菌（毒）种保藏机构的行政批文或相应合格证书。

（2）高致病性微生物菌（毒）种或样本的采购未提前按文件要求向相关部门申请、审批；未按要求留存申请和审批的记录，或记录不完整；未指定专门管理机构和人员管理具体事务。

（3）未经经省（自治区、直辖市）级以上卫生行政部门批准，私自运输高致病性病原微生物菌（毒）种或样本；高致病性微生物样本的容器或包装材料不达标，容器或包装材料表面未按要求张贴危险标签、标识、运输登记表、警告用语和提示用语等。

（二）对高致病性病原微生物菌（毒）种应妥善保存和严格管理

【工作要点】

1. 病原微生物菌（毒）种保存的管理要求　使用病原微生物菌（毒）种的实验室应有相应的保存设施设备（如带锁冰箱或柜子等）。对高致病性病原微生物菌（毒）种的保藏应实行双人双锁管理，并建议配置监控报警装置。所有病原微生物菌（毒）种的保藏设备应有防护措施，应至少配有两名实验室工作人员负责管理，并建立使用台账，可溯源。涉及保密的病原微生物菌（毒）种的保藏应符合国家的相关规定。

2. 病原微生物菌（毒）种使用的管理要求　学校涉及病原微生物菌（毒）种的保藏、使用、销毁应依据国家生物安全的有关法律法规，并有完整的记录。记录应包括使用过程中接触菌（毒）种的所有人员信息，入库、出库及销毁记录等。销毁高致病性病原微生物菌（毒）种时，应采用安全可靠的方法，并应当对所用方法进行可靠性验证。销毁工作应当在与拟销毁菌（毒）种相适应的生物安全实验室内进行，由两人共同操作，应当对销毁过程进行监督并记录。

【安全隐患】

（1）实验室无病原微生物菌（毒）种保藏的设施设备，或保藏的设施设备已损坏，无法使用；实验室未建立病原微生物使用台账，或使用台账记录不完善；病原微生物由单人管理，未执行双人双锁管理制度。

（2）病原微生物菌（毒）种的保藏、使用、销毁等未按照国家要求完整记录，未保存相关凭证或记录；病原微生物未在规定条件下销毁，且由单人私自销毁，无销毁过程记录，或记录不完整。

四、人员管理

实验室安全工作的关键是人。若实验室工作人员缺乏实验室生物安全意识，将在各个环节产生暴露的风险。因此，必须大力抓好实验室生物安全人才队伍建设。

(一)开展病原微生物相关实验和研究的人员应经过专业培训

【工作要点】

所有开展病原微生物相关实验的人员在上岗前都必须经过培训，并进行考核，考核合格并取得证书者，方可上岗。所有人员每年应接受1次有更新知识的培训和1次附加培训。培训要有计划性、可持续性和更新性，并有完整的培训记录。培训方式可分为全员培训和专项培训，专项培训又有管理和操作两类。培训的重点在防止气溶胶产生的操作、锐器操作、生物安全柜的使用、防护用品穿戴、样本运输、意外事故处理、逃生演练等，以达到增强生物安全防范意识的目的。

【安全隐患】

(1)未经过培训的人员从事病原微生物相关实验；虽然重视初次培训，但不重视每年有更新知识的培训；无培训记录，或培训记录不完整。

(2)操作专项培训不深入、不具体，未达到培训目的。

(二)为从事高致病性病原微生物工作的实验人员提供适宜的医学评估

【工作要点】

1. 健康体检制度　建立从事高致病性病原微生物工作的实验人员健康体检制度和健康体检档案制度，不符合岗位健康要求人员的不得从事相关工作。对从事高致病性病原微生物工作的实验人员必须保留本底血清。必要时收集血清与本底血清进行有针对性的检测，检测结果记入健康监护档案。

2. 免疫接种制度　根据需要建立生物安全等级实验人员免疫预防制度，即进行免疫接种和预防性服药。发生实验室意外事件或生物安全事故后，根据需要进行必要的应急免疫接种或预防性服药，并将其记入健康档案。

3. 人员健康要求　进入生物安全实验室的人员身体必须符合要求，下列情况下不得进入：①孕妇；②未成年人；③免疫力低下者，如接受放疗、化疗及疲劳过度等人员；④感染后可能导致严重后果者，如严重的心脏病、高血压和肾病等患者。

【安全隐患】

(1)从事高致病性病原微生物工作的实验人员没有进行岗前体检和定期体检。

(2)从事高致病性病原微生物工作的实验人员缺少健康档案或健康档案不完整，不能追溯。

(3)进入生物安全实验室的实验人员隐瞒身体健康状态。

(三)制定相应的人员准入制度

【工作要点】

1. 出入登记　人员日常进出BSL-2/ABSL-2及以上高等级病原微生物实验室时应进行登记，有进出记录。

2. 外来人员安全准入　外来人员进入生物安全实验室必须经过实验室负责人的批准，并要进行相关培训，必须被告知实验室的潜在风险，并有文字记录存档。

3. 人员健康状况　从事病原微生物操作的人员发生感冒、发热、呼吸道感染、怀孕、疲劳状态及使用免疫抑制剂等情况时，不适宜进行病原微生物操作。

【安全隐患】

(1)高等级病原微生物实验室没有出入登记记录，或者记录不完整；人员进出记录保存不当，不能溯源。

(2)未经过实验室负责人批准进出生物安全实验场所；外来人员进出情况未登记，未长期保存；进入实验室的外来人员未经相关的教育培训；实验室缺乏准入许可的相关文件资料。

(3)操作人员自身健康状况不佳且没有及时报告，仍进行病原微生物操作工作；操作人员由于自身健康状况不佳请假不被允许，仍进行病原微生物操作工作。

五、操作与管理

(一)制定并采用《生物安全手册》，有相关标准操作规范

【工作要点】

生物安全实验室应编写针对本实验室的《生物安全手册》或相关文件。实验室负责人应确保实验室全体工作人员了解生物安全手册的具体要求。涉及病原微生物操作时，应制定相关实验活动的标准操作规范、《生物安全手册》，并应放在本实验室方便取用的地方。

【安全隐患】

(1)未按要求制定针对本实验室实验活动的标准操作规范、《生物安全手册》等。

(2)已制定针对本实验室的操作规范，但未张贴在本实验室，或者张贴位置比较隐蔽，不方便实验人员查阅。

(二)开展相关实验活动的风险评估和应急预案

BSL－2/ABSL－2及以上等级实验室开展病原微生物的相关实验活动时，应有风险评估和应急预案，其中应包括病原微生物及感染材料溢出和意外事故的书面操作程序。

【工作要点】

1. 应急预案　制定病原微生物实验室意外事故应急方案，其中应包括组织机构、应急原则、人员职责、应急通信、个体防护、应对程序、应急设备、撤离计划和路线、污染源的隔离和消毒、人员隔离和救治、现场隔离和控制等。

2. 风险评估　开展病原微生物相关实验活动前，必须根据传染性微生物的致病能力、传播途径、稳定性、感染剂量、操作时的浓度和规模、实验室对象的来源、是否有动物实验数据、是否有有效的预防和治疗方法等因素进行风险评估，评估不通过的不能开展相应实验活动。

3. 应急处置　学校要建立实验动物病原微生物应急处置措施。当发生一般病原微生物泄漏时，应选择合适的消毒液进行消毒处理。当发生高致病性病原微生物泄漏时，应立即向卫生主管部门报告，并采取防止高致病性病原微生物扩散的措施。当发生实

验人员被实验动物咬伤、抓伤等意外接触暴露时，应立即进行紧急处理，必要时使用预防药物进行干预。

学校应制定实验室感染性物质溢洒应急处置规程。当发生溢出事故及明显或可能暴露于感染物质时，必须向实验室主管人员报告，采取合理的应急措施。实验室应保存此类事件或事故的书面报告。

【安全隐患】

(1)BSL－2/ABSL－2 及以上等级实验室在开展相应实验时，未进行风险评估。

(2)BSL－2/ABSL－2 及以上等级实验室未建立包括应对病原菌丢失、遗漏、感染等事故发生的应急预案；应急预案未经演练，或者应急预案中提供的措施和程序达不到要求。

(三)实验操作合规，安全防护措施合理

【工作要点】

1. 生物安全柜　进行感染性微生物、病毒的操作时容易产生气溶胶，因此，不同生物安全等级的实验应在相应等级(类型)及以上的生物安全柜中进行。超净工作台的气压是正压(风往外吹)，因此，不准在超净工作台中进行病原微生物实验。

2. 高速离心机　用高速离心机离心含有感染性物质的液体时，必须使用可封口的离心管、离心桶(安全杯)。放置离心管要平衡对称，以防引起离心机故障或离心管破损。

无可封闭离心桶的离心机内盛有潜在感染性物质的离心管发生破裂或疑似破裂时，应关闭机器电源，密闭待气溶胶沉积。若机器停止后离心桶破裂，应立即盖上盖子并密闭，待气溶胶沉积。上述情况均应被通知给生物安全负责人。对玻璃碎片，应穿戴厚橡胶手套，使用镊子进行清理。所有破碎的物品都应被置于无腐蚀性、可灭活相关微生物的消毒剂内。未破损的带盖离心管应被置于盛有消毒剂的另一容器中回收。离心机内腔应用适当浓度的同种消毒剂擦拭多遍后用水冲洗并干燥。清理时所使用的全部材料都应按感染性废弃物处理。

3. 实验记录　有开展病原微生物相关实验活动的记录。对所有从事病原微生物实验活动的人都应有详细的记录，以保证一旦发生传染事故可以溯源，防止事故蔓延。

4. 生物安全的个人防护　从事病原微生物操作的人员必须配备必要的个人防护装备。实验人员应根据实验类型选择合适的防护用品，并在实验前仔细检查，确保防护有效。实验室处理来自患者的含未知病原微生物的样本时，最低需要在 2 级生物安全水平的实验室基础防护条件下开展，并做好相应的个人防护。

5. 防护手套　在从事生物安全操作时，使用防护手套是为了避免操作者受到微生物感染，防护手套往往会污染病原微生物，戴防护手套操作其他设施设备时，会污染这些设施设备。因此，禁止戴防护手套操作设施设备，如仪器、冰箱、电脑、电话、开关、门窗、柜子抽屉等。

【安全隐患】

(1)未选择合适的生物安全柜类型进行病原微生物操作；在超净工作台中进行病原微生物操作。

(2)使用质量不合格的离心管盛装生物样品，进行高速离心实验；离心管或盖子破损，造成溢出或气溶胶散发。

(3)实验室未配备适合的防护用品；未对个人防护用品进行有效维护，防护效果达不到要求。

(4)未按照要求及时记录实验活动或篡改实验记录；或者有记录但达不到溯源的目的。

(5)戴手套操作或接触仪器、冰箱、电脑、电话、开关、门窗、柜子抽屉等相关实验以外的设施设备。

六、实验动物安全

(一)实验动物的购买、饲养、解剖等应符合相关规定

【工作要点】

1. 实验动物许可制度　我国实行实验动物许可制度，具体的许可证包括实验动物生产许可证和实验动物使用许可证。实验动物使用许可证适用于用实验动物及相关产品进行科学研究的组织和个人。使用的实验动物应来自有实验动物许可证的单位，所采购的实验动物应具有合格证明，品系清楚。实验动物饲养环境和设施、饲料等应符合国家标准。实验动物使用许可证的有效期为5年，期满应重新审核办理，不得转借、转让、出租给外单位使用。

2. 实验动物购买渠道　从事实验动物及相关产品保种、繁育、生产、供应、运输及有关商业性经营的组织，必须申请实验动物生产许可证。生产实验动物需来源于国家实验动物保育中心或国家认可的种源单位，遗传背景清楚，质量符合现行的国家标准，具有保证实验动物及相关产品质量的饲养、繁育、生产环境设施和监测环境，使用的动物饲料、垫料及饮水等符合国家标准及相关要求，具有保证动物正常生产和质量的专业技术人员和健全有效的质量管理制度等。实验动物生产许可证的有效期为5年，期满应重新审核办理，不得转借、转让、出租给外单位使用。

3. 实验动物检验检疫　用于解剖的实验动物要从有生产资质的单位购买，若无合格提供单位，对用于解剖的实验动物要进行检验检疫，检验检疫合格后方可开展动物实验。动物实验场所根据实际情况应有切实可行的检验检疫流程，且有可供查阅的文件资料。

4. 解剖动物操作中的个人防护　在进行实验动物操作时，实验人员必须穿戴好个人安全防护用品，如防护服、手套、鞋、口罩和防护眼镜等。解剖实验动物时，实验人员要小心谨慎，防止被锐器划伤。

【安全隐患】

(1)从事实验动物饲养、使用的单位无实验动物使用许可证或证件过期。

(2)从事实验动物生产的单位无实验动物生产许可证或证件过期。

(3)采购或获赠的实验动物生产单位无生产资质，或生产资质无效；不合格生产单位的实验动物未经有效检验检疫被直接用于动物实验。

(4)进行动物实验操作时，实验人员未穿戴合适的个人防护用品；解剖实验动物

时，实验人员将手术刀随意放置。

(二)动物实验按相关规定进行伦理审查，保障动物权益

【工作要点】

实验动物生产和使用单位应成立实验动物伦理委员会。该委员会负责实验动物保护、福利和伦理事项，并制定相关规范和制度。对涉及动物实验的研究项目应进行伦理学审核。进行动物实验设计时，应遵守“替代”“减少”和“优化”原则，避免对实验动物造成不必要的伤害，防止虐待动物。

【安全隐患】

(1)从事相关动物实验或者饲养实验动物的单位未按要求成立动物伦理委员会。

(2)涉及动物实验的研究项目未申报伦理学审查，或者经过了伦理学审查，但实验过程中私自改变实验方案，不符合伦理学要求。

(3)从事实验动物工作的人员戏弄或虐待实验动物。

七、生物实验废弃物处置

(一)生物废弃物的处置应有专用集中场所

【工作要点】

1. 生物废弃物的处置单位　学校与有资质的单位签约处置生物废弃物，有交接记录，且记录应保留3年以上；从事生物废弃物处置的实验室工作人员应接受相关的法律知识、安全防护知识及紧急处理知识等的培训，应持证上岗，必须做好必要的个人防护，并进行必要的体检和免疫接种。

2. 生物固废中转站　学校有生物固废中转站，收集的废弃物有登记信息，委托有资质的单位及时清运。

3. 生物废弃物的分类　学校应对生物废弃物进行分类，有统一的生物实验室废弃物标签。

4. 生物废弃物垃圾桶　配备生物实验室废弃物垃圾桶，有标签；使用耐扎的利器盒/纸板箱盛放尖锐物，送储时再装入黄色的生物废弃物塑料袋，并贴好标签。

5. 灭菌、灭活处理　动物实验结束后，应将生物废弃物送学校废弃物中转站或收集点经必要的灭菌、灭活处理，并有处置记录。

【安全隐患】

(1)学校选取的生物废弃物处理机构无资质，或资质无效；实验室工作人员未接受相关培训，或者培训记录缺失；实验室工作人员处置生物废弃物时未佩戴合适的个人防护用品。

(2)学校未设立生物废弃物暂存场所，或缺乏相关设施；暂存场所不符合相关建筑要求规范；收集及转运的生物废弃物无登记信息或资料不完整；未及时清运生物废弃物。

(3)生物废弃物垃圾桶和普通垃圾桶未区分，或已区分，但未使用专门的垃圾袋或收集容器，且无生物危害标识。

(4)未配备生物废弃物垃圾桶和利器盒，随意丢弃或使用其他塑料垃圾袋收集生物

实验垃圾；将锐器直接丢入塑料垃圾袋。

(5)未将实验动物送学校中转站或收集点，或未经必要的灭菌、灭活处理，无处置记录。

(二)生物废弃物的处置应满足特殊要求

【工作要点】

1. 强毒性实验室废弃物的处置　集中存放生物实验产生的EB胶，贴好化学废弃物标签，及时送学校中转站或收集点。

2. 生物废弃物的送储　使用耐扎的利器盒/纸板箱盛放刀片、移液枪头等尖锐物，送储时再装入黄色的生物废弃物专用塑料袋，贴好标签。

3. 生物废弃物的处置　高温高压灭菌或化学浸泡涉及病原微生物的实验室废弃物，高致病性生物材料废弃物处置应实现溯源追踪。

4. 生物废弃物处理的注意事项　将生物废弃物与生活垃圾放入对应垃圾桶，生物废弃物不得与生活垃圾混放。

【安全隐患】

(1)随意丢弃或与其他固废混放生物实验产生的EB胶。

(2)未配备利器盒/纸板箱，随意丢弃或使用其他塑料垃圾袋收集尖锐物，或将其直接丢入塑料垃圾袋。

(3)涉及病原微生物的实验室废弃物未经彻底高温高压灭菌就被运出实验室；私自回收及变卖已使用过的耗材和器皿等生物废弃物。

(4)将生物废弃物与生活垃圾混放，或随意丢入垃圾桶。

第十节　辐射安全与核材料管制

辐射安全与核材料管制是指建立并保持对放射性危害的有效防御，保证核材料的安全与合法利用，以保护人员、社会、环境免受辐射危害。本节包括资质与人员要求、场所设施与采购运输、放射性实验安全及废弃物处置等3个方面，涉及9项实验室安全检查条款。按照国家对有害辐射源与核材料管制的规定，对辐射工作单位与从业人员的资质、场所条件、采购审批、储存运输、使用防护和废弃处置等提出了相关要求，有利于保障从业人员的安全健康。

一、资质与人员要求

辐射工作单位应取得辐射安全许可证，辐射工作人员应经过专门培训，取得辐射工作人员证，定期参加职业体检，建立健康档案。

(一)辐射工作单位应取得辐射安全许可证

【工作要点】

1. 辐射安全许可　开展放射性实验工作的单位应有辐射安全许可证，按规定的放射性核素的种类和用量及射线种类许可范围开展实验活动，辐射安全许可证需要每5年办理1次延续手续。

2. 射线装置许可　除已被豁免管理外，应将射线装置、放射源或者非密封放射性物质纳入许可证范畴，按照国家相关法律法规严格管理。

【安全隐患】

(1)涉及放射性物质、射线装置的学校未办理辐射安全许可证；延续申请时，出现旧许可证已过期、新许可证未发放的情况；未严格按许可证上的地点使用相应的核素种类和用量。

(2)学校未对辐射装置实行统一管理；有辐射装置未被纳入许可证管理。

(二)辐射工作人员应经过专门培训，定期参加职业体检

【工作要点】

1. 辐射工作人员安全培训　辐射工作人员上岗前应当接受放射防护和有关法律知识的培训，考核合格后方可参加相应的工作，培训时间不应少于 4 天。学校辐射工作单位负责人、辐射工作人员应参加环保部门举办的辐射安全培训并取得合格证书。辐射工作单位应当定期组织本单位的辐射工作人员接受放射防护和有关法律知识的培训。辐射工作人员 2 次培训的间隔时间不应超过 2 年，每次培训时间不应少于 2 天。不参加再培训的人员或者再培训考核不合格的人员，其辐射安全培训合格证书自动失效。辐射工作人员脱离辐射工作岗位时，辐射工作单位应当对其进行离岗前的职业健康检查。

2. 辐射工作人员职业体检　辐射工作人员上岗前，应当进行职业健康检查，符合辐射工作人员健康标准的，方可参加相应的辐射工作。辐射工作单位应当组织上岗后的辐射工作人员定期进行职业健康检查，2 次检查的间隔时间不应超过 2 年，必要时可增加临时性检查。学校应当为辐射工作人员建立并终生保存职业健康监护档案。

3. 辐射工作人员辐射计量检测　学校应委托有资质的单位，安排本单位的辐射工作人员定期接受个人剂量检测，并获得检测报告。外照射个人剂量检测周期一般为 30 天，最长不应超过 90 天；内照射个人剂量检测周期按照有关标准执行。进入辐射工作场所的人员需佩戴个人剂量计，不允许不在场但将剂量计放在辐射工作场所。学校应当派专人负责个人剂量检测管理，建立并终生保存个人剂量检测档案。

【安全隐患】

(1)从事辐射工作的人员未经过培训；或虽重视初次培训，但忽视每 4 年 1 次的持续培训。

(2)学校未组织对辐射工作人员进行职业健康体检，或体检时间间隔超过 2 年。学校未建立辐射工作人员的职业健康监护档案。

(3)辐射工作人员未按要求佩戴个人剂量计。个人剂量计被放置于实验场所，与人分离，造成剂量虚假偏高；学校未按照 3 个月至少 1 次的监测周期，安排辐射工作人员进行剂量检测。

(三)对核材料许可证持有单位的要求

核材料许可证持有单位应建立专职机构或指定专人负责保管核材料，执行国家管制条例要求。有账目与报告制度，保证账物相符。

【工作要点】

1. 核材料许可证　持有核材料数量达到法定要求的单位应取得核材料许可证；累

计调入或生产核材料数量小于规定限额者，可免予办理许可证，但必须向核工业管理部门申请办理核材料登记手续。对不致危害国家和人民群众安全的少量的核材料制品可免予登记，其品种和数量限额按核工业管理部门的规定执行。

2. 许可证办理程序　向核工业管理部门提交许可证申请书及申请单位的上级领导部门的审核批准文件，待核工业管理部门审查并报国家核安全局或国防科学技术工业委员会核准；由核工业管理部门颁发核材料许可证。

3. 核材料衡算和核安保　许可证持有单位必须建立核材料衡算制度和分析测量系统，应用批准的分析测量方法和标准，达到规定的衡算误差要求，保持核材料收支平衡，并按国家核材料管制办公室的规定上报核材料的转让、定期盘存和账务衡算报告。

许可证持有单位要有完善的实物保护管理规章制度，在核材料发生被盗、破坏、丢失、非法转让和非法使用事件时，必须迅速采取措施，并立即报告给当地公安部门、国家核材料管制办公室及上级领导部门，并写出事故报告。

许可证持有单位还应对核材料账务衡算管理人员和实物保护人员进行业务培训及考核。

【安全隐患】

(1)未按国家要求向核工业管理部门申请核材料许可证或办理核材料登记手续。

(2)核材料许可证持有单位未建立完善的核材料衡算与安全保障制度。

二、场所设施与采购运输

(一)辐射设施和场所应设有警示、连锁和报警装置

【工作要点】

1. 库房安全系统　放射源储存库应设双门双控，并有安全报警系统(与公安部门联网)和视频监控系统。放射源储存库应采取双人双锁管理制度，专人管理，并做好放射源贮存、领取、使用、归还情况的登记。放射源贮存库应设置明显的电离辐射警示标识。放射源贮存库的出入口、存放部位应设置入侵报警和视频监控装置，现场视频应可清晰回放，监控资料应至少保存 30 天。

2. 装置安全连锁与报警　辐照设施设备和 2 类以上射线装置应具有能正常工作的安全连锁装置和报警装置。辐照设施设备和 2 类以上射线装置的控制系统应有钥匙控制，钥匙由专人保管和使用，如从控制台拔出钥匙则自动停机。辐照设施设备和 2 类以上射线装置应有门机连锁和报警装置，只有确认防护门关闭后才能开机或启动辐照设施。防护门上方设有工作信号灯，开机时信号灯亮，起警示作用。在辐照设施设备和 2 类以上射线装置出入口及其他必要位置设置固定式辐射监测仪，并将其与控制系统连锁，超出剂量时可报警。

3. 场所警示标识　辐射实验场所有明显的安全警示标识、警戒线和剂量报警仪。在涉源场所的入口醒目位置应设辐射安全警示标识，在放射性同位素的包装容器、含放射性同位素的设备和射线装置处应当设置明显的放射性标识和中文警示说明。对辐射实验场所需实行严格的分区管理，用警戒线划分控制区和监督区。对放射性废弃物暂存库和设施应划出专门区域。

【安全隐患】

(1)保管钥匙的人员离开插有钥匙的操作系统时钥匙失控；未定期对报警和连锁装置进行维护和维修，当系统失灵时操作人员未能及时发现。

(2)放射性物品库没有严格执行双人双锁管理制度，或者库管、值守人员离守时间较长；视频监控系统发生故障时未能及时检修；监控资料储存时间不足30天。

(3)对非密封放射性物质工作场所内的长短半衰期核素未分区使用或混用；非密封放射性物质工作场所未配备表面污染仪；涉源场所的安全警示和警戒线不够醒目，未配备合适的剂量报警仪。

(二)辐射实验场所每年有合格的实验场所监测报告

【工作要点】

辐射工作单位应当按照国家环境监测规范，对辐射实验场所进行辐射监测，并对监测数据的真实性、可靠性负责；不具备自行监测能力的辐射工作单位，可以委托经省级人民政府环境保护主管部门认定的环境监测机构进行监测。辐射实验场所每年应取得合格的实验场所监测报告，并将监测报告归档留存。辐射工作单位应定期开展辐射监测仪器的标定或对比工作，应将相关监测记录和报告形成档案，归档留存。

【安全隐患】

(1)未取得合格的实验场所监测报告，或监测报告未能包含全部辐射实验场所。

(2)委托的监测机构不具备相关监测资质。

(3)自行监测的单位未定期开展监测仪器的标定和对比，导致监测数据有误。

(三)放射性物质的采购、转移和运输应按规定报批

【工作要点】

1. 采购要求　放射源和放射性物质的采购、转让和转移有学校及生态环境部门的审批备案材料，进行上述采购、转让和转移前必须先做好环境影响评价。

2. 运输要求　放射性物质的转移和运输有学校及公安部门的审批备案材料。

3. 变更登记　对放射源、放射性物质及3类以上射线装置进行变更应及时登记。

【安全隐患】

(1)未经政府部门批准购置放射性同位素；采购超出审批量的放射性同位素；采购豁免水平的放射性同位素未办理相应手续，也未纳入监管范围；没有及时办理相关备案手续。

(2)不报公安部门审批，自取放射源和非密封放射性物质；不报公安部门审批，委托无资质的单位转移、运输放射性物品。

三、放射性实验安全及废弃物处置

(一)对各类放射性装置的管理要求

各类放射性装置应有符合国家相关规定的操作规程、安保方案及应急预案，并遵照执行。

【工作要点】

实验室应重点关注γ辐照、电子加速器、射线探伤仪、非密封性放射性实验操作、

密封性放射性实验操作这五类操作。对各类放射性装置应建立相应的安全操作规程，并严格执行。实验操作符合国家相关规定的操作规程。

【安全隐患】

(1)各类放射性装置没有相应的操作规程，或安全操作规程没有明示。

(2)放射性实验中操作不符合国家相关规定的操作规程。

(二)放射源及设备报废时有符合国家相关规定的处置方案或回收协议

【工作要点】

1. 中、长半衰期废弃物的处置　对中、长半衰期核素固液废弃物有符合国家相关规定的处置方案或回收协议。

2. 短半衰期废弃物的处置　短半衰期核素固液废弃物放置10个半衰期，经检测达标后，可作为普通废弃物处理，并有处置记录。

3. 废旧放射源的处置　报废含有放射源或可产生放射性的设备，需报学校管理部门同意，并按国家规定进行退役处置；X光管报废时应敲碎，拍照留存。

4. 辐射工作场所的退役　涉源实验场所退役应按国家相关规定执行。

【安全隐患】

(1)对含源设备未按照射线装置处置；射线装置报废后未及时注销台账，账物不符。

(2)中、长半衰期核素液体废弃物未经固化处理；未留存送贮存证明材料。

(3)未经检测并报备主管部门，自行处置核素固液废弃物。

(4)未经主管部门审批同意，自行将《建设项目环境影响评价分类管理名录》中的辐射工作场所改作它用。

(三)对放射性废弃物(源)的管理要求

对放射性废弃物(源)应严加管理，不得将其作为普通废弃物处理，不得擅自处置。

【工作要点】

(1)实验室配备有效的(如铅制)放射性废弃物收集装置(桶或箱)。

(2)应及时将放射性废弃物送交所在城市的放射性废弃物库收贮，并符合环保等部门的相关要求。

(3)为方便运输，对放射性废气、废液在送贮存前需要用适当的固化基材(玻璃、水泥、沥青、塑料等)固化。

【安全隐患】

(1)放射性废弃物未按要求进入有效的收集装置或被当作普通废弃物。

(2)对放射性废气和废液没有进行有效的固化。

(3)放射性废弃物未按环保部门要求送交所在城市的放射性废弃物库。

第十一节　机电等安全

实验室的仪器设备中，机电等设备最为普遍，也普遍存在安全隐患。本节包括仪器设备常规管理、机械安全、电气安全、激光安全、粉尘安全等5个方面，涉及16项实验室安全检查条款。本节从仪器设备的常规管理、机械安全、电气安全、激光安全、粉尘安全5个方面提出了机电等设备的安全管理与防护要求，帮助实验室工作人员加强仪器设备的日常管理和用电安全管理，做好机械、激光、粉尘安全教育与安全防护，有利于保障实验室工作人员的安全健康。

一、仪器设备的常规管理

(一)建立设备台账，设备上有资产标签，设备台账有明确的管理人员

【工作要点】

1. 设备台账　建立仪器设备网络管理系统，有仪器设备总台账，有专人负责管理。设备台账包括单位名称(院系盖章)、建立日期、设备名称、规格型号、资产编号、制造单位、价格、存放地点、管理人等内容。纸质台账应保留。

2. 设备档案　实验室应建立仪器设备资料档案和技术档案。

3. 资产标签　仪器设备上有资产标签，标签上应含有仪器设备的中文名称、资产编号、条形码(或二维码)、领用人等信息。

【安全隐患】

(1)实验室仪器设备无专人管理，未建立台账，或者已有台账，但登记信息混乱、不完整。

(2)仪器设备资料档案和技术档案不全，未及时更新，记录不详。

(3)仪器设备无资产标签，或已有标签，但标签简单，信息缺失或不完整。

(二)大型、特种设备的使用需符合相关规定

【工作要点】

1. 电气线路管理　大型仪器设备、高功率的设备的电容量应与电路容量相匹配。大型、特种设备的电路、电线、空气开关、插座、过载保护器、漏电保护器等应安全可靠，其额定电容量应与被控设备的用电总功率相匹配。大功率设备不可用接线板供电。使用多孔插线板供电时，接线板的额定电容量应大于控制连接设备总的负荷功率。

2. 使用和维护记录　学校应有大型、特种设备运行、维护的记录。学校有统一的大型仪器设备使用记录本，使用信息记录完整，记录项目包括使用日期、使用部门、实验内容、使用时长、培训人员、使用人员、备注等，如果发现仪器设备异常，应记录在备注栏内。

3. 安全操作规程　对大型、特种设备应有安全操作规程或注意事项。实验室对大型、特种设备均应建立安全操作规程(主要包括仪器设备的操作步骤和安全注意事项)。安全操作规程应张贴在墙上，张贴位置与仪器设备的位置相对应，方便参阅。

【安全隐患】

(1)大型、高功率设备的电容量与电路容量不匹配，功率超过电路、开关的额定容量，未安装空气开关、过载保护器、漏电保护器，或已安装但不能正常使用；大功率设备使用接线板供电，多孔插线板搭载多个设备。

(2)大型、特种设备运行、维护无明确记录，或已有记录但信息不完整，或记录本缺页。

(3)安全操作规程或注意事项缺失或内容不全，或未将其张贴于正确位置。

(三)仪器设备的接地和用电符合相关要求

【工作要点】

1. 仪器设备接地　电气设备的金属外壳及电气设备连接的金属夹，应采取可靠的接地保护措施。仪器设备接地系统应按规范要求采用铜质材料，接地电阻不高于0.5 Ω。

2. 设备不开机过夜　学校应出台相关规定，要求对计算机、空调、电加热器、饮水机、长时间运行过热的设备等不随意开机过夜。因特殊实验要求，对需开机过夜的仪器设备、计算机，必须有安全预防和控制措施。对必须开机过夜的仪器设备，院系应建立清单，落实责任，做好必要的安全防范和监控措施，并定期进行维护、检查。

3. 不间断电源管理　对不能断电的特殊仪器设备，应采取必要的防护措施，如安装双路供电设施、不间断电源、监控报警装置等，并定期检查防护措施的安全性与有效性。

【安全隐患】

(1)电气设备未接地，或无接地保护措施；或已有接地材料但不符合要求；或将3芯电线的接地线接到零线上。

(2)设备经常过夜运行，无安全预防和控制措施，或未建立安全防范和监控措施。

(3)对不能断电的特殊仪器设备未安装双路供电设施、不间断电源、监控报警装置等，无安全防范措施和监控报警设施，未进行定期检查。

(四)特殊设备应配备相应的安全防护措施

【工作要点】

1. 特殊设备管理　实验室应特别关注高温、高压、高速运动、电磁辐射等特殊设备，对使用者有培训要求。对于以上危险性较大的设备，需实行操作人员培训制度，有培训记录。在设备附近张贴有安全警示标识，用安全警示线(黄色)划定作业区。配备设备安全防护措施，如在高温设备使用场所配备烟雾报警器。

2. 自制设备管理　进行自研自制设备设计时，应充分考虑安全要求，保证安全系数。自研自制设备投入使用前，要经过鉴定和验收，且应根据安全要求设置安全防护措施。

【安全隐患】

(1)特殊设备使用者未接受培训，在设备附近未张贴安全警示标识，未配备安全防护措施。

(2)设计自研自制设备时未考虑安全要求，安全系数低，未进行鉴定和验收就投入使用。

二、机械安全

(一)机械设备应保持清洁整齐、可靠接地

【工作要点】

1. 机床整洁　数控机床、车床、铣床、刨床、高速旋转的钻床、切削设备等容易

发生安全事故，因此，数控机床周边应保持清洁整齐。在数控机床的床头、床面、刀架上等处放置物品会对物品和设备造成损坏，也会因物品阻碍、击飞造成人体伤害，因此，严禁在数控机床的床头、床面、刀架上放置物品。

2. 机械设备可靠接地　使机械设备的金属外壳可靠接地，可防止在绝缘层损坏或意外情况下金属外壳带电时，强电流通过人体，以保证人身安全。

3. 机械设备整理　实验人员在实验结束后，应切断电源，整理好场地，并将实验用具等摆放整齐，及时清理机械设备产生的废渣、废屑。

【安全隐患】

(1)数控机床周边杂乱，物品随意堆砌，或被放置于数控机床的床头、床面、刀架上。

(2)机械设备的金属外壳未可靠接地。

(3)实验结束后未切断机械设备的电源，实验用具未摆放整齐，废渣、废屑未及时清理。

(二)操作机械设备时实验人员应做好个人防护

1. 设备运转时做好个人防护　操作机械设备时，个人防护用品要穿戴齐全，如工作服、工作帽、工作鞋、防护眼镜等；操作冷加工设备时，实验人员必须穿“三紧式”(袖口紧、领口紧、下摆紧)工作服，不能留长发(长发要盘在工作帽内)，禁止戴手套。

2. 切削机械防护　高速切削机械是指通过高速旋转或往复运动，对材料进行加工的装置，包括数控机床、车床、铣床、刨床、钻床等。实验人员进入高速切削机械操作工作场所前，应穿好工作服，戴好防护眼镜，扣紧衣袖口，长发者应戴好工作帽，束发于帽内。从事机械加工操作时，禁止戴手套、长围巾、领带、手镯等，禁穿拖鞋、高跟鞋等。开展实验实习前应有安全教育环节，教师应检查学生实验实习前的着装情况。

3. 设备运转时禁止做调整操作　设备运转时，严禁用手调整工件，禁止操作人员身体的任意部位进入危险区，如需用手调整，首先应关停设备。

【安全隐患】

(1)实验人员在进行高速切削机械操作时未做好防护准备，穿戴长围巾、领带、拖鞋、高跟鞋进行加工操作。

(2)设备运转时，实验人员用手调整工件，进入危险区前未关停设备。

(3)设备运转时，实验人员未穿戴个人防护用品，或穿戴不齐全，工作服不符合要求，长发露出工作帽外，戴手套操作。

(三)铸锻及热处理实验应满足场地和防护要求

【工作要点】

1. 铸造场地要求　铸造场地宽敞、通道畅通，要求将铸模放在宽敞平整的场地上，铸模外侧应留有畅通的通道，无杂物堆积。操作时，操作者要按要求穿戴好防护用品，如劳保服、厚的棉手套等。

2. 盐浴保护　用盐浴炉加热零件前必须将零件预先烘干，并用铁丝绑牢，缓慢放入炉中，以防盐液炸崩引发烫伤。进行盐浴热处理时，应有防护装置，穿戴防护服，防止飞溅。盐浴温度高，不易觉察，应有安全提示和防护，以防发生烫伤。

3. 淬火保护　淬火油槽内不得有水，油量不能过少，一般液面应控制在油槽的1/3～1/2，以免发生火灾。在淬火油槽附近应配备灭火铲、灭火沙或灭火毯等灭火装置。

4. 使用铸造工具的注意事项　与铁水接触的一切工具(如浇铸工具、撇渣勺等)在使用前必须加热，严禁将冷的工具伸入铁水内，以免引起爆炸。金属型铸造、模型的预热温度不低于120 ℃。

5. 锻压设备保护　不得空打锻压设备或大力敲打过薄锻件。锻造时，锻件的温度应达到850 ℃以上，温度低则锻压效果差。锻锤空置时，在其下面应垫有木块，避免无工件时空打造成设备损害。

【安全隐患】

(1)铸造场地空间狭小，通道狭窄，铸模外侧杂物堆积；实验时操作者未按要求穿戴好防护用品。

(2)用盐浴炉加热零件时，未进行烘干和固定；进行盐浴热处理时，无防护装置，实验人员未穿戴防护服。

(3)淬火油槽内有水，油量过少，在其附近未配备灭火装置。

(4)将与铁水接触的工具未加热便置入铁水内；模型的预热温度低于120 ℃。

(5)空打锻压设备或大力敲打过薄锻件；锻造时锻件温度低于850 ℃。

(四)高空作业应符合相关操作规程

【工作要点】

工作人员进行2 m以上高空临边、攀登作业前应穿防滑鞋、佩戴安全帽、使用安全带。实验室应制定高空作业安全操作规程，采取严格的安全防护措施。

【安全隐患】

(1)工作人员进行高空临边、攀登作业时未做好防护措施，或防护用品佩戴不齐全。

(2)无高空作业安全操作规程，或已制定但未严格遵守。

三、电气安全

(一)电气设备的使用应符合用电安全规范

【工作要点】

1. 电气环境　各种电气设备及电线应始终保持干燥，防止浸湿，以防短路引起火灾，或烧坏电气设备。

2. 功能间墙面接地　在实验室内的功能间墙面上都应设有专用接地母排，并设有多点接地引出端。

3. 强电实验室建设　对高压、大电流等强电实验室要设定安全距离，按规定设置安全警示牌、安全信号灯、联动式警铃、门锁，有安全隔离装置或屏蔽遮栏(由金属制成，并可靠接地，高度不低于2 m)；控制室(控制台)应铺橡胶、绝缘垫等。

4. 强电实验室的防火要求　在强电实验室内禁止存放易燃、易爆、易腐品，应保持实验室通风、散热良好。

5. 设备接地放电　应为设备配备残余电流泄放专用的接地系统。

6. 电动工具　禁止在充满可燃气体的环境中使用电动工具。

7. 电烙铁的使用　电烙铁有专门搁架，用毕应立即切断电源。

8. 强磁设备　对强磁设备应该配备与大地相连的金属屏蔽网。

【安全隐患】

(1)电气设备及电线周围潮湿或有渗水；功能间墙面无专用接地母排，或已有安装但无引出端。

(2)强电实验室安全距离不足，无警示标识，未设置安全隔离装置或屏蔽遮栏；控制室未铺橡胶、绝缘垫。

(3)在强电实验室内存放易燃、易爆、易腐品，实验室通风、散热差。

(4)设备未安装接地系统；在充满可燃气体的环境中使用电动工具。

(5)电烙铁使用后未及时切断电源；强磁设备未配备金属屏蔽网。

(二)操作电气设备应配备合适的防护器具

【工作要点】

1. 强电实验的个人防护　在一般环境条件下允许人体持续接触的安全电压是36 V(人体安全电压)。36 V以上的电压为强电，36 V以下的电压为弱电。对强电实验平台要有警示标识(有点危险)或警示线。强电类实验必须两人以上(有人监护)同时参与，禁止单人从事强电实验。实验完毕应及时切断电源。对于使用380 V电压的实验室，要特别注意用电安全。在危险场所内禁止带电工作，必须进行带电操作时，应戴绝缘手套。

2. 静电场所的个人防护　对容易产生静电的场所，要保持空气湿润，实验人员要穿防静电的衣服和鞋靴。建议在静电场所内安装静电桩，做好静电接地。

【安全隐患】

(1)对强电实验平台未设置警示标识；单人操作强电实验；实验结束后，未切断电源；进入危险场所带电操作，且未戴绝缘手套。

(2)静电场所内空气干燥，实验人员进入时未穿防静电服和鞋靴；静电场所内未安装静电桩，或已安装但未接地。

四、激光安全

(一)激光实验室配有完备的安全屏蔽设施

【工作要点】

功率较大的激光器有互锁装置、防护罩，激光照射方向不会对他人造成伤害，应防止激光发射口及反射镜上扬。在激光工作中请勿将头部接近平台，防止透镜及反射组反射、投射的光入眼造成伤害。

【安全隐患】

(1)对激光器未按要求安装互锁装置及防护罩，发射口及反射镜上扬，照射方向朝向实验人员。

(2)实验人员在激光操作过程中将头靠近平台。

(二)进行激光实验时应佩戴合适的个人防护用具

【工作要点】

1. 激光的个人防护　操作人员应穿戴防护眼镜等防护用品，不戴手表等能反光的物品。

2. 激光器的操作要求　禁止直视激光束和它的反向光束，禁止对激光器件做任何目视准直操作，禁止用眼睛检查激光器的故障，检查激光器必须在断电情况下进行。

【安全隐患】

(1)进行激光操作时，实验人员未做好个人防护，佩戴反光物品操作。

(2)进行激光操作时，实验人员直视激光束和反向光束，裸眼检查激光器的故障，且未断电。

(三)警告标识

【工作要点】

在激光器上或边上的醒目位置张贴有激光危害警告标识；在激光设备工作时，应有工作标识提示，避免其他人员误入激光工作区。

【安全隐患】

(1)未张贴危害警告标识，或已张贴但位置隐蔽。

(2)设备工作时无工作标识提示。

五、粉尘安全

(一)在粉尘爆炸危险场所内应选用防爆型的电气设备

【工作要点】

1. 粉尘作业的防护措施　当悬浮在空气中的可燃性粉尘的浓度达到爆炸下限以上时，遇点火源瞬间可发生燃烧甚至爆炸现象。在大量粉状物质的贮存与使用场所内应选用防爆灯、防爆电器开关。导线敷设应选用镀锌管或水煤气管，必须达到整体防爆要求。

2. 粉尘作业的除尘措施　进行粉尘加工时要有除尘装置，除尘器应符合防静电安全要求，除尘设施应有阻爆、隔爆、泄爆装置；对使用的金属工具应配有橡胶或塑料套，以防爆或避免产生火花。

【安全隐患】

(1)未安装防爆灯、防爆电器开关，导线材料不符合防爆要求，电源、电线老化。

(2)在粉尘加工场所内和设备上未安装符合要求的除尘装置，不符合防静电要求；直接使用无防爆功能或可能产生火花的金属工具。

(二)在产生粉尘的实验场所内应穿戴合适的个人防护用具

【工作要点】

在产生粉尘的场所入口处要有明确的“防静电服装”提示。在产生粉尘的场所内应穿防静电的棉质衣服，禁止穿用化纤材料制作的衣服。在产生粉尘的场所内工作时，实验人员必须佩戴防尘口罩和护耳器。

【安全隐患】

(1)在产生易燃粉尘的场所入口处未设立“防静电服装”提示；实验人员穿着用化纤材料制作的衣服进入工作区。

(2)在产生粉尘的区域未配备防粉尘吸入的装备。

(三)确保实验室内的粉尘浓度在爆炸限以下，并配备灭火装置

【工作要点】

1. 粉尘作业场所的湿度　在粉尘浓度较高的场所内应配备、安装加湿装置(喷雾)，使湿度在65%以上；有粉尘的实验室应配有温度和湿度计，并注意观察。

2. 粉尘作业的消防器械　对其应配备合适的灭火装置。

【安全隐患】

(1)实验场所粉尘飞扬、环境干燥，未配置加湿器。

(2)对粉尘作业消防器械未配备合适的灭火装置。

第十二节　特种设备与常规冷热设备安全

特种设备是指涉及生命安全、危险性较大的承压、载人和吊运设备，包括压力容器(含气瓶)、压力管道、电梯、起重机、场(厂)内机动车辆等设备；常规冷热设备是指冰箱、烘箱、电阻炉、电吹风等电力制热或制冷的设备。本节包括起重类设备安全、压力容器安全、场(厂)内专用机动车辆安全、加热及制冷装置安全等4个方面，涉及16项实验室安全检查条款。本节主要阐述起重设备的安全使用与管理、压力容器的基本安全常识、场(厂)内专用机动车辆的使用要求和加热及制冷装置的安全要点，为实验人员科学管理、安全使用这些设备提供指导。

一、起重类设备安全

起重类设备属于特种设备，是指用于垂直升降或者垂直升降并水平移动重物的机电设备。

(一)额定起重量大于规定值的设备应取得特种设备使用登记证

【工作要点】

1. 使用资质的办理　额定起重量大于等于3 t且提升高度大于等于2 m的起重设备应取得特种设备使用登记证，低于额度限定值的可不办理特种设备使用登记证。在特种设备投入使用前或投入使用后30 d内，作业人员应向负责特种设备安全监督管理的部门办理使用登记，取得特种设备使用登记证。应当将登记标志置于该特种设备的显著位置。

2. 使用资质的变更、注销　特种设备安全状况发生变化、长期停用、移装或者学校更名的，学校应当按照有关安全技术规范的规定向登记机关申请办理变更手续。对存在严重安全隐患，无改造、修理价值的起重设备，学校应依法履行报废义务，采取必要措施消除该特种设备的使用功能，并向原登记的负责特种设备安全监督管理的部

门办理特种设备使用登记证书注销手续。

【安全隐患】

(1)学校未对属于特种设备的起重设备进行使用登记，未取得特种设备使用登记证。

(2)属于特种设备的起重设备停用后，学校未及时办理停用手续；学校违规使用已经办理停用或报废注销的起重设备。

(二)起重机械作业人员、检验单位应有相关资质

【工作要点】

1. 人员持证上岗　起重机械作业人员应经培训合格，取得特种设备作业人员证，持证上岗。特种设备作业人员证每 4 年复审 1 次，以确保证书在有效期内。学校有特种设备作业人员管理台账。

2. 定期检验　学校应当在特种设备定期(每 2 年)检验有效期满 1 个月前，向特种设备检验机构提出定期检验的申请，并做好检验准备工作。学校应当将定期检验合格证置于特种设备显著位置。对普通起重设备(其中重量 3 t 以下)不强制要求定期检验。

【安全隐患】

(1)起重机械作业人员未取得特种设备作业人员证，或已有证书但过期未复审。

(2)特种设备超期未进行检验，未张贴合格标志。

(三)起重机械需定期保养，设置警示标识，安装防护设施

【工作要点】

1. 日常维护保养　学校应当对在用的起重机械进行经常性维护、保养，定期自行检查(每月检查 1 次)，并做出记录。学校应保证起重设备始终处于正常状态。如发现起重机械有异常情况，作业人员应立即停止使用，并及时处理和维修。

2. 操作规程、标识及防护措施　学校应制定安全操作规程，明确安全使用说明、使用注意事项、应急处置方案，并张贴在墙上。在起重设备周边的醒目位置张贴警示标识。应有必要的防护措施，如起重设备限位器。

3. 报警装置　在起重设备上应设置蜂鸣器、闪光灯等作业报警装置，声光报警正常；对室内起重设备要标有运行通道，以防出现事故。

【安全隐患】

(1)对起重机械未按要求定期维护、保养和检查，或已按要求执行但未记录。

(2)未制定起重机械安全操作规程，或已制定但未张贴在墙上；或未张贴安全警示标识，缺少必要的防护措施。

(3)未按要求设置作业报警装置，或装置无法正常运行，室内无设备运行通道标识。

二、压力容器安全

(一)压力容器应取得特种设备使用登记证和特种设备使用登记表

【工作要点】

属于特种设备的压力容器需注册登记。压力容器是指盛装气体或液体的、承载一

定压力的密闭容器。压力大于0.1 MPa且容积大于30 L的压力容器，可以作为是否属于特种设备的初步判断依据。作业人员对属于特种设备的压力容器在投入使用前或使用后30 d内，应向负责特种设备安全监督管理的部门办理使用登记，须取得特种设备使用登记证和特种设备使用登记表。设备铭牌上应标明“简单压力容器无须办理”。

【安全隐患】

(1)违规使用无特种设备使用登记证的压力容器。

(2)设备无特种设备使用登记证和特种设备使用登记表。

(二)压力容器作业人员、检验单位应有相关资质

【工作要点】

1. 操作人员持证上岗　属于特种设备的压力容器，其操作人员，如快开门式压力容器操作人员、移动式压力容器充装人员、氧舱维护保养人员等，应取得特种设备作业人员证，持证上岗，每4年复审1次，以确保证书在有效期内。

2. 定期检验　必须委托有资质的单位对压力容器进行定期检验，通过检验后方可取得安全检验合格证。首次检验在投入使用前完成，后续检验根据安全状况等级，一般3～6年检验1次。下一次检验的时间以特种设备检验部门出具的安全合格证为准，应在合格证到期前1个月内进行。应将有效期内的安全检验合格证置于特种设备的显著位置。

3. 应定期校验安全附件　需委托有资质的单位定期校验、检定安全阀或压力表等安全附件。一般每年校验安全阀、压力表1次。

【安全隐患】

(1)特种设备的压力容器操作人员未取得特种设备作业人员证上岗，或证书已过期。

(2)使用未检验的压力容器，或安全检验合格证已过期；或安全检验合格证在有效期内，但未置于特种设备的显著位置。

(3)安全阀、压力表等附件未定期校验，或校验单位无资质。

(三)压力容器的存放区域合理，有安全警示标识

【工作要点】

1. 大型储气罐的场所安全　罐体存储场所处于通风不畅、雨(雪)淋、水浸环境时，罐体易被腐蚀，存在泄漏危险，因此，大型实验气体罐的存储场所应通风、干燥，防止雨(雪)淋、水浸。罐体在阳光直射、靠近火源或热源时温度升高，罐体内的压力显著增大，易发生安全事故，应避免阳光直射，严禁接近明火和其他热源。

2. 大型储气罐的安全防护　大型储气罐一旦发生泄漏，具有较大的危险性，大型实验气体(窒息、可燃类)罐必须放置在室外空旷场所。在大型储气罐周围设置隔离装置，可隔绝无关人员。该隔离装置应坚固牢靠，在其醒目位置张贴有安全警示标识。

3. 可燃性气罐应远离火源、热源　可燃性气罐靠近火源、热源时易发生爆炸等安全事故。

【安全隐患】

(1)罐体存储场所通风不畅，暴露在室外的大型储气罐无遮阳和防腐蚀等措施，靠近火源或热源。

(2)大型储气罐被放置在室内，未设置隔离装置，未张贴安全警示标识，或张贴位置隐蔽。

(3)可燃性气罐靠近火源、热源。

(四)存储可燃、爆炸性气体的气罐满足防爆要求

【工作要点】

1. 防爆　可燃、爆炸性气体有较大的危险性，易引发安全事故，导致人员伤害和财产损失。易燃气体泄漏后可与空气形成混合气体，遇有火源可发生燃爆。存储可燃、爆炸性气体的气罐必须防爆，容器的电器开关和熔断器都应设置在明显位置。电器开关和熔断器应采用防爆产品。

2. 防雷　雷击或闪电会释放大量能量，如果可燃、爆炸性气罐受到雷击或闪电影响，电流会通过罐体发热，产生火源，导致燃爆，因此对其的要求是应设避雷装置且接地良好。

【安全隐患】

(1)电器开关和熔断器未采用防爆产品，或设置位置隐蔽。

(2)气罐未设避雷装置，或避雷装置未定期检验，未接地。

(五)压力容器应有专用管理制度和操作规程，实行使用登记

【工作要点】

1. 大型储气罐的安全管理　制定大型气体罐管理制度和操作规程，落实维护、保养及安全责任制，相关工作有记录。

2. 压力容器的使用记录　对属于特种设备的压力容器实行使用登记制度，及时填写使用登记表。登记表应详细记录压力容器的使用时间、操作人员、设备状况等信息。

3. 大型储气罐的安全检查　大型实验储气罐外表的涂色、腐蚀、变形、磨损、裂纹与安全状况等密切相关，对其应定期检查，发现问题及时维修。使用附件(包括压力表、温度计、安全阀)是防止和减轻事故伤害的有效手段，应定期检查附件是否齐全、完好，确保安全使用。

【安全隐患】

(1)未制定安全管理制度和操作规程，安全责任制未落实，无相关工作记录，或未在显著位置张贴操作规程、责任标牌。

(2)对属于特种设备的压力容器未实行使用登记制度，无使用登记表，或已登记但信息不全或记录不规范。

(3)未定期检查大型实验储气罐的外观及附件，发现问题未及时处理。

三、场(厂)内专用机动车辆安全

(一)取得《场(厂)内机动车辆监督检验报告》

【工作要点】

场(厂)内专用机动车辆是指仅在工厂厂区、学校校园、实验室库房、游乐场所等

特定区域使用的专用车辆。《场(厂)内机动车辆监督检验报告》是取得特种设备使用登记证应具备的材料之一。场(厂)内专用机动车辆应取得特种设备使用登记证和场(厂)内专用机动车牌照。

【安全隐患】

(1)需进行使用登记的车辆未取得特种设备使用登记证，或已登记但车辆已达使用年限或报废期。

(2)改造、移装、变更使用单位或使用单位更名未向登记机关申请变更登记。

(3)场(厂)内专用机动车未悬挂牌照。

(二)作业人员取得特种设备作业人员证，持证上岗

【工作要点】

作业人员取得特种设备作业人员证，持证上岗，并每4年复审1次，证书在有效期内。

【安全隐患】

作业人员未取得特种设备作业人员证即上岗，或证书过期未复审。

四、加热及制冷装置安全

(一)贮存危险化学品的冰箱满足防爆要求

【工作要点】

贮存危险化学品的冰箱应为防爆冰箱或经过防爆改造的冰箱，在冰箱门上应注明是否为防爆冰箱。防爆改造主要是消除电火花源，包括拆除照明灯等。禁止用无霜型电子温控冰箱贮存易燃易爆试剂，因为这类冰箱容易产生电火花。

【安全隐患】

(1)用无霜型电子温控冰箱贮存易燃易爆试剂。

(2)冰箱因故障而停止运行，但易燃易爆试剂未取出。

(二)冰箱内存放的物品应标识明确，试剂必须可靠密封

【工作要点】

1. 物品标识明确并经常清理　对冰箱内存放的物品需标识明确，标识至少应包括名称、使用人、日期等。应经常清理冰箱，并有记录。

2. 试剂瓶螺口紧固，无开口　对在冰箱中保存的试剂必须密封好。尽量拧紧试剂瓶盖，不得在冰箱内放置无盖的烧瓶、烧杯或包装不严密的容器(除非内装物质没有挥发性)，以避免冰箱内空气中的有机物浓度增加。

3. 不放置食品　实验室冰箱是放置实验物品用的，除了实验用的食品、药品，不能将生活用的食品、药品放入实验室冰箱内。在办公室、学习室的冰箱内可以放置食品、药品，但不能放置实验物品。

【安全隐患】

(1)试剂瓶标识不清，外包装未撕掉，试剂瓶摆放混乱，有叠放现象，长期不清理，无记录，有许多无标签的试剂瓶。

(2)试剂瓶盖未拧紧，在冰箱内放置无盖的烧瓶、烧杯或包装不严密的容器。

(3)实验室冰箱混用，将食品、药品放入实验室冰箱内。

(三)冰箱、烘箱、电阻炉的使用满足使用期间和空间等要求

【工作要点】

1. 冰箱不超期服役　冰箱有使用年限，其压缩机使用过久容易发生火灾，一般使用期限应控制为10年，如超期使用则需申请延期，并经审批通过。建议对使用16年的冰箱进行强制报废。冰箱发生故障不能维修时应强制报废。

2. 冰箱应散热良好　冰箱周围应留出足够空间，一般应离墙10 cm以上。冰箱周围不堆放杂物，以免影响冰箱散热。

3. 烘箱、电阻炉不超期服役　烘箱、电阻炉长期在高温下工作，易造成线路老化，温控失灵，发生安全事故，一般使用期限控制为12年。如超期使用，需申请延期，并经审批通过。

4. 烘箱、电阻炉周围环境良好　烘箱、电阻炉应放置在通风干燥处，不直接放置在木桌、木板等易燃物品上，其周围应有一定的散热空间。在设备旁不能放置易燃易爆化学品、气瓶、冰箱、杂物等。

【安全隐患】

(1)冰箱超期使用，或使用已报废冰箱；冰箱周围空间不足，堆放杂物。

(2)烘箱、电阻炉超期服役，且无审批资料。

(3)将烘箱、电阻炉直接放置在易燃物品上，其周围散热空间不足；在烘箱、电阻炉旁存有易燃易爆化学品、气瓶、冰箱、杂物等。

(四)对烘箱、电阻炉等加热设备应制定安全操作规程

【工作要点】

1. 制定安全操作规程、警示标识、防护措施　制定安全操作规程是确保操作人员安全操作的基础，在设备附近应张贴有安全操作规程。安全警示标识具有警示安全、杜绝违章的作用，在加热设备周边的醒目位置处应张贴有高温警示标识。必要的防护措施是保障操作人员安全的基础，使用烘箱、电阻炉等加热设备时应有高温隔离装置，实验人员应佩戴高温防护手套。

2. 不准烘烤易燃易爆试剂及易燃物品　易燃易爆试剂及易燃物品遇热易发生火灾、爆炸事故，不准在烘箱、电阻炉等加热设备内烘烤。塑料筐等易燃容器遇高温易发生燃烧，引起火灾，不应使用塑料筐等易燃容器盛放实验物品在烘箱、电阻炉等加热设备内烘烤。

3. 及时切断电源，冷却后安全离开　烘箱使用多年后开关易失灵，使用完毕应及时清理物品、切断电源，以确保安全。烘箱使用完毕后，箱体内的温度仍然较高，如周围有易燃物品仍能引起火灾，因此应打开箱门，确认其冷却至安全温度后方能离开。

4. 有人在现场值守　烘箱、电阻炉属于高温危险设备，容易发生温控失灵，导致冒烟起火。长时间使用烘箱、电阻炉等加热设备时应有人值守，或每隔10～15 min检查1次，或安装有实时监控设施、超温断电保护器。对使用中的烘箱、电阻炉要标识使用人姓名，以便于了解其工作内容和使用状况。每次使用时若有登记，也可视为标识

了使用人。

【安全隐患】

(1)未制定烘箱、电阻炉等加热设备的安全操作规程，无安全警示标识或张贴警示标识的位置不醒目；未设置高温隔离装置或操作时未佩戴个人防护用具。

(2)将易燃易爆试剂及易燃物品在烘箱等加热设备内烘烤，使用塑料筐等易燃容器盛放实验物品在烘箱等加热设备内烘烤。

(3)烘箱使用后未及时清理物品和断电，未等冷却后便离开。

(4)长时间使用烘箱、电阻炉等加热设备时无人值守，无实时监控设施、超温断电保护器，对使用中的烘箱、电阻炉未标识使用人姓名和实验信息。

(五)使用明火电炉或者电吹风时应有安全防范举措

【工作要点】

1. 明火电炉使用许可　化学实验室往往保存有易燃易爆试剂，因瓶盖未旋紧等原因可导致试剂挥发到空气中。其浓度增大时遇明火容易发生爆炸。涉及化学品的实验室不应使用明火电炉。如不可替代必须使用明火电炉，则应有安全防范措施。

2. 不使用明火电炉加热易燃易爆试剂　明火电炉加热易燃易爆试剂，易发生燃烧事故。如易燃易爆试剂需要加热，可用水浴等比较温和的方式加热。

3. 及时拔掉电源插头　明火电炉、电吹风、电热枪等基本没有断电保护功能，使用完毕后应及时拔除电源插头。经常检查明火电炉、电吹风、电热枪的开关是否正常，如有故障应及时修理或更换。

4. 自制红外灯烘箱的注意事项　红外灯是发热的，不能用纸质、木质等材料自制红外灯烘箱，以免发生燃烧事故。如果自制红外灯烘箱，其箱体必须是不易燃的材料(如钢板、陶瓷等)，其电源线与开关应符合规范要求。

【安全隐患】

(1)在化学类实验室内未取得许可而随意使用明火电炉，未制定明火电炉使用的规定。

(2)在化学类实验室内使用明火电炉直接加热易燃易爆试剂。

(3)使用明火电炉后未及时拔除电源插头，发现故障后未及时修理或更换。

(4)用纸质、木质等材料自制红外灯烘箱，未考虑到安全隐患；用钢板、陶瓷等自制红外灯烘箱时，所用的电源线与开关不符合要求，或未配开关。

(田廷科，袁俊斋)

附　　录

附录1　高等学校实验室安全检查项目表(2021)

高等学校实验室安全检查项目表(2021)

序号	检查项目	检查要点	情况记录
1	安全责任体系		
1.1	学校层面的安全责任体系		
1.1.1	有校级实验室安全工作领导机构	有校级制度，内容含实验室安全的法人责任、党政同责、领导机构	
1.1.2	有明确的实验室安全管理职能部门	有实验室安全主管职能部门，与其他相关职能部门分工明确	
1.1.3	学校与院系签订实验室安全管理责任书/告知书	档案或信息系统里有现任学校领导与院系主管签字盖章的安全责任书/告知书	
1.2	院系层面的安全责任体系		
1.2.1	二级单位党政负责人作为实验室安全工作主要领导责任人	查院系文件	
1.2.2	成立院系级实验室安全工作领导小组	由院系党政主要领导作为负责人，分管实验室安全领导及研究所、中心、教研室、实验室等负责人参加	
1.2.3	建立院系实验室安全责任体系	研究所、中心、教研室、实验室等机构有安全责任人和管理人，查院系发布的文件；查资料或网络管理系统，关注有多校区分布的情况	
1.2.4	有实验室安全责任书	签订责任书到实验房间安全责任人，以及每一位使用实验室的教师	
1.3	经费保障		
1.3.1	学校每年有实验室安全常规经费预算	查预算审批凭据	
1.3.2	学校有专项经费投入实验室安全工作，重大安全隐患整改经费能够落实	查财务凭据	

续表

序号	检查项目	检查要点	情况记录
1.3.3	院系有自筹经费投入实验室安全建设与管理	查财务凭据	
1.4	队伍建设		
1.4.1	学校根据需要配备专职或兼职的实验室安全管理人员	理(除数学)、工、农、医等类院系有专职实验室安全管理人员；文、管、艺术类、数学等院系有兼职实验室安全管理人员；推进专业安全队伍建设，保障队伍稳定和可持续发展	
1.4.2	有实验室安全督查/协查队伍，该队伍可以由教师、实验技术人员组成，也可以利用有相关专业能力的社会力量	有设立或聘用文件，查工作记录	
1.4.3	各级主管实验室安全的负责人、管理人员及技术人员到岗1年内应接受实验室安全培训	有培训证书或培训记录	
1.5	其他		
1.5.1	采用信息化手段管理实验室安全	建立实验室安全信息管理系统和监管系统	
1.5.2	建立实验室安全工作档案	其包括责任体系、队伍建设、安全制度、奖惩、教育培训、安全检查、隐患整改、事故调查与处理、专业安全、其他相关的常规或阶段性工作归档资料等；档案分类规范合理，便于查找	
2	安全规章制度		
2.1	实验室安全管理制度		
2.1.1	有校级《实验室安全管理办法》	建有校级实验室安全管理总则，建有安全风险评估制度、危险源全周期管理制度、实验室安全应急制度、奖惩与问责追责制度和安全准入制度等管理细则；制度文件有学校正式发文号；文件应及时修订更新；文件应具有可操作性或实际管理效用	
2.1.2	有校级实验室安全管理细则		

续表

序号	检查项目	检查要点	情况记录
2.1.3	有院系级实验室安全管理制度	建有院系特色的实验室安全管理制度，包含院系的安全检查、值班值日、实验风险评估、实验室准入、应急预案、安全培训等管理制度；制度文件应有院系发文号，文件应及时修订更新；文件应具有可操作性或实际管理效用	
3	安全宣传教育		
3.1	安全教育活动		
3.1.1	开设实验室安全必修课或选修课	对于化学、生物、辐射等高风险的相关院系和专业，要开设有学分的安全教育必修课或将安全教育课程纳入必修环节；鼓励其他专业开设安全选修课	
3.1.2	开展校级安全教育培训活动	查看近3年的存档记录，包含培训时间、内容、人数、通知、会场照片等；每年至少开展1次培训活动	
3.1.3	院系开展专业安全培训活动	查看记录，重点关注外来人员和研究生新生；每年至少开展1次培训活动	
3.1.4	开展结合学科特点的应急演练	查看档案(包括演练内容、人数、效果评价等)；每年至少开展1次应急演练	
3.1.5	组织实验室安全知识考试	建议题库内容包含通识类和各专业学科分类的安全知识、安全规范、国家相关法律法规、应急措施等；从事实验工作的学生、教职工及外来人员均需参加考试，通过者发放合格证书或保留记录	
3.2	安全文化		
3.2.1	建设有学校特色的安全文化	学校、院系网页设立专栏开展安全宣传、经验交流等	
3.2.2	编印《学校实验室安全手册》	将实验室安全手册发放到每一位从事实验活动的师生	
3.2.3	创新宣传教育形式，加强安全文化建设	通过微信公众号、安全工作简报、安全文化月、安全专项整治活动、实验室安全评估、安全知识竞赛、微电影等方式，加强安全宣传	
4	安全检查		
4.1	危险源辨识		

续表

序号	检查项目	检查要点	情况记录
4.1.1	学校、院系层面建立危险源分布清单	清单内容需包括单位、房间、类别、数量、责任人等信息	
4.1.2	对涉及危险源的实验场所应有明确的警示标识	涉及危化品、病原微生物、放射性同位素、强磁等高危场所，有显著、明确的警示标识	
4.1.3	建立针对重要危险源的风险评估和应急管控方案	由实验室建立，报院系备案，检查院系文件	
4.2	安全检查		
4.2.1	学校层面开展定期/不定期检查	每年不少于4次，并记录存档	
4.2.2	院系层面开展定期检查	每月不少于1次，并记录存档	
4.2.3	针对高危实验物品开展专项检查	针对管制化学品、病原微生物、放射源等，开展定期专项检查	
4.2.4	实验室房间应建立自检自查台账	每天最后离开的人检查水电气门窗等，并留存记录	
4.2.5	安全检查人员应配备专业的防护和计量用具	安全检查人员要佩戴标识、配备照相器具；进入化学、生物、辐射等实验室时要穿戴必要的防护装具；检查辐射场所时要佩戴个人辐射剂量计；条件许可的，应配备必要的测量、计量用具（电笔、万用表、声级计、风速仪等）	
4.3	安全隐患整改		
4.3.1	对检查中发现的问题应以正式形式通知到相关负责人	通知的方式包括在校园网上发布公告、发布实验室安全简报、发放书面或电子的整改通知书等形式。其中整改通知书要包含问题描述、整改要求和期限等，并由被查院系单位签收；对整改资料进行规范存档	
4.3.2	院系应对问题隐患进行及时整改	整改报告应在规定时间内提交学校管理部门，并归档；如存在重大隐患，实验室应立即停止实验活动，采取相应防范措施或整改完成后方能恢复实验	
4.4	安全报告		
4.4.1	学校有定期/不定期的安全检查通报	查看相关资料或电子文档	
4.4.2	院系有安全检查及整改记录	查看相关资料或电子文档	

续表

序号	检查项目	检查要点	情况记录
5	实验场所		
5.1	场所环境		
5.1.1	在实验场所内应张贴安全信息牌	每个房间门口挂有安全信息牌，信息包括：安全风险点的警示标识、安全责任人、涉及危险类别、防护措施和有效的应急联系电话等，并及时更新	
5.1.2	实验场所应具备合理的安全空间布局	超过 200 m^2 的实验楼层具有至少两处紧急出口，75 m^2 以上的实验室要有两个出入口；实验楼大走廊保证留有大于 2 m 净宽的消防通道；实验室操作区层高不低于 2 m；理、工、农、医类实验室内多人同时进行实验时，人均操作面积不小于 2.5 m^2	
5.1.3	实验室消防通道通畅，公共场所不得堆放仪器和物品	保持消防通道通畅	
5.1.4	实验室建设和装修应符合消防安全要求	实验操作台应选用合格的防火、耐腐蚀材料；仪器设备安装符合建筑物承重载荷；有可燃气体的实验室不设吊顶；废弃不用的配电箱、插座、水管水龙头、网线、气体管路等，应及时拆除或封闭；实验室门上有观察窗，外开门不阻挡逃生路径	
5.1.5	实验室所有房间均应配有应急备用钥匙	应急备用钥匙需集中存放、统一管理，应急时方便取用	
5.1.6	实验设备需做好振动减振和噪声降噪	容易产生振动的设备，需考虑建立合理的减振措施；易对外产生磁场或易受磁场干扰的设备，需做好磁屏蔽；实验室噪声一般不高于 55 dB(机械设备不高于 70 dB)	
5.1.7	实验室水、电、气管线布局合理，安装施工规范	采用管道供气的实验室，输气管道及阀门无漏气现象，并有明确标识；供气管道有名称和气体流向标识，无破损；高温、明火设备放置位置与气体管道有安全间隔距离	
5.2	卫生与日常管理		

续表

序号	检查项目	检查要点	情况记录
5.2.1	实验室分区应相对独立、布局合理	有毒有害实验区与学习区明确分开，合理布局，重点关注化学、生物、辐射、激光等类别实验室	
5.2.2	实验室环境应整洁、卫生、有序	实验室物品摆放有序，卫生状况良好，实验完毕后将物品归位，无废弃物品、不放无关物品；不在实验室睡觉过夜，不存放和烧煮食物、饮食，禁止吸烟、不使用可燃性蚊香	
5.2.3	实验室有卫生安全值日制度	实验期间有值日情况记录	
5.3	场所其他安全		
5.3.1	每间实验室均有编号并登记造册	查看现场	
5.3.2	危险性实验室应配备急救物品	配备的药箱不上锁，并定期检查药品是否在保质期内	
5.3.3	对废弃的实验室有安全防范措施和明显标识	查看现场	
6	安全设施		
6.1	消防设施		
6.1.1	实验室应配备合适的灭火设备，并定期开展使用训练	烟感报警器、灭火器、灭火毯、消防沙、消防喷淋装置等应正常有效、方便取用；灭火器种类配置正确；灭火器在有效期内(压力指针位置正常等)，安全销(拉针)正常，瓶身无破损、腐蚀	
6.1.2	紧急逃生疏散路线通畅	在显著位置张贴有紧急逃生疏散路线图，疏散路线图的逃生路线应有两条(含)以上；路线与现场情况符合；主要逃生路径(室内、楼梯、通道和出口处)有足够的紧急照明灯，功能正常，并设置有效标识指示逃生方向；师生应熟悉紧急疏散路线及火场逃生注意事项	
6.2	应急喷淋与洗眼装置		
6.2.1	在存在可能受到化学和生物伤害的实验区域，需配置应急喷淋和洗眼装置	有显著标识	

续表

序号	检查项目	检查要点	情况记录
6.2.2	应急喷淋与洗眼装置安装合理，并能正常使用	应急喷淋与洗眼装置安装地点与工作区域之间畅通，距离不超过30 m；应急喷淋与洗眼装置安装位置合适，拉杆位置合适、方向正确；应急喷淋与洗眼装置的水管总阀处常开状，喷淋头下方无障碍物；不能以普通淋浴装置代替应急喷淋与洗眼装置；洗眼装置接入生活用水管道，水量水压适中(喷出高度8~10 cm)，水流畅通平稳	
6.2.3	定期对应急喷淋与洗眼装置进行维护	有检查记录(每月启动1次阀门，时刻保证管内流水畅通)；每周擦拭洗眼喷头，无锈水、脏水	
6.3	通风系统		
6.3.1	在有需要的实验场所内应配备符合设计规范的通风系统	管道风机需防腐，使用可燃气体的场所应采用防爆风机；实验室通风系统运行正常，柜口面风速为0.3~0.7 m/s，定期进行维护、检修；屋顶风机固定无松动、无异常噪声	
6.3.2	通风柜配置合理、使用正常、操作合规	根据需要在通风柜管路上安装有毒有害气体的吸附或处理装置(如活性炭、光催化分解、水喷淋装置等)；任何可能产生高浓度有害气体而导致个人暴露，或产生可燃、可爆炸气体或蒸汽而导致积聚的实验，都应在通风柜内进行；进行实验时，将可调玻璃视窗开至距台面10~15 cm，保持通风效果，并保护操作人员胸部以上部位；玻璃视窗材料应是钢化玻璃；实验人员在通风柜内进行实验时，应避免将头伸入调节门内；不可将一次性手套或较轻的塑料袋等留在通风柜内，以免堵塞排风口；通风柜内放置物品应距离调节门内侧15 cm左右，以免掉落	
6.4	门禁监控		
6.4.1	重点场所需安装门禁和监控设施，并有专人管理	关注重点场所，如剧毒品、病原微生物、放射源存放点，加强对核材料等危险源的管理	
6.4.2	门禁和监控系统运转正常，与实验室准入制度相匹配	监控不留死角，图像清晰，人员出入记录可查，建议视频记录存储时间大于1个月；停电时，电子门禁系统应是开启状态	
6.5	实验室防爆		

续表

序号	检查项目	检查要点	情况记录
6. 5. 1	有防爆需求的实验室需符合防爆设计要求	有防爆需求的实验室应安装有防爆开关、防爆灯等，安装必要的气体报警系统、监控系统、应急系统等；对于产生可燃气体或蒸汽的装置，应在其进、出口处安装阻火器；室内应加强通风，防止爆炸物聚积	
6. 5. 2	应妥善防护具有爆炸危险性的仪器设备	使用合适的安全罩防护	
7	基础安全		
7. 1	用电用水基础安全		
7. 1. 1	实验室用电安全应符合国家标准(导则)和行业标准	实验室电容量、插头、插座与用电设备功率需匹配，不得私自改装；电源插座应固定；电气设备应配备空气开关和漏电保护器；不私自乱拉乱接电线电缆，不使用老化的线缆、花线和木质配电板；禁止多个接线板串接供电，接线板不宜直接置于地面，禁止使用有破损的接线板；电线接头绝缘可靠，无裸露连接线，穿越通道的线缆应有盖板或护套；大功率仪器(包括空调等)使用专用插座(不可使用接线板)，用电负荷满足要求；电器长期不用时，应切断电源	
7. 1. 2	给水、排水系统布置合理，运行正常	水槽、地漏及下水道畅通，水龙头、上下水管无破损；各类连接管无老化破损(特别是冷却冷凝系统的橡胶管接口处)；各楼层及实验室的各级水管总阀需有明显的标识	
7. 2	个人防护		
7. 2. 1	实验人员需配备合适的个人防护用品	凡进入实验室的人员需穿着质地合适的实验服或防护服；按需要佩戴防护眼镜、防护手套、安全帽、防护帽、呼吸器或面罩(呼吸器或面罩在有效期内，不用时须密封放置)等；进行化学、生物安全和高温实验时，不得佩戴隐形眼镜；操作机床等旋转设备时，不穿戴长围巾、丝巾、领带等；穿着化学、生物类实验服或戴实验手套，不得随意进入非实验区	
7. 2. 2	个人防护用品分散存放，存放地点有明显标识	在紧急情况需使用的防化服等个人防护器具应分散存放在安全场所，以便于取用	

续表

序号	检查项目	检查要点	情况记录
7.2.3	各类个人防护用品的使用有培训及定期检查维护记录	检查培训及维护记录	
7.3	其他		
7.3.1	危险性实验(如高温、高压、高速运转等实验)时必须有两人在场	实验时不能脱岗，通宵实验应有两人在场并有事先审批制度	
7.3.2	实验台面整洁、实验记录规范	查看实验台面和实验记录	
8	化学安全		
8.1	危险化学品购置		
8.1.1	危险化学品采购应符合要求	危险化学品需向具有生产经营许可资质的单位进行购买，查看相关供应商的经营许可资质证书复印件	
8.1.2	剧毒品、易制毒品、易制爆品、爆炸品的购买程序合规	此类危险化学品购买前应经学校审批，报公安部门批准或备案后，向具有经营许可资质的单位购买；校职能部门保留资料、建立档案；不得私自从外单位获取管控化学品；查看向上级主管部门的报批记录和学校审批记录；购买此类危险化学品应有规范的验收记录	
8.1.3	购买麻醉药品、精神药品等前应向食品药品监督管理部门申请	报批同意后向定点供应商或者定点生产企业采购	
8.1.4	保障化学品、气体运输安全	查看资料，现场抽查。校园内的运输车辆、运送人员、送货方式等符合相关规范	
8.2	实验室化学品存放		
8.2.1	实验室内危险化学品建有动态台账	建立本实验室危险化学品目录，并有危险化学品安全技术说明书(MSDS)或安全周知卡，方便查阅；定期清理过期药品，无累积现象	
8.2.2	化学品有专用存放空间并科学、有序存放	储藏室、储藏区、储存柜等应通风、隔热、避光、安全；有机溶剂储存区应远离热源和火源；易泄漏、易挥发的试剂保证充足的通风；试剂柜中不能有电源插座或接线板；化学品有序分类存放、固体液体不混乱放置、配伍禁忌化学品不得混放、试剂不得叠放；装有试剂的试剂瓶不得开口放置；配备必要的二次泄漏防护、吸附或防溢流功能；实验台架无挡板不得存放化学试剂	

续表

序号	检查项目	检查要点	情况记录
8.2.3	实验室内存放的危险化学品总量符合规定要求	原则上不应超过100 L或100 kg，其中易燃易爆性化学品的存放总量不应超过50 L或50 kg，且单一包装容器不应大于20 L或20 kg（可按50 m^2为标准，存放量以实验室面积比考察）；单个实验装置存在10 L以上甲类物质储罐，或20 L以上乙类物质储罐，或50 L以上丙类物质储罐，需加装泄漏报警器及通风联动装置。可按50 m^2为标准，存放量以实验室面积比考察	
8.2.4	化学品标签应显著、完整、清晰	化学品包装物上应有符合规定的化学品标签；当化学品由原包装物转移或分装到其他包装物内时，转移或分装后的包装物应及时重新粘贴标识。化学品标签脱落、模糊、腐蚀后应及时补上，如不能确认，则以废弃化学品处置	
8.3	实验操作安全		
8.3.1	制定危险实验、危险化工工艺指导书、各类标准操作规程（SOP）、应急预案	指导书和预案上墙或便于取阅；按照指导书进行实验；实验人员熟悉所涉及的危险性及应急处理措施	
8.3.2	危险化工工艺和装置应有自动控制和电源冗余设计	涉及危险化工工艺、重点监管危险化学品的反应装置应设置自动化控制系统；涉及放热反应的危险化工工艺生产装置应设置双重电源供电或控制系统应配置不间断电源	
8.3.3	做好有毒有害废气的处理和防护	对于产生有毒有害废气的实验，在通风柜中进行，并在实验装置尾端配有气体吸收装置；配备合适有效的呼吸器	
8.4	管制类化学品管理		
8.4.1	剧毒化学品执行“五双”管理（即双人验收、双人保管、双人发货、双把锁、双本账），技防措施符合管制要求	单独存放、不得与易燃、易爆、腐蚀性物品等一起存放；有专人管理并做好贮存、领取、发放情况登记，登记资料至少保存1年；防盗安全门应符合《防盗安全门通用技术条件》（GB 17565—2007）的要求，防盗安全级别为乙级（含）以上；防盗锁应符合《机械防盗锁》（GA/T73—2015）的要求；防盗保险柜应符合《防盗保险柜》（GB 10409—2001）的要求；监控管控执行公安要求	

续表

序号	检查项目	检查要点	情况记录
8.4.2	麻醉药品和第一类精神药品管理符合“双人双锁”，有专用账册	设立专库或者专柜储存；专库应当设有防盗设施并安装报警装置；专柜应当使用保险柜；专库和专柜应当实行双人双锁管理；配备专人管理并建立专用账册，专用账册的保存期限应当自药品有效期期满之日起不少于5年	
8.4.3	易制爆化学品存量合规、双人双锁	存放场所出入口应设置防盗安全门，或存放在专用储存柜内；储存场所防盗安全级别应为乙级(含)以上；专用储存柜应具有防盗功能，符合双人双锁管理要求，并安装机械防盗锁	
8.4.4	易制毒化学品储存规范、台账清晰	设置专库或者专柜储存；专库应当设有防盗设施，专柜应当使用保险柜；第一类易制毒化学品、药品类易制毒化学品实现双人双锁管理，账册保存期限不少于2年	
8.4.5	爆炸品单独隔离、限量存储，使用、销毁按照公安部门要求执行	查看现场、台账	
8.5	实验气体管理		
8.5.1	从合格供应商处采购实验气体，建立气瓶台账	查看记录	
8.5.2	气体的存放和使用符合相关要求	气体钢瓶存放点应通风、远离热源、避免曝晒，地面平整干燥；气瓶应合理固定；危险气体钢瓶尽量置于室外，室内放置应使用常时排风且带报警探头的气瓶柜；气瓶的存放应控制在最小需求量；涉及有毒、可燃气体的场所，配有通风设施和相应的气体监控和报警装置等，张贴必要的安全警示标识；可燃性气体与氧气等助燃气体不混放；独立的气体钢瓶室，应通风、不混放、有监控，管路有标识、去向明确；有专人管理和记录	
8.5.3	较小密封空间使用可引起窒息的气体，需安装有氧含量监测，设置必要的气体报警装置	存有大量惰性气体或液氮、CO_2的较小密闭空间，为防止大量泄漏或蒸发导致缺氧，需安装氧含量监测报警装置	

续表

序号	检查项目	检查要点	情况记录
8.5.4	气体管路和气瓶连接正确、有清晰标识	管路材质选择合适，无破损或老化现象，定期进行气密性检查；存在多条气体管路的房间须张贴详细的管路图；有钢瓶定期检验合格标识（由供应商负责）；无过期钢瓶、未使用的钢瓶有钢瓶帽；钢瓶气体合格证内容完整、正确，气瓶颜色符合《气瓶颜色标志》（GB /T 7144—2016）的规定要求；确认“满、使用中、空瓶”三种状态；使用完毕，及时关闭气瓶总阀	
8.6	化学废弃物处置管理		
8.6.1	实验室应设立化学废弃物暂存区	暂存区要远离火源、热源和不相容物质，避免日晒、雨淋，存放两种及以上不相容的实验室危险废弃物时，应分不同区域暂存；暂存区应有警示标识并有防遗洒、防渗漏设施或措施	
8.6.2	实验室内应规范收集化学废弃物	危险废弃物应按化学特性和危险特性，进行分类收集和暂存；废弃的化学试剂应存放在原试剂瓶中，保留原标签，并瓶口朝上放入专用固废箱中；针头等利器需放入利器盒中收集；废液应分类装入专用废液桶中，废液桶须满足耐腐蚀、抗溶剂、耐挤压、抗冲击的要求；所有实验室危险废弃物收集容器上须粘贴专用的标签。严禁将实验室危险废弃物直接排入下水道，严禁与生活垃圾、感染性废物或放射性废物等混装	
8.6.3	化学废弃物的转运应合规	委托有危险废弃物处置资质的专业厂家集中处置化学废弃物；校外转运之前，贮存站必须妥善管理实验室危险废弃物，采取有效措施，防止废物的扩散、流失、渗漏或者产生交叉污染	

续表

序号	检查项目	检查要点	情况记录
8.6.4	学校应建设化学废弃物贮存站并规范管理	贮存站应有具体的管理办法和安全应急预案，并将贮存站安全运行、实验室危险废弃物出站转运等日常管理工作落实到相关人员的岗位职责中；转运人员应使用专用运输工具，运输前根据运输废物的危险特性，应携带必要的应急物资和个人防护用具，如收集工具、手套、口罩等；贮存站管理员须作好实验室危险废弃物情况的记录；实验室危险废弃物的校外转运必须按照国家有关规定填写危险废弃物电子或者纸质转移联单，任何单位和个人未经许可不得非法转运	
8.7	危化品仓库与废弃物贮存站		
8.7.1	学校建有危险品仓库、化学实验废弃物贮存站，对废弃物集中定点存放	危险品仓库、化学实验废弃物贮存站须有通风、隔热、避光、防盗、防爆、防静电、泄漏报警、应急喷淋、安全警示标识等技防措施，符合相关规定，专人管理；消防设施符合国家相关规定，正确配备灭火器材(如灭火器、灭火毯、沙箱、自动喷淋等)；若仓库或贮存站在实验楼内，必须有警示、通风、隔热、避光、防盗、防爆、防静电、泄漏报警、应急喷淋等技防措施，面积不超过30 m^2；不混放、整箱试剂的叠加高度不大于1.5 m；贮存站不能设置在地下室	
8.8	其他化学安全		
8.8.1	配制试剂需要张贴标签	装有配制试剂、合成品、样品等的容器上标签信息明确，标签信息包括名称或编号、使用人、日期等；无使用饮料瓶存放试剂、样品的现象，如确需使用，必须撕去原包装纸，贴上统一的试剂标签	
8.8.2	不使用破损量筒、试管、移液管等玻璃器皿	查看现场	
9	生物安全		
9.1	实验室资质		

续表

序号	检查项目	检查要点	情况记录
9.1.1	开展病原微生物实验研究的实验室，应具备相应的安全等级资质	其中 BSL－3/ABSL－3、BSL－4/ABSL－4 实验室须经政府部门批准建设；BSL－1/ABSL－1、BSL－2/ABSL－2 实验室由学校建设后报卫生或农业部门备案；查看资格证书、报备资料	
9.1.2	在规定等级实验室中开展涉及病原微生物的实验	按《人间传染的病原微生物名录》对应的实验室安全级别进行致病性病原微生物研究，重点关注：开展未经灭活的高致病性病原微生物(列入一类、二类)相关实验和研究，必须在 BSL－3/ABSL－3、BSL－4/ABSL－4 实验室中进行；开展低致病性病原微生物(列入三类、四类)，或经灭活的高致病性感染性材料的相关实验和研究，必须在 BSL－1/ABSL－1、BSL－2/ ABSL－2 或以上等级实验室中进行	
9.2	场所与设施		
9.2.1	实验室安全防范设施达到相应生物安全实验室要求，各区域分布合理、气压正常	BSL－2/ABSL－2 及以上安全等级实验室须设门禁管理和准入制度；储存病原微生物的场所或储柜配备防盗设施；BSL－3/ABSL－3 及以上安全等级实验室须安装监控报警装置	
9.2.2	配有符合相应要求的生物安全设施	配有Ⅱ级生物安全柜，定期进行检测；B 型生物安全柜需有正常通风系统；配有压力蒸汽灭菌器，并定期监测灭菌效果，有安全操作规程上墙；配备消防设施、应急供电(至少延时半小时)，应急淋浴及洗眼装置；传递窗功能正常、内部不存放物品；安装有防虫纱窗、入口处有挡鼠板	
9.3	病原微生物采购与保管		
9.3.1	采购或自行分离高致病性病原微生物菌(毒)种，应办理相应申请和报批手续	采购病原微生物须从有资质的单位购买，具有相应合格证书；须按照学校流程审批，报行业主管部门批准；转移和运输需按规定报卫生和农业主管部门批准，并按相应的运输包装要求包装后转移和运输	

续表

序号	检查项目	检查要点	情况记录
9.3.2	高致病性病原微生物菌（毒）种应妥善保存和严格管理	病原微生物菌（毒）种保存在带锁冰箱或柜子中，高致病性病原微生物实行双人双锁管理；有病原微生物菌（毒）种保存、实验使用、销毁的记录	
9.4	人员管理		
9.4.1	开展病原微生物相关实验和研究的人员应经过专业培训	人员经考核合格，并取得证书。检查存档资料	
9.4.2	为从事高致病性病原微生物工作的实验人员提供适宜的医学评估	实施监测和治疗方案，并妥善保存相应的医学记录；有上岗前体检和离岗体检，长期工作有定期体检	
9.4.3	制定相应的人员准入制度	外来人员进入生物安全实验室需经负责人批准，并有相关的教育培训、安全防控措施；出现感冒发热等症状时，不得进行病原微生物实验	
9.5	操作与管理		
9.5.1	制定并采用《生物安全手册》，有相关标准操作规范	有从事病原微生物相关实验活动的标准操作规范	
9.5.2	开展相关实验活动的风险评估和应急预案	BSL-2/ABSL-2 及以上等级实验室，开展病原微生物的相关实验活动应有风险评估和应急预案，包括病原微生物及感染材料溢出和意外事故的书面操作程序	
9.5.3	实验操作合规，安全防护措施合理	在合适的生物安全柜中进行实验操作；不在超净工作台中进行病原微生物实验；安全操作高速离心机，小心防止离心管破损或盖子破损造成溢出或气溶胶散发；有开展病原微生物相关实验活动的记录；有合适的个人防护措施；禁止戴防护手套操作相关实验以外的设施设备	
9.6	实验动物安全		
9.6.1	实验动物的购买、饲养、解剖等应符合相关规定	饲养实验动物的场所应有资质证书；实验动物需从具有资质的单位购买，有合格证明；用于解剖的实验动物须经过检验检疫合格；解剖实验动物时，必须做好个人安全防护	
9.6.2	动物实验按相关规定进行伦理审查，保障动物权益	查看记录	

续表

序号	检查项目	检查要点	情况记录
9.7	生物实验废弃物处置		
9.7.1	生物废弃物的处置应有专用集中场所	学校与有资质的单位签约处置生物废弃物，有交接记录；学校有生物固废中转站；动物实验结束后，送学校中转站或收集点经必要的灭菌、灭活处理；配备生物实验废弃物垃圾桶(内置生物废弃物专用塑料袋)，有标识；学校有统一的生物实验废弃物标签	
9.7.2	生物废弃物的处置应满足特殊要求	生物实验产生的EB胶毒性强，需集中存放、贴好化学废弃物标签，及时送学校中转站或收集点；刀片、移液枪头等尖锐物应使用耐扎的利器盒/纸板箱盛放，送储时再装入生物废弃物专用塑料袋，贴好标签；涉及病原微生物的实验废弃物必须进行高温高压灭菌或化学浸泡处理；高致病性生物材料废弃物处置实现溯源追踪；生物实验废弃物不得与生活垃圾混放	
10	辐射安全与核材料管制		
10.1	资质与人员要求		
10.1.1	辐射工作单位应取得辐射安全许可证	按规定在放射性核素种类和用量以及射线种类许可范围内开展实验；除已被豁免管理外，射线装置、放射源或者非密封放射性物质应纳入许可证范畴	
10.1.2	辐射工作人员应经过专门培训，定期参加职业体检	辐射工作人员具有辐射安全与防护培训合格证书，或者生态环境部辐射安全与防护考核通过报告单，辐射工作人员按时参加放射性职业体检(两年1次)，有健康档案；辐射工作人员进入实验场所须佩带个人剂量计；剂量计委托有资质的单位按时进行剂量检测(3个月1次)	
10.1.3	核材料许可证持有单位应建立专职机构或指定专人负责保管核材料，执行国家管制条例要求。有账目与报告制度，保证账物相符	持有核材料数量达到法定要求的单位须取得核材料许可证；有专职机构或指定专人负责办理；核材料衡算和核安保工作执行国家要求	
10.2	场所设施与采购运输		

续表

序号	检查项目	检查要点	情况记录
10.2.1	辐射设施和场所应设有警示、连锁和报警装置	放射源贮存库应设“双人双锁”，并有安全报警系统和视频监控系统，辐照设施设备和2类以上射线装置具有能正常工作的安全连锁装置和报警装置，有明显的安全警示标识、警戒线和剂量报警仪	
10.2.2	辐射实验场所每年有合格的实验场所监测报告	查看场所辐射环境监测报告	
10.2.3	放射性物质的采购、转移和运输应按规定报批	放射源和放射性物质的采购和转让转移有学校及生态环境部门的审批备案材料，上述采购和转让转移前必须先做环境影响评价工作；放射性物质的转移和运输有学校及公安部门的审批备案材料；放射源、放射性物质以及3类以上射线装置变更及时登记	
10.3	放射性实验安全及废弃物处置		
10.3.1	各类放射性装置有符合国家相关规定的操作规程、安保方案及应急预案，并遵照执行	重点关注γ辐照、电子加速器、射线探伤仪、非密封性放射性实验操作、5类以上的密封性放射性实验操作；查看辐射事故应急预案	
10.3.2	放射源及设备报废时有符合国家相关规定的处置方案或回收协议	中、长半衰期核素固液废弃物有符合国家相关规定的处置方案或回收协议，短半衰期核素固液废弃物放置10个半衰期经检测达标后作为普通废物处理，并有处置记录；报废含有放射源或可产生放射性的设备，需报学校管理部门同意，并按国家规定进行退役处置；X光管报废时应敲碎，拍照留存；涉源实验场所退役，应按国家相关规定执行	
10.3.3	放射性废弃物（源）应严加管理，不得作为普通废弃物处理，不得擅自处置	相关实验室应当配置专门的放射性废物收集桶；放射性废液送贮前应进行固化整备；放射性废物应及时送交城市放废库收贮	
11	机电等安全		
11.1	仪器设备的常规管理		
11.1.1	建立设备台账，设备上有资产标签，设备台账有明确的管理人员	查看电子或纸质台账	

续表

序号	检查项目	检查要点	情况记录
11.1.2	大型、特种设备的使用需符合相关规定	大型仪器设备、高功率的设备与电路容量相匹配，有设备运行维护的记录，有安全操作规程或注意事项	
11.1.3	仪器设备的接地和用电符合相关要求	仪器设备接地系统应按规范要求，采用铜质材料，接地电阻不高于0.5 Ω；电脑、空调、电加热器等不随意开机过夜；对于不能断电的特殊仪器设备，采取必要的防护措施(如双路供电、不间断电源、监控报警等)	
11.1.4	特殊设备应配备相应的安全防护措施	特别关注高温、高压、高速运动、电磁辐射等特殊设备，对使用者有培训要求，有安全警示标识和安全警示线(黄色)，设备安全防护措施完好；自研自制设备，须充分考虑安全系数，并有安全防护措施	
11.2	机械安全		
11.2.1	机械设备应保持清洁整齐、可靠接地	机床应保持清洁整齐；严禁在床头、床面、刀架上放置物品；机械设备可靠接地；实验结束后，应切断电源，整理好场地并将实验用具等摆放整齐，及时清理机械设备产生的废渣、屑	
11.2.2	操作机械设备时实验人员应做好个人防护	个人防护用品要穿戴齐全，如工作服、工作帽、工作鞋、防护眼镜等；操作冷加工设备必须穿“三紧式”工作服，不能留长发(长发要盘在工作帽内)，禁止戴手套；进入高速切削机械操作工作场所，穿好工作服，戴好防护眼镜，扣紧衣袖口，长发学生必须将长发盘在工作帽内，戴好工作帽，禁止戴手套、长围巾、领带、手镯等配饰物，禁穿拖鞋、高跟鞋等；设备运转时严禁用手调整工件	

续表

序号	检查项目	检查要点	情况记录
11.2.3	铸锻及热处理实验应满足场地和防护要求	铸造实验场地宽敞、通道畅通，使用设备前，操作者要按要求穿戴好防护用品；盐浴炉加热零件必须预先烘干，并用铁丝绑牢，缓慢放入炉中，以防盐液炸崩烫伤；淬火油槽不得有水，油量不能过少，以免发生火灾；与铁水接触的一切工具，使用前必须加热，严禁将冷的工具伸入铁水内，以免引起爆炸；锻压设备不得空打或大力敲打过薄锻件，锻造时锻件应达到850 ℃以上，锻锤空置时应垫有木块	
11.2.4	高空作业应符合相关操作规程	2 m以上高空临边、攀登作业，须穿防滑鞋、佩戴安全帽、使用安全带，有相关安全操作规程	
11.3	电气安全		
11.3.1	电气设备的使用应符合用电安全规范	各种电气设备及电线应始终保持干燥，防止浸湿，以防短路引起火灾或烧坏电气设备；试验室内的功能间墙面都应设有专用接地母排，并设有多点接地引出端；高压、大电流等强电实验室要设定安全距离，按规定设置安全警示牌、安全信号灯、联动式警铃、门锁，有安全隔离装置或屏蔽遮栏（由金属制成，并可靠接地，高度不低于2 m）；控制室（控制台）应铺橡胶、绝缘垫等；强电实验室禁止存放易燃、易爆、易腐品，保持通风散热；应为设备配备残余电流泄放专用的接地系统；禁止在有可燃气体泄漏隐患的环境中使用电动工具；电烙铁有专门搁架，用毕立即切断电源；强磁设备应该配备与大地相连的金属屏蔽网	
11.3.2	操作电气设备应配备合适的防护器具	强电类实验必须两人（含）以上，操作时应戴绝缘手套；静电场所，要保持空气湿润，工作人员要穿防静电的衣服和鞋靴	
11.4	激光安全		
11.4.1	激光实验室配有完备的安全屏蔽设施	功率较大的激光器有互锁装置、防护罩；激光照射方向不会对他人造成伤害，防止激光发射口及反射镜上扬	

续表

序号	检查项目	检查要点	情况记录
11.4.2	激光实验时应佩戴合适的个人防护用具	操作人员穿戴防护眼镜等防护用品、不带手表等能反光的物品；禁止直视激光束和它的反向光束，禁止对激光器件做任何目视准直操作；禁止用眼睛检查激光器故障，激光器必须在断电情况下进行检查	
11.4.3	警告标识	所有激光区域内张贴警告标识	
11.5	粉尘安全		
11.5.1	在粉尘爆炸危险场所内应选用防爆型的电气设备	防爆灯、防爆电器开关，导线敷设应选用镀锌管或水煤气管，必须达到整体防爆要求；粉尘加工要有除尘装置，除尘器符合防静电安全要求，除尘设施应有阻爆、隔爆、泄爆装置；使用工具具有防爆功能或不产生火花	
11.5.2	在产生粉尘的实验场所内应穿戴合适的个人防护用具	粉尘爆炸危险场所应穿防静电棉质衣服，禁止穿化纤材料制作的衣服，工作时必须佩戴防尘口罩和护耳器	
11.5.3	确保实验室内的粉尘浓度在爆炸限以下，并配备灭火装置	粉尘浓度较高的场所，有加湿装置(喷雾)使湿度在65%以上；配备合适的灭火装置	
12	特种设备与常规冷热设备安全		
12.1	起重类设备安全		
12.1.1	额定起重量大于规定值的设备应取得特种设备使用登记证	额定起重量大于等于3吨且提升高度大于等于2 m的起重设备须取得特种设备使用登记证，低于额度限定值的可不办理特种设备使用登记证	
12.1.2	起重机械作业人员、检验单位应有相关资质	起重机指挥、起重机司机须取得特种设备作业人员证，持证上岗，并每4年复审1次；委托有资质单位进行定期检验，并将定期检验合格证置于特种设备显著位置	
12.1.3	起重机械需定期保养，设置警示标识，安装防护设施	在用起重机械至少每月进行一次日常维护保养和自行检查，并作记录；制定安全操作规程，并在周边醒目位置张贴警示标识，有必要的防护措施；起重设备声光报警正常，室内起重设备要标有运行通道；废弃不用的起重机械应及时拆除	
12.2	压力容器安全		

续表

序号	检查项目	检查要点	情况记录
12.2.1	压力容器应取得特种设备使用登记证和特种设备使用登记表	压力大于等于0.1 MPa且容积大于等于30 L的压力容器，须取得特种设备使用登记证、特种设备使用登记表、《特种设备使用标志》；设备铭牌上标明为简单压力容器不需办理	
12.2.2	压力容器作业人员、检验单位应有相关资质	快开门式压力容器操作人员、移动式压力容器充装人员、氧舱维护保养人员，持证上岗，取得特种设备作业人员证，并每4年复审1次；委托有资质单位进行定期检验，并将定期检验合格证置于特种设备显著位置；安全阀或压力表等附件需委托有资质单位定期校验或检定	
12.2.3	压力容器的存放区域合理，有安全警示标识	大型实验气体罐的存储场所应通风、干燥、防止雨(雪)淋、水浸，避免阳光直射，严禁明火和其他热源；大型实验气体(窒息、可燃类)罐必须放置在室外，周围设置隔离装置、安全警示标识；可燃性气罐远离火源热源	
12.2.4	存储可燃、爆炸性气体的气罐满足防爆要求	容器的电器开关和熔断器都应设置在明显位置，同时应设避雷装置；电气设施是否防爆，避雷装置接地良好	
12.2.5	压力容器应有专用管理制度和操作规程，实行使用登记	制定大型气体罐管理制度和操作规程，落实维护、保养及安全责任制；实行使用登记制度，及时填写使用登记表；定期检查大型实验气体罐外观及附件是否完好	
12.3	场(厂)内专用机动车辆安全		
12.3.1	取得《场(厂)内机动车辆监督检验报告》	查看报告	
12.3.2	作业人员取得特种设备作业人员证，持证上岗	作业人员的特种设备作业人员证在有效期内	
12.3.3	委托有资质单位进行定期检验	合格证在有效期内	
12.4	加热及制冷装置安全		

续表

序号	检查项目	检查要点	情况记录
12.4.1	贮存危险化学品的冰箱满足防爆要求	贮存危险化学品的冰箱应为防爆冰箱或经过防爆改造的冰箱，并在冰箱门上注明是否防爆	
12.4.2	冰箱内存放的物品应标识明确，试剂必须可靠密封	标识至少包括：名称、使用人、日期等，并经常清理；试剂瓶螺口拧紧，无开口容器；实验室冰箱中不放置非实验用食品	
12.4.3	冰箱、烘箱、电阻炉的使用满足使用期间和空间等要求	冰箱不超期使用(一般使用期限控制为10年)，如超期使用需经审批；冰箱周围留出足够空间，周围不堆放杂物，不影响散热；烘箱、电阻炉不超期使用(一般使用期限控制为12年)，如超期使用需经审批；加热设备应放置在通风干燥处，不直接放置在木桌、木板等易燃物品上，周围有一定的散热空间，设备旁不能放置易燃易爆化学品、气体钢瓶、冰箱、杂物等	
12.4.4	烘箱、电阻炉等加热设备须制定安全操作规程	加热设备周边醒目位置张贴有高温警示标识，并有必要的防护措施张贴有安全操作规程、警示标识；烘箱等加热设备内不准烘烤易燃易爆试剂及易燃物品；不使用塑料筐等易燃容器盛放实验物品在烘箱等加热设备内烘烤；使用完毕，清理物品、切断电源，确认其冷却至安全温度后方能离开；使用电阻炉等明火设备时有人值守；使用加热设备时，温度较高的实验需有人值守或有实时监控措施	
12.4.5	使用明火电炉或者电吹风时应有安全防范举措	涉及化学品的实验室不使用明火电炉；如必须使用，应有安全防范措施；不使用明火电炉加热易燃易爆试剂；明火电炉、电吹风、电热枪等用毕，应及时拔除电源插头；不能用纸质、木质等材料自制红外灯烘箱	

附录2 常见的消防安全标志

消防安全标志是由以安全色、边框、图象为主要特征的图形符号或文字构成的标志，用以表达与消防有关的安全信息。根据中华人民共和国国家标准《消防安全标志》（GB 13495—1992），常见的消防安全标志如下。

1\. 火灾报警和手动控制装置

消防手动启动器

指示火灾报警系统或固定灭火系统等的手动启动器

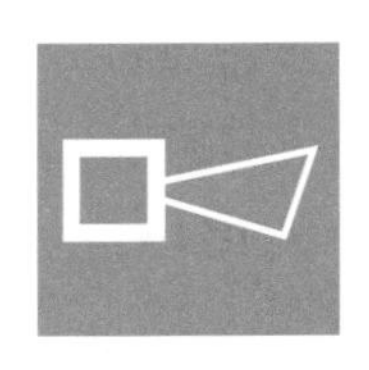

发声警报器

可单独用来指示发声警报器，也可与消防手动启动器标志一起使用，指示该手动启动装置是启动发声警报器的

火警电话

指示在发生火灾时，可用来报警的电话及电话号码

2\. 疏散途径标志

紧急出口

指示在发生火灾等紧急情况下，可使用的一切出口

滑动开门

指示装有滑动开门的紧急出口，箭头指示该门的开启方向

推开

拉开

标志置于门上，指示门的开启方向

击碎面板

指示：①必须击碎玻璃板才能拿到钥匙或拿到开门工具；②必须击开板面才能制造一个出口

禁止阻塞

表示阻塞(疏散途径或通向灭火设备的道路等)会导致危险

禁止闭锁

表示紧急出口、房门等禁止锁闭

3. 灭火设备标志

灭火设备

表示灭火设备集中存放的位置

灭火器

指示灭火器存放的位置

消防水带

指示消防水带、软管卷盘或消火栓箱的位置

地上消火栓

指示地上消火栓的位置

地下消火栓

指示地下消火栓的位置

水泵接合器

指示消防水泵接合器的位置

消防梯

指示消防梯的位置

4. 具有火灾、爆炸危险的地方或物质

当心火灾

警告人们有易燃物质，要当心火灾

当心火灾

警告人们有易氧化的物质，要当心因氧化而着火

当心爆炸

警告人们有可燃气体、爆炸物或爆炸性混合气体，要当心爆炸

禁止用水灭火

表示：①该物质不能用水灭火；②用水灭火会对灭火者或周围环境产生危险

禁止吸烟

表示吸烟能引起火灾危险

禁止烟火

表示吸烟或使用明火能引起火灾或爆炸

禁止放易燃物

表示存放易燃物会引起火灾或爆炸

禁止带火种

表示存放易燃易爆物质，不得携带火种

禁止燃放鞭炮

表示燃放鞭炮、焰火能引起火灾或爆炸

5. 方向辅助标志

疏散通道方向

指示到紧急出口的方向，该标志亦可制成长方形

灭火设备或报警装置的位置方向

指示灭火设备或报警装置的位置方向，该标志亦可制成长方形

附录3　常用危险化学品标志(2015版)

标准信息

常用危险化学品标志由《常用危险化学品的分类及标志》(GB 13690—1992)规定，该标准对常用危险化学品按其主要危险特性进行了分类，并规定了危险品的包装标志，既适用于常用危险化学品的分类及包装标志，也适用于其他化学品的分类和包装标志。

该标准引用了《危险货物包装标志》(GB 190—2009)。

标志规范

1. 标志的种类：根据常用危险化学品的危险特性和类别，设主标志16种，副标志11种。

2. 标志的图形：主标志由表示危险特性的图案、文字说明、底色和危险品类别号4个部分组成的菱形标志。副标志图形中没有危险品类别号。

3. 标志的尺寸、颜色及印刷：按GB 190—2009的有关规定执行。

4. 标志的使用

(1)标志的使用原则：当一种危险化学品具有一种以上的危险性时，应用主标志表示主要危险性类别，并用副标志来表示重要的其他的危险性类别。

(2)标志的使用方法：按GB 190—2009的有关规定执行。

标志图案

主标志

底色：橙红色

图形：正在爆炸的炸弹(黑色)

文字：黑色

标志1　爆炸品标志

底色：正红色

图形：火焰(黑色或白色)

文字：黑色或白色

标志2　易燃气体标志

底色：绿色

图形：气瓶(黑色或白色)

文字：黑色或白色

标志3　不燃气体标志

底色：白色

图形：骷髅头和交叉骨形(黑色)

文字：黑色

标志4　有毒气体标志

底色：红色

底色：红白相间的垂直宽条(红7、白6)

底色：上半部白色，下半部红色

底色：蓝色

图形：火焰(黑色或白色)
文字：黑色或白色

标志5　易燃液体标志

图形：火焰(黑色)
文字：黑色

标志6　易燃固体标志

图形：火焰(黑色或白色)
文字：黑色或白色

标志7　自燃物品标志

图形：火焰(黑色)
文字：黑色

标志8　遇湿易燃物品标志

底色：柠檬黄色
图形：从圆圈中冒出的火焰(黑色)
文字：黑色

标志9　氧化剂标志

底色：柠檬黄色
图形：从圆圈中冒出的火焰(黑色)
文字：黑色

标志10　有机过氧化物标志

底色：白色
图形：骷髅头和交叉骨形(黑)
文字：黑色

标志11　有毒品标志

底色：白色
图形：骷髅头和交叉骨形(黑)
文字：黑色

标志12　剧毒品标志

底色：白色
图形：上半部三叶形(黑色)，下半部白色，一条垂直的红色线条
文字：黑色

标志13　一级放射性物品标志

底色：上半部黄色
图形：上半部三叶形(黑色)，下半部两条垂直的红色线条
文字：黑色

标志14　二级放射性物品标志

底色：上半部黄色
下半部白色
图形：上半部三叶形(黑色)，下半部三条垂直的红色线条
文字：黑色

标志15　三级放射性物品标志

底色：上半部白色
下半部黑色
图形：上半部2个试管中液体分别向，金属板和手上滴落(黑色)
文字：(下半部)白色

标志16　腐蚀品标志

副标志

底色：橙红色

图形：正在爆炸的炸弹（黑色）

文字：黑色

标志 17　爆炸品标志

底色：红色

图形：火焰（黑色）

文字：黑色或白色

标志 18　易燃气体标志

底色：绿色

图形：气瓶（黑色或白色）

文字：黑色

标志 19　不燃气体标志

底色：白色

图形：骷髅头和交叉骨形（黑色）

文字：黑色

标志 20　有毒气体标志

底色：红色

图形：火焰（黑色）

文字：黑色

标志 21　易燃液体标志

底色：红白相间的垂直宽条（红 7、白 6）

图形：火焰（黑色）

文字：黑色

标志 22　易燃固体标志

底色：上半部白色，下半部红色

图形：火焰（黑色）

文字：黑色或白色

标志 23　自燃物品标志

底色：蓝色

图形：火焰（黑色）

文字：黑色

标志 24　遇湿易燃物品标志

底色：柠檬黄色

图形：从圆圈中冒出的火焰（黑色）

文字：黑色

标志 25　氧化剂标志

底色：白色

图形：骷髅头和交叉骨形（黑色）

文字：黑色

标志 26　有毒品标志

底色：上半部白色，下半部黑色

图形：上半部 2 个试管中液体分别向金属板和手上滴落（黑色）

文字：（下半部）白色

标志 27　腐蚀品标志

（田廷科，王龙生，顾　瑾）

参考文献

[1]诸德志．火灾预防与火场逃生[M]．南京：东南大学出版社，2013.

[2]朱莉娜，孙晓志，弓保津，等．高校实验室安全基础[M]．天津：天津大学出版社，2014.

[3]黄勇．火灾：愤怒的火苗[M]．南宁：广西美术出版社，2014.

[4]林丹，高红昌．药学实验室安全教程[M]．北京：高等教育出版社，2014.

[5]乔亏，汪家军，付荣．高校化学实验室安全教育手册[M]．青岛：中国海洋大学出版社，2018.

[6]许培德，朱文强．安全用电[M]．郑州：黄河水利出版社，2014.

[7]吕怡兵．国内外典型化学品环境污染事故案例及其经验教训[M]．北京：中国环境科学出版社，2015.

[8]李婷婷，武子敬．实验室化学安全基础[M]．成都：电子科技大学出版社，2016.

[9]刘友平．实验室管理与安全[M]．北京：中国医药科技出版社，2014.

[10]陈卫华．实验室安全风险控制与管理[M]．北京：化学工业出版社，2017.

[11]范宪周，孟宪敏．医学与生物学实验室安全技术管理[M].2 版．北京：北京大学医学出版社，2013.

[12]余上斌，陈晓钎．医学实验室安全与操作规范[M]．武汉：华中科技大学出版社，2019.

[13]马丽萍，曾向东，黄小凤，等．实验室废物处置处理与管理[M]．北京：化学工业出版社，2020.

[14]徐善东．医学与医学生物学实验室安全[M].3 版．北京：北京大学医学出版社，2019.

[15]苏莉，曾小美，王珍．生命科学实验室安全与操作规范[M]．武汉：华中科技大学出版社，2019.

[16]敖天其，廖林川．实验室安全与环境保护[M]．成都：四川大学出版社，2014.

[17]褚晓峰．实验动物应用研究学[M]．杭州：浙江工商大学出版社，2018.

[18]邓晓欣，帅震清．电离辐射、环境与人体健康[M]．北京：中国原子能出版社，2015.

[19]任宝印，郝爱国，赵永军．电离辐射防护技术与管理[M]．石家庄：河北科学技术出版社，2014.

[20]和彦苓．实验室安全与管理[M]．北京：人民卫生出版社，2015.

[21]王强，张才．高校实验室安全准入教育[M]．南京：南京大学出版社，2019.

[22]冯建跃．实验室安全工作参考手册[M]．北京：中国轻工业出版社，2020.

[23]武有聪，王涛，白丽，等．医学微生物学实验教学中的生物安全问题探讨[J]. 中国病原生物学杂志，2016，11(2)：1－3.
[24]曾燕．病原微生物实验室生物安全管理研究[J]. 基层医学论坛，2020，24(35)：5112－5113.